坂本一寛──著
SAKAMOTO Kazuhiro

創造性の脳科学

BRAIN SCIENCE OF CREATIVITY
Beyond the Complex Systems Theory of Biological Systems

複雑系生命システム論を超えて

東京大学出版会

Brain Science of Creativity:
Beyond the Complex Systems Theory of Biological Systems
Kazuhiro SAKAMOTO
University of Tokyo Press, 2019
ISBN978-4-13-063372-7

まえがき

わたしたちの心には、さまざまな想いが、こんこんとあふれてきます。「あっ、こうしよう！」というアイディアであったり、「この人のためなら、死んでもいい」という愛情であったり。このような、自分の心の中で創られるもの、生み出されるものを、どう捉えればよいのでしょう？

そのような問題は、あくまで感性の問題であって、天才的な発明家や芸術家の内面が伺い知れないように、永遠に神秘のベールに包まれ続けるものだよ、と思われる読者も少なくないでしょう。

一方で、ドラえもんのような、自分と一緒にいてくれて、いろんな問題を解決してくれるロボットができたらいいなあ、と願ったことのある方も多いと思います。もし、そう願うなら、思いがけない事態が生じても、その場で何か思いつくための情報処理方法を、科学として解明し、技術として具体化せねばなりません。この意味で、本書が述べようとする「創造性の脳科学」の目指すところは、多くの研究者や技術者がロボット開発にしのぎを削る現在、決して絵空事ではないのです。

いや、人工知能が遠からずそれを実現してくれるんでしょう？と思われる読者も多いかもしれません。残念ながら、現在の人工知能や機械学習は、何らかの「学習したこと」しか行いません。思いもよらないことを学習していて、それが人間を驚かせ、一見創造的に見えることがあるかもしれませんが、臨機応変にその場その場で何かを創り出す原理は、明示的には備わっていないのです。

そうだとしても、脳科学もどんどん進んでいるし、そのうち、新たな原理がわかるんじゃない？という意見もあるかもしれません。これまた、残念ながら、細かく調べることを積み上げるだけでは、求めるものには行き着きません。何が問題なのか？脳の働きをどう理解すべきなのか？をよく考える必要があるのです。

本書では、主に、生き物や脳の中で創られるもの、生み出されるものを、科学で捉えることができるとするならば、どのように捉えることができるかについて、筆者の研究やそれに関連する研究等に基づき述べます。残念ながら、「ドラえもんはこうやれば作れる！」というところまでは行けません。けれども、そのためには何が問題か？その問題について現在、どのようなことがわかっているか？については、可能な限り記述します。

具体的には、複雑系生命システム論とでも呼ぶことができる科学の一分野からアプローチします。複雑系生命システム論では、生命システム（脳、ロボットなど）が現実世界にうまく適応し、働くための基本原理の解明を目指します。生命システム論は、非線形非平衡の熱・統計力学と呼ばれる学問分野から発展してきた分野です。このような分野を基礎にもつことで、分子や原子についての理解と、ある意味、統一的に生命を、さらには、心の創造的な面を科学的に理解する道も拓かれると筆者は考えています。

本書が、現在の行き過ぎた人工知能や脳科学への期待に冷静な視点をもたらし、また、読者の皆さんの生命や心に対する理解を深めることの一助となればそれに勝る喜びはありません。

目次

II　創造性の原理を求めて　99

付録B　部分と全体──生命システムの中心問題　249

I　複雑系として脳を捉える

第一章　複雑系生命システム論で脳を考える

本書では、脳の創造的な側面を複雑系生命システム論の観点で論じます。複雑系生命システム論とは、複雑系科学の観点で、生命システムを論じようとするものです。複雑系科学では、時間的・空間的に秩序だった構造が生成すること（これを複雑系創発現象と呼びます）を扱います。特に、生命システムという複雑系では、部分と全体、ミクロとマクロの相互作用が重要な問題としてクローズアップされます。

部分と全体、ミクロとマクロの間に、どのように調和的な関係を構築すればよいかという問題は、個人と社会、人間社会と地球環境は、どのような関係が望ましいかという根本的な社会問題にも通じます。ですから、世界を観察し世界に働きかける責任器官としての脳を、複雑系生命システム論の観点で研究することは、さまざまな場面で見られる脳の即興的・創造的な情報処理の背後にある原理を明らかにできるだけでなく、このような深刻な社会問題の解決にも役立つのではないか？筆者はそのように信じています。

この章では、現在、脳科学に大きな社会的関心が注がれている理由を考察した後、なぜ脳を複雑系生命システム論の観点で考える必要があるかを今一歩掘り下げ、複雑系生命システム論について概観します。

一　脳科学に関心が集まる理由

高齢化、高ストレス化、情報化

人々の脳への関心は、高まる一方です。本屋には「脳を鍛える×□」といった本が、数多く並んでいます。日本の神経科学学会にはさまざまな分野の人が参加し、脳研究が盛んなのを感じさせられます。アメリカはもっと盛んです。北米神経科学学会の年次大会参加者は三万人程で、日本の神経科学大会参加者の約一〇倍です。オバマ大統領が、二〇一三年の一般教書演説で、重点的に投資すべき科学技術分野の一つとして脳を挙げたことは、アメリカが今後も世界をリードするための一つの柱として脳・神経科学を考えていることの表れだと思います。では、なぜ今現在、脳・神経研究は盛んなのでしょうか?

第一の理由は、社会の高齢化が進んできたことでしょう。高齢者が増えると、認知症等の患者も増えます（図1・1参照）。認知症になると、本人だけでなく、周囲も大変です。となると自然、認知症関連の研究に対するニーズは高まります。脳卒中（脳血管障害）については、一命を取り留めることが多くなったものの、患者数自体は少なくなく、厚生労働省「平成26年患者調査の概況」では、患者数は、およそ一二〇万人に上ります。根本的な治療法、効率よく安価なリハビリ法や、生活をサポートする機器のニーズが高まるのは当然です。

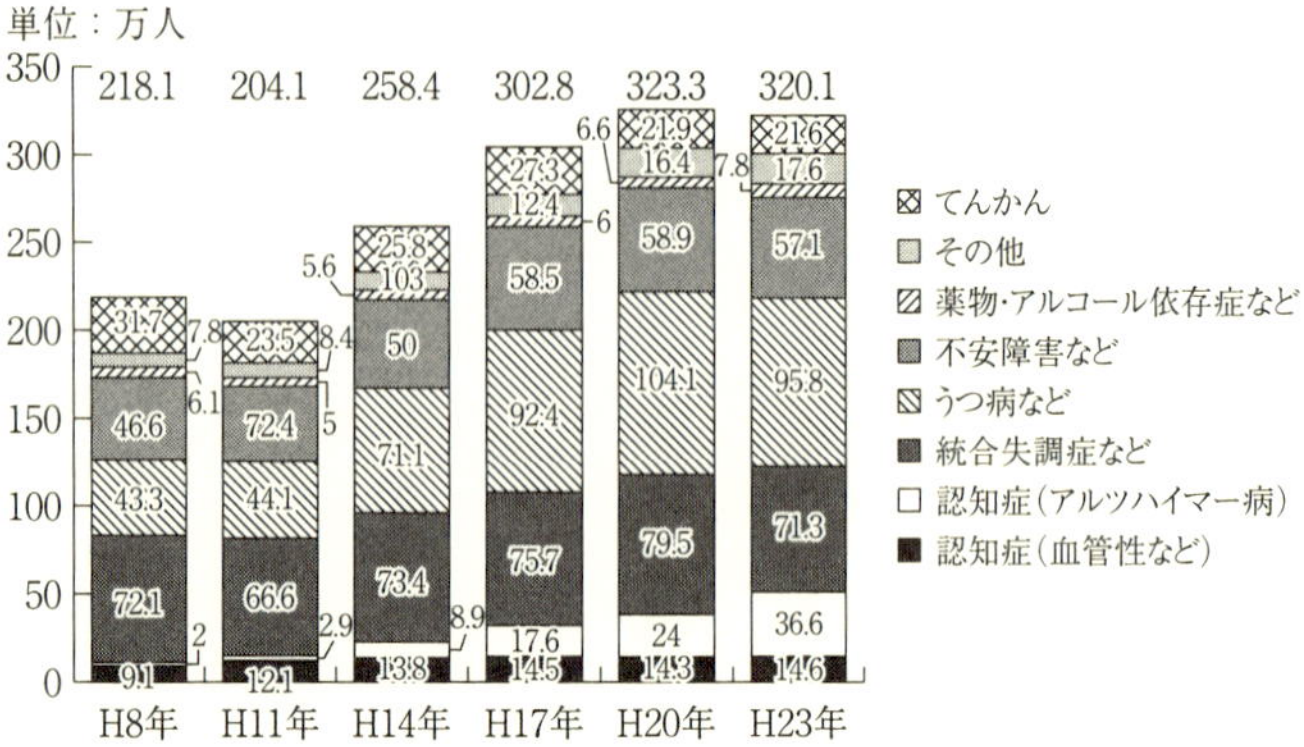

図 1.1　精神疾患別の患者数の推移（参考(1)より）.

第二は、人間の代わりに高度な情報処理や動作をする計算機・機械が欲しいという欲求の高まりです。昨今のロボットや人工知能・ディープラーニングへの関心の高さはまさにそれです。当然、脳の情報処理や運動制御機構の研究は盛んになります。

第三の理由は、心に問題を抱える人が増えたことでしょう。もちろん、心の問題は、普遍的な問題です。太古より哲学者や宗教家が関心を持ってきたのは、ほかでもない、心の問題です。けれども、世の中のあわただしさが、うつ病（図1・1参照）患者等の数を増やし、解決へのニーズを高めています。

しかしながら、脳研究への関心の高まりは、このような現代社会の在り方に起因する理由だけでなく、もう少し大きな時間スケールの人類の営みに起因する、それゆえに、研究者の多くも意識していない理由があるように思います。それは世界観、つまり、この世界をどう捉えるかについてのものである、と筆者は考えます。

近代は一方向的世界像

世界像、すなわち、この世界がどのようなものなのかについてのイメージは、個々人だけでなく、時代や場所により異なる傾向があります。西洋が近代、一八―一九世紀に創り出した世界像にも際立った特徴があるように思われます。それは、一方向的世界像というようなものであると、筆者は考えています。

一方向的世界像の最たるものが、「ラプラスの魔」に象徴される世界像でしょう。ラプラスの魔とは、フランスの数学者、ラプラスにより提唱された決定論的、因果論的、演繹的な世界像です。つまり、ある瞬間におけるこの世のすべての物質の位置と運動量を知ることができ、かつ、古典物理学の法則を用いて、その変化を完全に計算できるような悪魔のような知性が存在するならば、どんな未来も予測できるだろう、といった考え方です。過去から未来へと一方向的にものごとが決定されていく、というイメージでしょうか。

科学には測定や観測がつきものですが、近代が創り出した世界像ではまた、観測も「一方向的」と表現したくなります。そこでの観測は、観測結果に影響を及ぼしません。確かに、近代科学幕開けのきっかけとなったティコ・ブラーエの惑星の観察結果に、彼が望遠鏡で星を覗いたことが影響するとは思えません。初期の科学は、まずそういったものから、つまり、観察行為と被観察物との間の相互作用を考える必要のないものから取り扱い始めたと言ってもいいかもしれません。

数学の世界でも「一方向的」なものが突き詰められようとしました。少数の公理から「一方向

的」にすべての命題を証明できるよう、数学の再構築を呼びかけたヒルベルトのプログラムは、その好例です。

近代社会も、ある意味、「一方向的」だったと思われます。人々の世界像は、彼らが無意識のうちに、しばしば社会情勢の影響を受けます。右で述べたような近代科学が創り出した世界像は、大航海時代から帝国主義の時代に差し掛かった当時の西欧の気分の影響を少なからず受けていると思われます。当時に生きたことがないので生の雰囲気を味わったわけではないですが、「世界は広い。どんどん進出しよう。天然資源をガンガン採掘して、ジャンジャン儲けよう。ゴミはドンドン投げ捨てればイイや」といった雰囲気だったのでは?と思うのは、当たらずとも遠からずのように思えます。ここでも、一方的に進出する、一方的に搾取する、一方的に廃棄する、という点で、「一方向的」なものの捉え方を感じます。このような雰囲気でもそう問題にならなかったのは、人間社会の営みの規模が、地球環境と比べ、まだまだ十分に小さかったからでしょう。人間が環境に悪影響を与えても、それはまだまだ何とか環境の回復力の範囲内だったのです。

現代ではそうはいきません。量子力学の成立、カオスの発見、ゲーデルの不完全性定理、公害や地球環境問題等、二〇世紀に出てきたこれらは、一方向的世界像を持ち続けることに、真っ向から立ちはだかるように思われます。

現代は双方向的世界像

一方、現代社会が浮き彫りにし、それへの対処法が求められているのは、双方向的世界像と言えるものであると、筆者は考えています。別の言い方をすれば、主体（観察者／行為者）と客体（環境／他者）が、非分離とも言えるほど強く相互作用するような世界像です。ただし、そういう世界像が顕わになりつつあるということと、人々がそういう世界観を持っているかは別物です。第一線の科学者でも、よくよく話してみると、「頭の中、一方向的世界観だぁ」と密かに感じることも少なくありません。よって、ここの議論では、世界像という言葉と世界観という言葉を使い分けます。

主体とは、ここではいろんな哲学的な議論はさておき、世界を観察し、世界に何らかの行為を働きかけるものを指すことにします。世界とは、主体との対比で客体と呼んでもよいですが、ここでは、主体を取り巻く環境や、主体が向き合う他者を指すことにします。

こう述べると、いったいどんなものを指しているのだろう？と思うかもしれませんが、極めて身近なことです。

たとえば、自分の家族です。隠しカメラをしこんでおいて、自分がいないときに家族がどのように振る舞っているかを観察することは可能かもしれませんが、夫であり父親である自分が直面するのは、自分の言動が家族に影響を及ぼし、また家族の言動が自分の言動に影響を及ぼす、という状況で、いかに家族を良い方向に導くかということです。

環境問題も同様です。人間社会が吐き出したものは、地球環境を通じて、人間自身を苦しめ始め

ています。人間社会という主体と、地球環境という客体が強く相互作用するようになり、それをどうにかよい方向にもっていかねばならない状況なのです。

もう少し限定的かなと思われる例としては、売買が大幅に自由化された送電システムが挙げられるでしょうか。自由化が進み参入者が増大した場合、あたかも株の売買のように、いろんな事業者が投機的に電力を売買してくる可能性があります。そういう事業者は、おそらく大手であり続けるであろう現在の電力会社の出方を注意深く見守るでしょう。しかしながら、現在の通り電力会社が送電システムにも責任を持ち続けるなら、電力会社は自らの振る舞いが投機筋のどういう行動を引き起こすかまで予想しつつ、送電システムをダウンさせないよう制御する必要がでてきます。送電システムという系の内部から、系全体の状態を内部観測し、系全体の整合性を達成しなくてはならないという意味では、後で概説する粘菌に通じるものがあります。

現代社会において世界全体を統一的に理解しようとすると、世界を観察し世界に働きかける側も含めて理解しなくてはならないことが多くなってきた、このことが見えない歴史の圧力となり、脳研究の背中を押していると筆者は考えます。これが今現在、脳研究が盛んな隠れた理由になっていると思います。脳の研究は、細分化され過ぎた科学、混乱する社会に、少しでも見通しをもたらすポテンシャルがある学問領域である、筆者はそう信じています。

生命は分子だけではわからない

では、単に脳研究を一生懸命やれば、世界に対する統一的な理解が自然に得られるのか？　分子レベルで細かく調べれば、主体と世界が強く相互作用する系に調和的・整合的な関係を達成できる方策が得られるのか？　こう問われれば、筆者は「そうは問屋が卸さない」と答えざるをえません。ものごとを分子や原子のような構成要素に分け、その構成要素を明らかにすることでそのものごと全体やその振る舞いを理解できるという考えを、要素還元主義と言います。このような考えを、暗黙の前提にしている（時として臆面もなく明言する！）研究者は、想像以上に多いです。

確かに、何かを問題にするとき、カギとなる要因や要素を特定することは、極めて有効です。うまく動作しないプログラムをデバッグするとき、まず行うべきことは、エラーの元となる文を特定することです。足の裏が痛い。よく見ると棘が刺さっている。ならば、まず棘を抜くべきです。

同様に、生命を理解しようとしたり、逆に、生命の存続を脅かす問題を解決しようとしたりする場合、特定の構成要素、物質が決定的に重要な場合は決して少なくありません。かつて不治の病として恐れられた病気には、特定の細菌やウイルス等への感染が原因であったものが多数あります。そのように特定の原因がある病気の場合、それを排除すれば、大幅にその病気の患者数が減ります。結核菌が原因である結核が、抗生物質の出現により、その患者数が大幅に減少したことは、よく知られたことでしょう。

しかしながら、それら構成要素や物質の間の「有機的な関係」を考えずに、生命を真に理解することは可能なのでしょうか？

たとえば電気回路は、それを構成する部品が回路の目的に沿って正しく配線されたときに、初めて働きます。もちろん、必要不可欠な部品もあるでしょう。けれども、それを理解することと、その電気回路がどう働くのか、なぜ働くのかを理解することは、必ずしも同じではありません。

生命を真に理解する場合も同様です。現在、古代のミイラのＤＮＡを調べることも可能です。しかし、ミイラからＤＮＡが得られたからといって、ミイラが生きていると考える人は皆無でしょう。ミイラの主が生きていたときは、ＤＮＡの情報が適切な時期と場所で発現し、何らかの機能を発現していたのかもしれませんが、ミイラになってしまった状態ではそれは期待できません。

そもそも、筆者が本書で述べる学問・研究を志したのも、若い頃に要素還元主義的な考え方に大きな疑問を感じたからでした。筆者の妹は、筆者が進学に伴い家を出るのと相まって、メンタルのバランスを崩し、不登校になってしまいました。結局、妹は病院に行くことになりましたが、渡されたのは抗鬱薬でした。筆者は、自分が契機になったという自責の念とともに、「抗鬱薬を飲めば、ホイと治るような問題ではない。生活環境、人間関係等、妹を含め、彼女を取り巻くシステムの問題だ。真冬に素っ裸で生活している人間が風邪をひいたときに、風邪薬を与えるようなものじゃないか！」と、その医者の愚かさに対する激しい怒りを禁じえませんでした。

回路がわかれば本質がわかるか

生命をその構成要素に分ければ理解できるとする極端な要素還元主義は、少し考えさえすれば、誰でもその功罪を悟ることができます。仮にそのような方針、たとえば、何か重要なタンパク質や遺伝子を突き止めるという研究をするにしても、見識と良心があれば、その「功」の部分を大きく、その「罪」の部分を小さく仕事をしようとするでしょう。

では、図1・2はどうでしょうか？　この図には、生体内のさまざまな反応経路が網羅してあります。つまり構成要素だけでなく、それらの間の関係も記してあります。生命科学系の研究者の多くは、自分の関心のある生体内の反応経路を明らかにしようと日夜、しのぎを削っていますし、もちろん、それは生命の理解に重要なことです。図1・2は、数多の研究者の努力の積み重ねに対し、畏敬の念を呼び起こすのに十分な迫力を持ちます。しかしながら、ここに示したような生体内の反応をすっかり覚えるこ

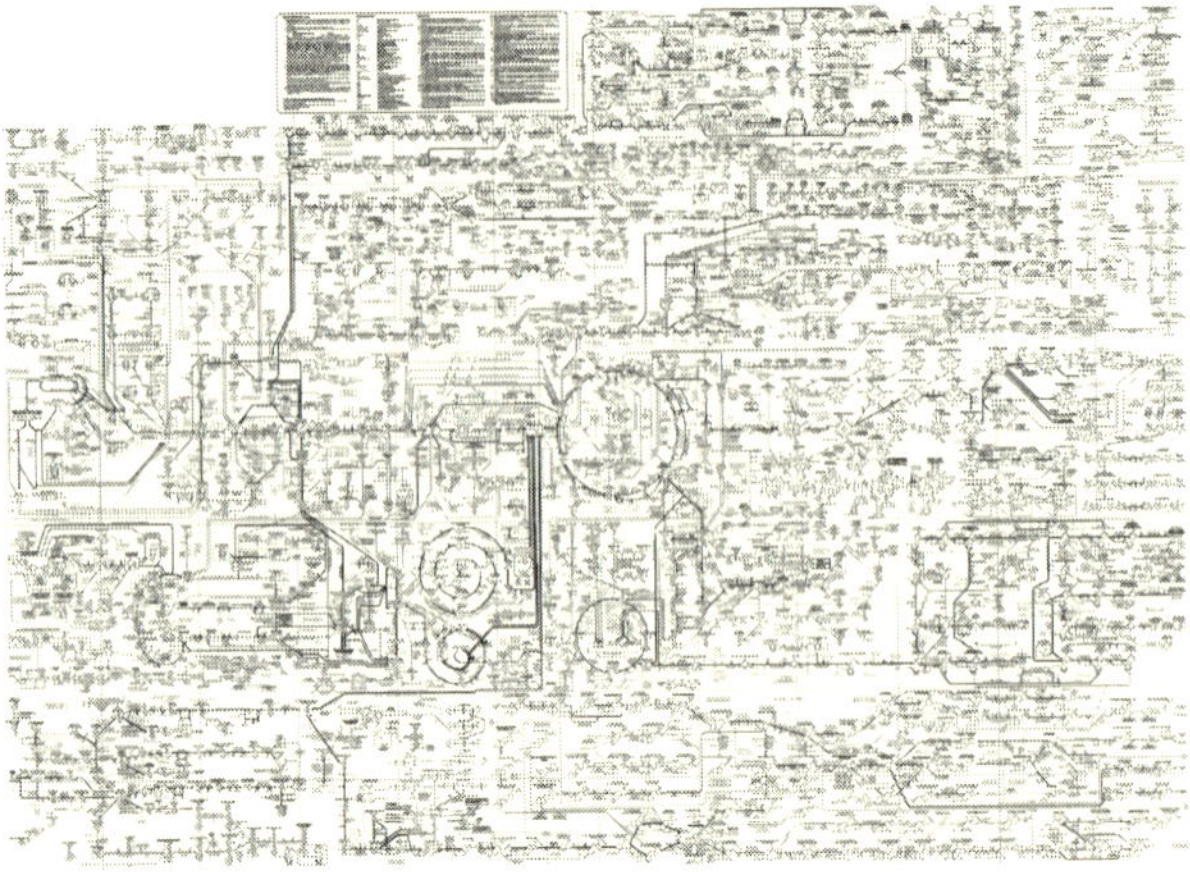

図 1.2　ロッシュ社製代謝マップ（参考(2)より）.

とができれば、「よし、自分は生命の本質をわかったぞ！」という実感が得られるでしょうか？　そもそも、生命をシステムとして捉えることは、生体内を隅々まで調べることだけなのでしょうか？

図1・3Aで示した回路は、抵抗、コイル、コンデンサ、電源を直列につないだ回路です。その振る舞いは、回路の配線関係だけではわかりません。スイッチを入れた瞬間からの回路を流れる電流の変化（過渡応答）には、図1・3Bに示したような場合もあれば、図1・3Cに示した減衰振動を示す場合もあります。回路の目的によっては、図1・3Cのような振る舞いは困る場合もあるでしょう。減衰振動を示さないためには、抵抗値R、インダクタンスL、静電容量Cの間には、$R^2C > 4L$という大小関係が必要です。

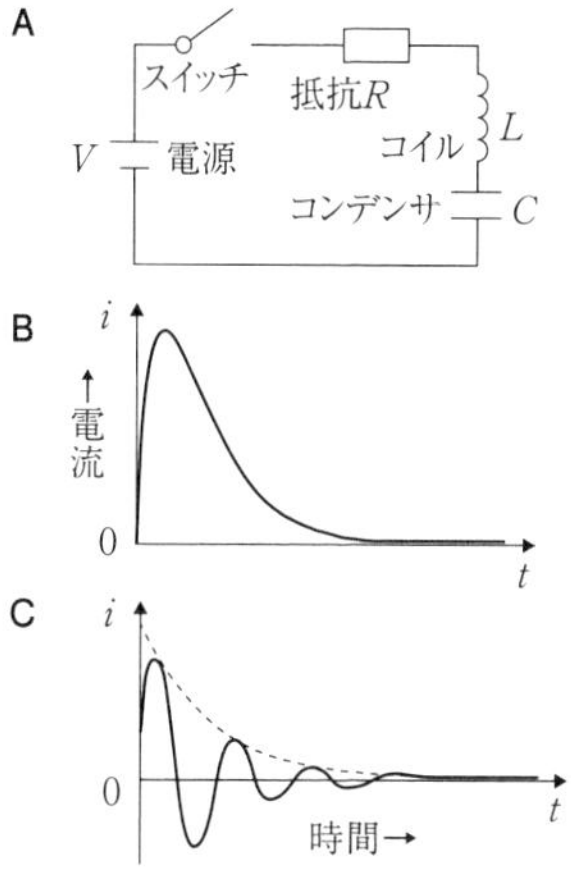

図 1.3　RLC 直列回路（A）とその過渡応答（B, C）.

これと同様に図1・2で示した代謝マップの構成要素の間に有機的な関係が成立し、代謝回路がその機能を発現する、ないしは望ましくない振る舞いをしないためには、単にそれぞれに代謝関係が存在すればいいというわけではなく、何らかの条件を満たす必要があります。

脳に見通しもたらす複雑系

生命をシステムとして捉える作業の必要性はここにあります。生命に重要な構成要素やそれらの間の関係の存在の解明とは別個に、どういう条件が満たされれば有機的な関係が成り立つのか、必要とされる機能が実現されるのか、を明らかにする必要があるのです。

しかしながら、創造性の原理を目指すためには、もう一歩踏み込む必要があるように感じます。もちろん、システムとしての生命を人間が作った機械等のシステムと比較し、要素間の関係性がどう違うか、それによって発現される機能がどう異なるか、たとえばカメラと網膜はどう違うかといった問いは、大いに有意義です。けれども、まだ生命らしさを捉えた感じがしない。カメラは人間が作った物だが、網膜はひとりでに創られたものです。そういった、自ら構造や機能を創り出すようなシステムとして生命を捉えることはできないでしょうか？

筆者が複雑系生命システム論の観点で脳を考えようとする理由はここにあります。複雑系生命システム論とは複雑系科学に基づく生命システム論です。非線形・非平衡の熱・統計力学に起源をもつ複雑系科学では、「覆水盆に返らず」という自然の傾向に一見抗して、時間的・空間的に秩序だったパタンがどう自然に生成するかを扱います。この観点があれば、生命や脳で「創られる」ことについて、多少よい見通しを持つことができると筆者は考えます。次節では、複雑系生命システム論がどういうものかについて、ごく手短に紹介します。

二　複雑系生命システム論とは

冷めきった味噌汁や終了してから十分時間の経った科学反応等は、熱・統計力学的な意味で平衡状態にあると言います。このような系全体の様子は個々の様子の寄せ集め・足し合わせ（つまり線形和）で理解可能です。逆に、熱がどんどん逃げるアツアツの味噌汁やある種の化学反応の最中の様子は、そうはいきません。このような系を非線形非平衡系と呼びます。食べ物を食べ排泄することで熱やエネルギーの流れが存在する生命システムは、典型的な非線形非平衡系と言えます。

非線形非平衡系では、条件が整えば、秩序だった構造、規則的な空間パタンや時間的なリズムが自律的に生成します。このような現象を複雑系創発現象とか自己組織現象と呼ぶことがあります。脳のさまざまなレベルで見られるある種の創造的な働きの背後には、脳神経系（更には環境も含めた系）における複雑系創発現象があるというのが本書の主張の柱の一つです。

生命システムという複雑系において特に重要なことは、部分と全体、ミクロとマクロの相互作用です。その観点で、非線形振動子やそれらの間の同期現象については、以下、多くの紙面を割きます。本節では、その後の脳の議論で必要な概念をごく手短に紹介します。

より詳細な議論については、付録を参照してください。

分岐によるパタン生成

誰しも経験する「覆水盆に返らず」という普遍的なことは、熱・統計力学では、エントロピー増大の法則と言います。ものごとは、乱雑・無秩序の方向に進むのです。しかし一見例外のように見える現象もあります。最たるものは生物で、美しいパタンやリズミカルな振動といった時空間パタンが、自然に生じています。このようなパタンは、散逸構造と呼ばれます。また、このような時空間パタンが生じる現象を、自己組織現象または複雑系創発現象と呼ぶことにします。このような現象は、化学反応や熱の拡散等が平衡状態から遠く離れた場合、つまり非線形非平衡系で生じます。

化学反応等のものごとの時間変化は、微分方程式で表されます（詳細は付録を参照）。平衡から遠いと、系の状態を表す微分方程式を線形近似、つまり問題としているものごとの量の1次式で表すことができず、非線形性が問題となってきます。微分方程式が時間変化しない点を特異点と言いますが、非線形微分方程式では、線形の微分方程式では見られない特異点が複数生じる場合があります。条件によっては、平衡点が不安定化し、新たに安定になった時間的ないしは空間的な構造を持った状態に遷移することがあります。このような遷移を分岐と呼びます。新たに安定になった状態を、多少の外乱があってもその状態に戻ってくることから、アトラクタとも呼びます。

例として、ある量の平衡点からのずれXの時間変化が$\mu X - X^3$で表される場合を考えます（μは定数）。μが-1のとき、Xの時間変化は$-X - X^3 = -X(1 + X^2)$で表され、特異点は平衡点とした$X = 0$となります。また特異点から、たとえば0.1ずれても、時間変化は-0.101とズレを打ち消そう

とするので、特異点は安定と言えます。一方、μが1になると、Xの時間変化は、$X(1-X^2)$と表され、特異点は、0±1の三つに増えます（μは分岐パラメータと言える）。平衡点0から0.1ずれると変化は0.099とズレを増幅する方向になるので、平衡点ゼロは不安定化します。同様の議論で、新たに生じた特異点±1が安定なこともわかります。一方、0からの0.1程度の小さいズレの場合、方程式$X-X^3$を線形近似してXとしても、変化は0.1なのでたいして変わりませんが、たとえばズレが10と大きい場合、線形近似だと変化は10で、正しい変化$10-10^3=-990$と大きくかけ離れ、線形近似は有効ではありません。平衡から遠く離れると非線形性が問題になるとはこういうことです。

熱雑音等、自然界には外乱がつきものです。系が分岐を起こす臨界点に近づくと、系の安定度が低下する、つまり外乱の影響をなかなか打ち消せなくなります。このとき系の量を測定すると、ゆらぎが大きくなります。分岐の前兆としてのゆらぎの増大を臨界ゆらぎと言います。

多くの複雑系は、多数の要素・要因から構成されます。しかしながら、各要素・要因の寄与は同等ではありません。外乱を素早く打ち消す要因とそうでない要因があり、系全体の状態は後者に着目するとよく理解できます。この系全体の振る舞いを代表する量を、オーダー・パラメータと呼びます。オーダー・パラメータは必ずしもミクロなパラメータとは限りません。巨視的な要因が、ミクロも含めた系全体のキャスティングボードを握ることもあります。このような場合が存在することは、要素還元主義が万能ではないことを明確に物語っています。

同期する非線形振動子

自然界にはいろいろな振動現象があります。特に生き物には、睡眠・覚醒周期、心拍、歩行リズム、細胞分裂周期等、振動現象が多く存在します。これらは、すべて非線形振動現象です。つまり、注目する量Xの時間変化を記述する微分方程式が、Xの1次式aXのみでは書けず（aは定数。書けるものは線形振動）、かつ振動を示します。振動を示すものを振動子と呼ぶことがあります。

高校の微分方程式や物理で習うバネ振り子は、線形振動子です。静止状態からの変位Xの時間変化（正確にはこの場合、加速度）が、最も簡単な場合、$-X$と表されます。摩擦がない場合、初期値X_0とする、つまり、振動をX_0の値から開始すると、X_0の絶対値$|X_0|$を振幅とする振動が続きます。これを、初期値を保存すると言います。外乱が加わり、振幅が$|X_0| + \Delta X$に乱されても、その振幅で振動してしまいます。摩擦があると振幅は徐々に減弱し、$X = 0$に収束していきます。

非線形振動子は、これとは異なる性質を示します。以下、代表的な非線形振動子、ファン・デル・ポール（以下、ＶｄＰ）振動子を念頭に説明します。ＶｄＰ振動子を記述する微分方程式にも、摩擦に相当する項があります。しかしながら、線形振動子と異なり、定数ではなく、特異点ゼロからの変位Xについての非線形項を含みます。その非線形項により、ゼロの周囲に「負の摩擦」領域が存在します。負の摩擦はイメージしにくいですが、変化する方向と逆の力としての正の摩擦と反対に、変化する方向に力を受けます。ですから、ゼロに収束できません。負の摩擦領域を超えると、正の摩擦を受け速度は減弱し、バネの力によりゼロ方向に引き戻されます。このような機構が存在

すると、初期値は保存しません。どういう振幅から振動が始まっても、決まった振幅の振動に落ち着きます。外乱により振動が乱されても、元の振幅に戻ります。このような振動の恒常性とも言える性質は、ホメオスタシス等の生体機能の安定性や恒常性の根幹をなすものです。

複数の非線形振動子が相互作用すると、ある条件で自然に同期することがあります。この現象を非線形振動子の引き込み現象と言います。引き込みは、多数の振動子の間でも生じます。生体内では枚挙に暇がありませんが、人工物では、たとえば、多数のメトロノームの引き込みは壮観です。YouTubeで"metronome synchronization"と検索してみてください。周期1の振動と周期2の振動が同期することもあり、そのあたりの理論化にはまだまだ課題が多いですが、基本的には固有の周期が近いほど、また、相互作用が強いほどよく引き込みます。多数の振動子からなる系の場合、全体的な結合強度等のパラメータを大きな値にすると、ばらばらに振動していたものが、ある臨界値を境に相転移的に同期するようになります。

今、脳による情報処理や制御に非線形振動子の引き込み同期を用いようという研究があります。引き込みが要素・要因間の全体的・大域的によい関係、整合的な関係を柔軟に得るのに向いているのではないかと考えられているのです。振動には位相（一周期を円で表したときの角度）という環状かつ中立安定（安定と不安定の中間）な量が付随します。位相のもつこれら二つの側面を利用するのです。

部分と全体が相互作用する生命システム

生命システムも、食べて排泄するというエネルギー、物質等の流れが存在するという意味で非線形非平衡系ですし、精緻な空間構造や周期的な活動が創発します。この意味で、典型的な複雑系なのですが、その他の複雑系と比べ、部分と全体の相互作用が大きな問題となります。その例として、流動セルと呼ばれる筋肉モーターと真正粘菌（以下、粘菌）の情報処理を挙げます。

筋肉は、アクチンとミオシンというひも状の分子を主要な構成要素にもち、その収縮はＡＴＰのエネルギーを利用してこれら分子の相対位置がスライドすることにより生じます。流動セル（図1・4上）は、動物の筋肉を分解してアクチンとミオシンを得、アクリルで出来たリング状のスリットの壁面にアクチンの向きを揃えて貼り付けることで出来上がります。このスリットにミオシンとエネルギー源であるＡＴＰ（アデノシン三リン酸）を加えると、溶液は流動・回転を始めます。流動セルでは、流速とＡＴＰの分解速度（アクチン・ミオシン間の反応速度を反映）に相関があります。流速を人工的に抑えると反応速度も低下します。つまり、流速という巨視的な現象と微視的な生化学反応の間に相互作用があるのです。個々のアクチンとミオシンが反応するから溶液が流動するが、流動するから個々の分子ペアの反応が同期する、というミクロとマクロの相互作用が存在します。単なる自己組織系ではマクロな時空間パタンは結果として生じますが、個体が全体として生き延びねばならない生体システムでは部分と全体が整合的であることが必要なのです。

この点が更に明らかなのが、粘菌（図1・4下）です。粘菌は、アメーバ状の多核単細胞生物で、神経系等の情報処理や制御のための器官を持ちません。けれども、餌には全体として近づき、嫌いなものからは逃げます。粘菌は変形糸と呼ばれる網目状の構造をしていて、変形糸の外側の部分を外質ないしはゲル、内側を内質またはゾルと呼びます。粘菌ではさまざまなもの（厚みやカルシウム濃度）が振動しています。粘菌は局所に生じるこの振動の相互作用で、全体的に整合的に振る舞えるよう、情報処理をしています。つまり粘菌は、非線形振動子の集まりと見なせます。餌に出会うと、餌に接している部分の振動数が上昇します（嫌いなものに接する場合は振動数低下）。振動数が上昇するとそれが広がる、つまり、引き込み同期が生じます。ただ、周波数は全体として上昇しますが、位相勾配（位相の遅れ）が生じます。この位相勾配の高い方向に粘菌は移動します。一方の部分の目の前に餌があったとしても、粘菌全体の反対側にもっと好きな餌がある場合、撤退します。つまり粘菌の各部分は、個体全体のどこに最も好きな餌があるかを神経系等がないにもかかわらず、あたかも知っているように振る舞うのです。部分が全体の中の位置を「知る」ために必要な情報を位置情報と言います。本書では、これ以降論じませんが、再生医療が盛んな現在、「部分が全体を知る」ための複雑系生体システム論の発展も欠かせません。

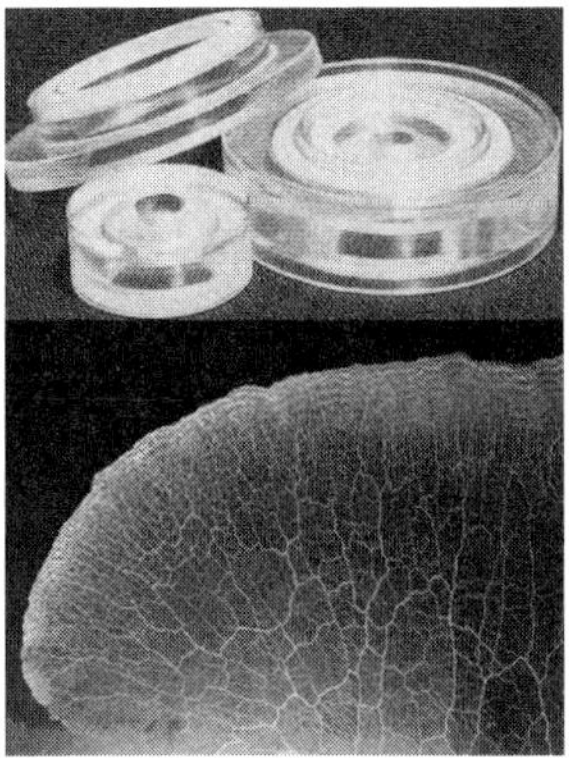

図 1.4　流動セル（文献(3)より）と真正粘菌（参考(4)より）.

以上で簡単に紹介した複雑系生命システム論の概念や項目をもとに、第二―四章では、以下のように議論を展開します。

第二章では、脳・神経系の基本単位である神経細胞について述べます。特に、非線形素子としての性質を強調します。つまり、ある閾値を超えると非線形振動を始めるという観点で、神経細胞で生じるインパルスの列を理解します。

第三章では、大脳皮質における情報処理の代表例として、大脳皮質における視覚入力の主な入り口である、第一次視覚野（Ｖ１野）を取り上げます。そこにおける古典的な結果だけでなく、Ｖ１野における情報処理に、非線形振動の性質がどのように関わりうるかを、図と地の分離という部分と全体の問題と関係付けて議論します。

第四章では打って変わって、知覚入力からも運動出力からも遠い、前頭前野を取り上げます。前頭前野は、創造性に大きく関わっている部位であると言われています。そこにおける筆者らの生理学的研究結果をご紹介します。大きな目標を達成するための具体的な行動目標の生成と、脳の複雑系創発現象がどう対応するかを述べます。具体的には、分岐や同期、臨界ゆらぎ等を前頭前野の神経細胞活動に見出します。

［参考文献］

（１）　http://www.mhlw.go.jp/kokoro/speciality/data.html

(2) http://www.expasy.ch/cgi-bin/show_thumbnails.pl
(3) 清水博『生命システムと情報』日本放送出版協会（一九八七）
(4) https://matome.naver.jp/odai/2147288592419813401/2147289215925741903

第二章　ニューロンを非線形素子と捉える

ここでは、脳・神経系の構成要素である神経細胞（ニューロン）の性質について概観します。第一節では、神経細胞の形態や振る舞いの基本的なことを述べます。特に、神経細胞の膜電位や、他の細胞から信号を受けたことに対し、インパルス状の応答をする機構について述べます。具体的には、ホジキン・ハクスレイ型の神経細胞モデルについて説明します。第二節では、その性質を定性的に再現する非線形振動子モデル、KYS振動子について紹介します。

ホジキン・ハクスレイ・モデルは、神経細胞の性質を正確に再現する優れたモデルですが、式が複雑であるため、インパルス状の波形を出すとはどういうことか、それがある閾値を超えたら生じるのはなぜか、ということの非線形力学的理解にはなかなか結び付きません。KYS振動子は、代表的非線形振動子であるファン・デル・ポール振動子（詳細は付録A2）との連続性を保ちつつ、これらの疑問に答えてくれます。

神経細胞の振る舞いのモデル化の方法は一通りではありません。ニューラルネットワークで用いられる、ある閾値を超えたら1、閾値以下なら0といった単純なものだってあります。しかしながら、複雑系として脳・神経系を捉えるならば、非線形振動子としての性質を備えることが望ましいでしょう。その意味でKYS振動子は、優れたモデルです。

一　ニューロンとインパルス

ニューロンの基本構造

神経細胞（ニューロン）は、樹状突起、細胞体、軸索という構造をしています（図２・１）。軸索の末端は神経終末と呼ばれ、他の神経細胞の樹状突起や細胞体、筋肉等の効果器に接続しています。接続しているとは言っても、くっついているわけではなく、狭い隙間があります。この接続部分はシナプスと呼ばれています。軸索を興奮（興奮については後述）が伝導してくると、神経終末より神経伝達物質が放出されます。神経伝達物質が受け手の細胞の受容体に結合すると、受け手側の細胞を興奮させたり、抑制したりします。これにより、放出側の細胞は受け手側の細胞に信号を伝えます。

とあっさり書いてしまうと何ということはないですが、技術のない昔に、このような描像に至るのは決して容易ではありませんでした。

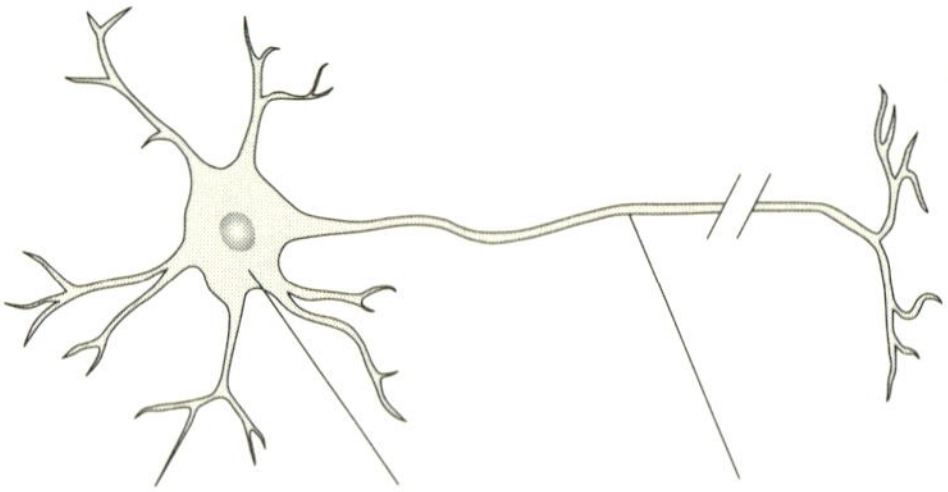

図 2.1　神経細胞の基本構造の模式図.

神経細胞の構造の理解に、イタリア人のゴルジとスペイン人のラモン・イ・カハール（図2・2）が大きな貢献をしたことに異論を挟む人はいないでしょう。実際に、その功績で一九〇六年に揃ってノーベル生理学賞を受賞しています。しかしながら両者は、神経組織がどのような構造をしているかについて真っ向から対立し、ノーベル賞の受賞講演でも互いに正反対の学説を述べたそうです。

新しい科学的事実は、新しい実験技術から生まれます。始まりは、ゴルジが、後にゴルジ染色と呼ばれる神経細胞をクロム酸銀で染色する方法を開発したことでした。その方法で一部の細胞のみを染色すると、それ以前の染色法では見えなかった、樹状突起から細胞体、軸索に至る構造が鮮明になったのです。ただし、シナプスの詳細な構造までは見えず、結果、ゴルジは異なる細胞の軸索部分が融合する網状説を唱えていました（半ば粘菌のようなイメージでしょうか）。

図 2.2　ゴルジ（左）とラモン・イ・カハール（右）.

ラモン・イ・カハールもゴルジ染色を行っていたのですが、神経細胞は融合せず独立しているというニューロン説を唱えていました。最終決着は、二人が亡くなったはるか後年、電子顕微鏡でシナプス間隙が観察されるまで持ち越されたのです。

芸術の国の二人のスケッチは、どちらもとても美しいものです（インターネットで探してみてください）。しかしながら、結果論とは言え、勝敗を分けた要因は何だったのでしょう？　科学者の感性について振り返ることの多い筆者には、なかなか興味深い問題です。

神経活動は生体の電気現象

一八世紀末、イタリアのガルバニやヴォルタが、カエルの筋肉の実験を通じて、生体電気現象の存在を明らかにしました。それ以降、およそ百年の間、神経の働きやそのメカニズムは主に、神経のついたカエルの筋肉（神経筋標本）における生体電気現象として研究されました。

神経筋標本において、神経に電流を流すと、筋肉は収縮します。このことは、電流により神経に何らかの変化が生じ、それが筋肉に伝わり筋肉の収縮が生じることを示唆します。この変化は興奮と呼ばれ、その性質と実態の解明が当時の大きな課題でした。

微小な電流や電位差（＝電圧）を計測する手段がなかった一九世紀、電気刺激の影響は、筋収縮を通じてしか評価できません。それでも、ドイツのヘルムホルツらによりさまざまなパタンの電気刺激を生成する装置が開発され、徐々に興奮の基本性質が明らかとなってきました。

まず興奮を引き起こすには、最低限の電流の強さが必要であること、つまり閾値が存在することが知られるようになりました。また、興奮が生じた直後に電気刺激しても興奮は生じないことも明らかになりました。この刺激に応じない期間を不応期といいます。一方、当時、神経線維を伝わる興奮は、金属導線を流れる電流のように光速で伝わると考える向きもあったようですが、実際にはそれよりずっと遅いことも判明しました。更に、興奮は起こるか起こらないかの二状態のみ（いわゆる全か無かの法則）であることが強く示唆される結果も得られました。

神経の切断面（つまり内部）の電位は、神経表面の電位より低いことは、一九世紀の終わりには知られていました。ドイツのデュ・ボア＝レーモンは、高感度の電流計を開発することにより、興奮が伝わるとそれらの電位の差が小さくなることを発見しました。これをもって、神経細胞の活動電位の発見者は彼ということになっています。しかしながら、活動電位に関する現象の詳細は次項以降で述べる通り、更なる計測機器の発達を待たねばなりませんでした。

これらの結果を受けて、（これまた）ドイツのベルンシュタインは二〇世紀初頭に、後にベルンシュタインの膜仮説と呼ばれる仮説を提唱しました。まず神経細胞の細胞膜は、ある電荷をもったある種のイオンは自由に通過させるが、他は通さないという性質を持つ（この性質を選択的透過性と言います）と仮定しました。具体的には、興奮していないときには、選択的透過性により、細胞内部のカリウムイオン濃度が外より高い状態になっていると仮定しました。このとき、細胞膜内外に電位差が生じます（ＢＯＸを参照）。このときの電位を静止膜電位と言います。ベルンシュタインは、静止膜電位とはカリウムイオンの平衡電位であると考えたのです。次に、興奮する＝活動電位を生じるとは、この静止膜電位が一過性に消失すること、つまり一時的に選択的透過性が消失することにより発生すると仮定しました。

ベルンシュタインの膜仮説は、結局は正しくなかったのですが、それを検証する実験により、真の姿が明らかになっていきます。良い仮説は、結果的に正しくなくても意義があるのです。

BOX　電位差と選択的透過性

脂質二重膜である細胞膜を，すべての物質が自由に出入りできるわけではありません．特に，電荷を帯びた粒子・イオンが移動するには，細胞膜に特別な通路が必要になります．あるイオンについて，特別な通路がある場合を考えてみましょう（選択的透過性）．

細胞膜を模した膜で区切られた内側と外側に，ある正の電荷を帯びたイオン（陽イオン，ここではカリウムイオン K^+）と，対になる負の電荷を帯びたイオン（陰イオン，ここでは仮想的にイオン A^-）が存在し，それらの濃度が膜の内側で高い場合を考えます（図A）．次に，この状態に K^+ 専用の通路が加わった場合を考えます（図B）．すると当然濃度勾配に従い，K^+ は外側に流出します．内と外で濃度が変わった正と負のイオンは薄い膜を隔てて電気的に引き合います．このようにして K^+ が流出するに従い，膜の内側に並ぶ A^- の数は増え，結果，膜の内側の電位は外側の電位に比べ負の方向に振れます．この電位差が今度は膜の外側にある K^+ を内側に引っ張ろうとします．K^+ の行き来は，内側の K^+ 濃度のほうが高いまま，濃度差による流出と電位差による流入が釣り合うところで見かけ上停止します（図C）．このときの電位差を，K^+ の平衡電位と呼びます．あるイオンに膜の内外で濃度差がある場合に，そのイオンの選択的透過性が存在すると，平衡電位が生じるのです（図Aの選択的透過性がない場合，平衡電位はゼロです）．

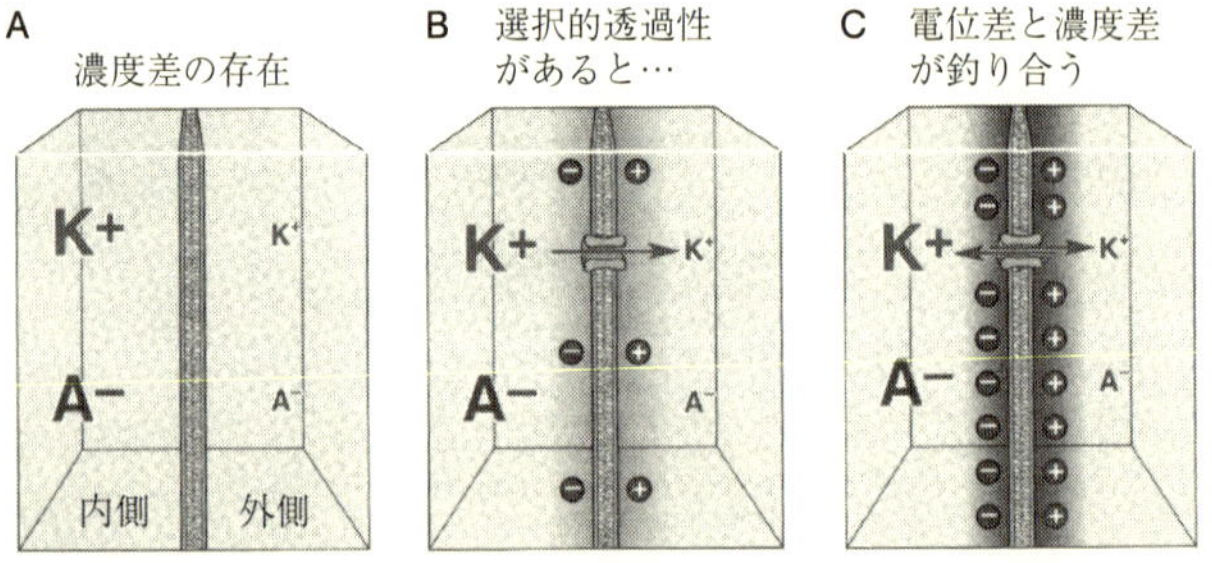

図　選択的透過性が電位差を生じる機構の模式図（文献(4)を改変）．

実際の生体の細胞の内外には，複数種類の陽イオンと陰イオンが存在しますが，表に示したように，イオンごとに細胞内外で著しい濃度差があります（ただし，種を超えて似たような濃度差パタンです）．上で述べた平衡電位を求める式をネルンストの式と言います．

$$E_{ion} = \frac{RT}{FZ} \ln \frac{[ion]_o}{[ion]_i}$$

E_{ion} は，そのイオンの平衡電位，R は気体定数で 8.31，T は絶対温度（273＋℃）で室温なら 293，F はファラデー定数 96,500，Z はイオンの電荷，ln は自然対数（つまり $\log_e$），$[ion]_o$ はそのイオンの外側の濃度，$[ion]_i$ は内側の濃度です（すべて単位は省略）．平衡電位はイオンごとに決定されることは念頭に置いて下さい．

今，ネルンストの式と表の K^+ 濃度を用いてその平衡電位を求めると，−75 mV になります．これは，静止膜電位に非常に近い値です．他のイオンの平衡電位は静止膜電位とはかけ離れた値を示します．これが，20 世紀初頭に，静止膜電位の正体はカリウムイオンの平衡電位であると考えられていた理由です．

細胞内外にイオン濃度差を作り出す主因は，ATP のエネルギーを使った能動輸送の一種，Na^+－K^+ポンプです．詳細は略しますが，図 A の状態から図 C の状態になっても細胞内 K^+ 濃度の低下は微々たるものです．しかしながら，平衡電位は 0 mV から −75 mV と大きく変化します．エネルギーを使ってイオン濃度勾配を能動的に作り出すことにより，小さな濃度変化で大きな電気信号を得る下地を作っているのです．

	内側	外側
カリウムイオン（K^+）	400 mM	20 mM
ナトリウムイオン（Na^+）	50 mM	440 mM
塩化物イオン（Cl^-）	51 mM	560 mM
カルシウムイオン（Ca^{2+}）	0.4 mM	10 mM
マグネシウムイオン（Mg^{2+}）	10 mM	54 mM

表　イカの巨大神経における主要なイオンの細胞内外の濃度．mM はミリモル．

ホジキンとハクスレイの電位固定

技術の進歩と科学の進歩は車の両輪です。神経活動の解明もその例外ではありません。

二〇世紀初頭の段階では、神経細胞膜の安静時の電位・静止膜電位は、カリウムイオンの選択的透過性によるカリウム平衡電位と等しく、神経興奮つまり活動電位は、一過性にカリウムイオン選択的透過性が消失し、膜電位が一時的にゼロになることであると予想されていました。

しかしながら、ブラウン管の発明に伴いオシロスコープが開発されたり、新発明の真空管を用いた増幅回路が利用できるようになったりすると、微弱な活動電位を正確に測定できるようになりました。すると活動電位とは、持続時間の非常に短いインパルス状の電位であることや、ゼロより高い値に振れるオーバーシュートを伴うものであることがわかってきました。

それらを受けて、活動電位の電荷はナトリウムイオンにより運ばれるというナトリウム説が唱えられるようになりました。この裏付けとして、細胞外液中のナトリウムをナトリウムの放射性同位体で置き換えると、活動電位の発生に伴いその放射性同位体が細胞外部から内部に運ばれる等の実験結果が得られま

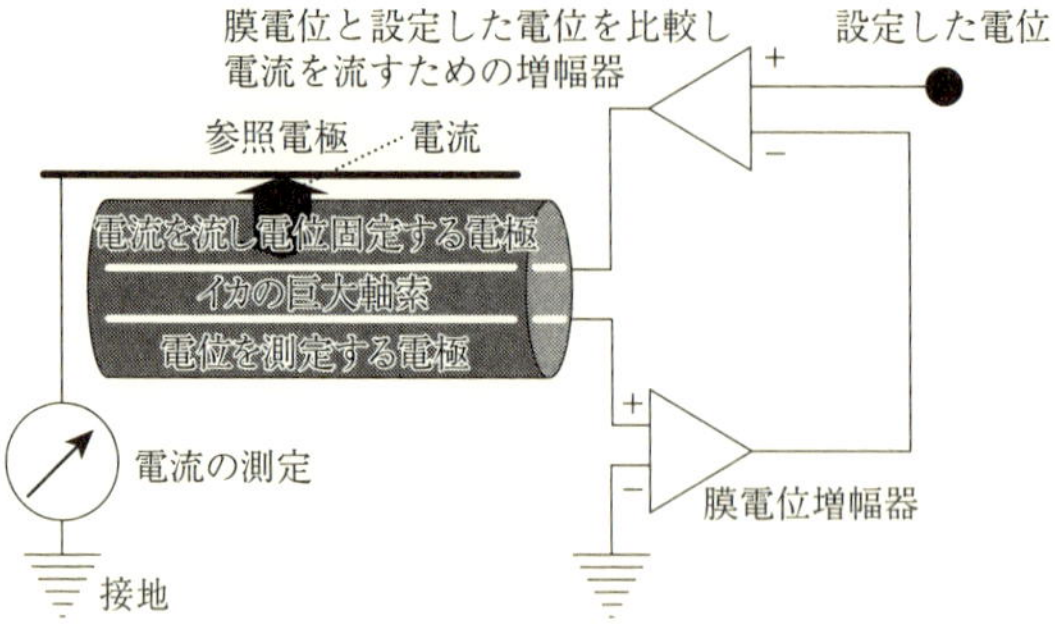

図 2.3　電位固定法．固定電極と参照電極間に電流が流れる．

した。

こうなると、ナトリウムイオンとカリウムイオンそれぞれの膜の透過性を正確に測定する必要が出てきます。透過性はコンダクタンスとも呼ばれ、抵抗Rの逆数$g=1/R$で定義されます。膜のコンダクタンスは、神経活動が静止時にはカリウムに対して高く、活動時にはナトリウムに対して一過性に高くなることがほぼわかってきていたのですが、膜電位Eが短時間で激しく変動すると正確に評価できません。電位E、抵抗R、電流Iには$E=RI$の関係がありますから、電流I、電位E、コンダクタンスgには$I=gE$という関係が成り立ちます。電流Iと電位Eが同時に大きく変化すれば、コンダクタンスgの変化を正確に調べることはできません。

そこでイギリスの生理学者ホジキンとハクスレイは、当時の最新技術ネガティブ・フィードバック制御を用いた電位固定法という方法を用いることにしました（図2・3）。今日でも使われるこの手法では、膜電位を一定にして膜を流れる電流を計測します。設定した電位と膜電位との差を検出し、それを打ち消すように電流を注入するところにフィードバック制御が用いられています。膜電位を一定にして（固定して）膜電流を測定すると、電流とコンダクタンスは比例するので、その時間変化を計測できるのです。また、膜電位を空間的に均一にするため、金属電極を差し込める大きな神経が必要でした。このため、直径が1ミリメートルもあるイカの巨大軸索が使用されました。

電位固定で異なるイオンの寄与を分離する

神経細胞の活動電位を担う実体は何か？　それを明らかにするにはカリウムイオンの流れカリウム電流とナトリウムイオンの流れナトリウム電流を分離する必要がある。そう考えたホジキンとハクスレイは、イカの巨大軸索と電位固定法を用いて、それらの電流を巧みに同定しました。

まずは通常の海水に巨大軸索を浸し、膜電位を本来インパルス状の活動電位が生じる値に固定しました（図2・4上）。すると、一過性の内向き電流の後に外向き電流が続きました（図2・4下太線）。次に、巨大軸索を浸す液をナトリウムイオンのない海水に置き換えました。このとき、ナトリウム電流は生じません。この状況で先ほどと同じ電位に膜電位を固定すると、今度は外向きの電流しか観察されませんでした（図2・4下細線）。この正体はカリウム電流であることはわかっていたので、最初の実験で得られた膜電流とこのカリウム電流の差をとるとナトリウム電流が得られるのです（図2・4下破線）。電位固定下では電流とコンダクタンスは比例します。よって、これら電流からナトリウムとカリウムそれぞれのコンダクタンスの時間変化を見事に得ることができたのです。

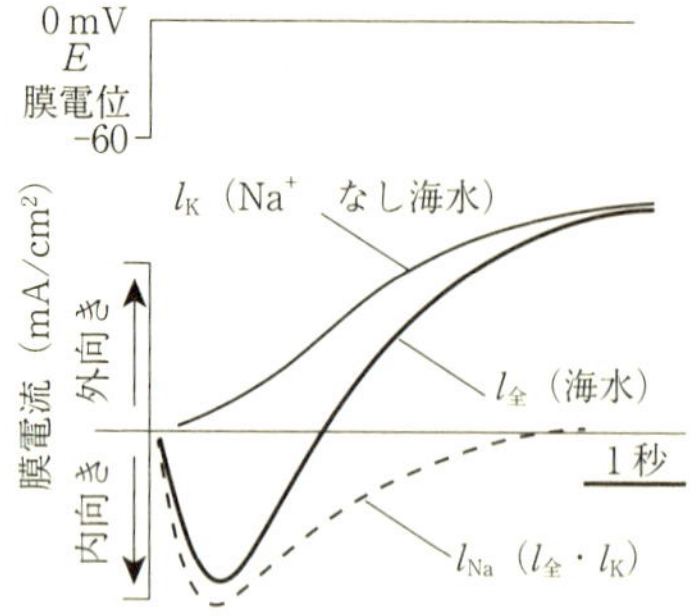

図 2.4　電位固定法によるカリウム電流 I_K とナトリウム電流 I_{Na} の分離.

BOX　イカの生け簀は神経生理学の成果

寿司屋や割烹にはイカの生け簀を持つところもあり，我々は新鮮なイカの刺身に舌鼓を打つことができます．でも，それが神経生理学の恩恵であることを知っている人は少ないのではないでしょうか．

実験材料の選択は，科学者にとって重要な問題です．イカの巨大軸索は，神経生理学の発展に多大な貢献をしました．太さが1 mmもなければ，ホジキンとハクスレイは電極を2本も軸索に通すことはできなかったでしょう．このような実験には新鮮なものが必要です．しかしながら，魚と違いイカは生け簀で飼うことが大変難しかったのです．

神経生理実験のためイカの飼育法を確立したのは，2003年に惜しまれつつ62歳で亡くなられた松本元《げん》先生の功績の1つです．物理学から神経科学に転じられた松本先生は，研究の最も基礎・基盤となることからやらねばと考える剛健な方だったようで，イカの飼育法の確立に「狂ったのか」と言われるほど心血を注がれたそうです．

問題は水槽内のアンモニアの蓄積でした．水槽で飼うと生き物は糞尿をしますが，魚等と違いイカはアンモニアに極端に弱いのです．結局，松本先生らは，苦心の末，アンモニアを分解するバクテリアを用いた浄化槽を作り，問題を解決しました．

図　松本元先生とイカの生け簀（参考(6)より）．

ホジキンとハクスレイの方程式

イカの巨大軸索と電位固定法を用いた実験でナトリウムコンダクタンスとカリウムコンダクタンスの時間変化（図2・5）を分離したホジキンとハクスレイは、「神経細胞の細胞膜には微小なイオンチャネルが存在する」というイオンチャネル仮説の下、神経細胞の理論モデルを構築しました。それが、有名なホジキン・ハクスレイ方程式（以下、H-H方程式）です（詳細はBOX）。

H-H方程式は、①ナトリウムイオンはナトリウムチャネルを、カリウムイオンはカリウムチャネルを通る、②ナトリウムチャネル、カリウムチャネルは独立の開閉機構を持ち、開閉に関する各因子（ゲート因子）の状態は膜電位に依存する（膜電位依存性チャネル）、等の特徴を持ちます。

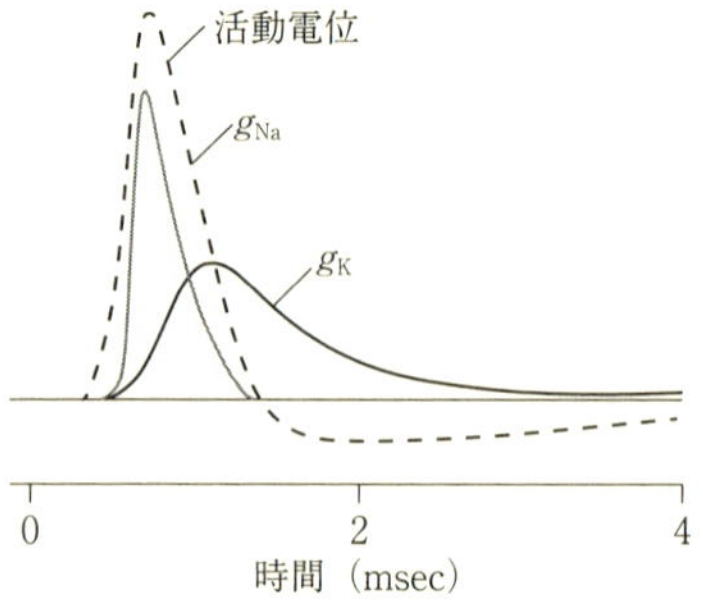

図 2.5 活動電位，ナトリウムコンダクタンス g_{Na}，カリウムコンダクタンス g_K の時間変化．

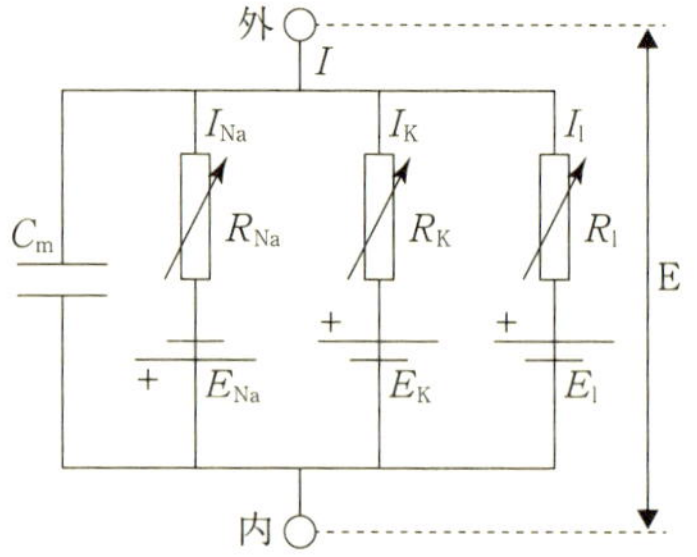

図 2.6 ホジキン・ハクスレイ方程式の等価回路．I は総電流．I_{Na}, I_K, I_l はそれぞれナトリウム，カリウム，リーク電流．E は膜電位．E_{Na}, E_K, E_l はそれぞれナトリウム，カリウム，リーク平衡電位．R_{Na}, R_K, R_l はそれぞれナトリウム，カリウム，リーク抵抗（コンダクタンス g の逆数）．C_m は膜の容量（コンデンサとしての性質）．

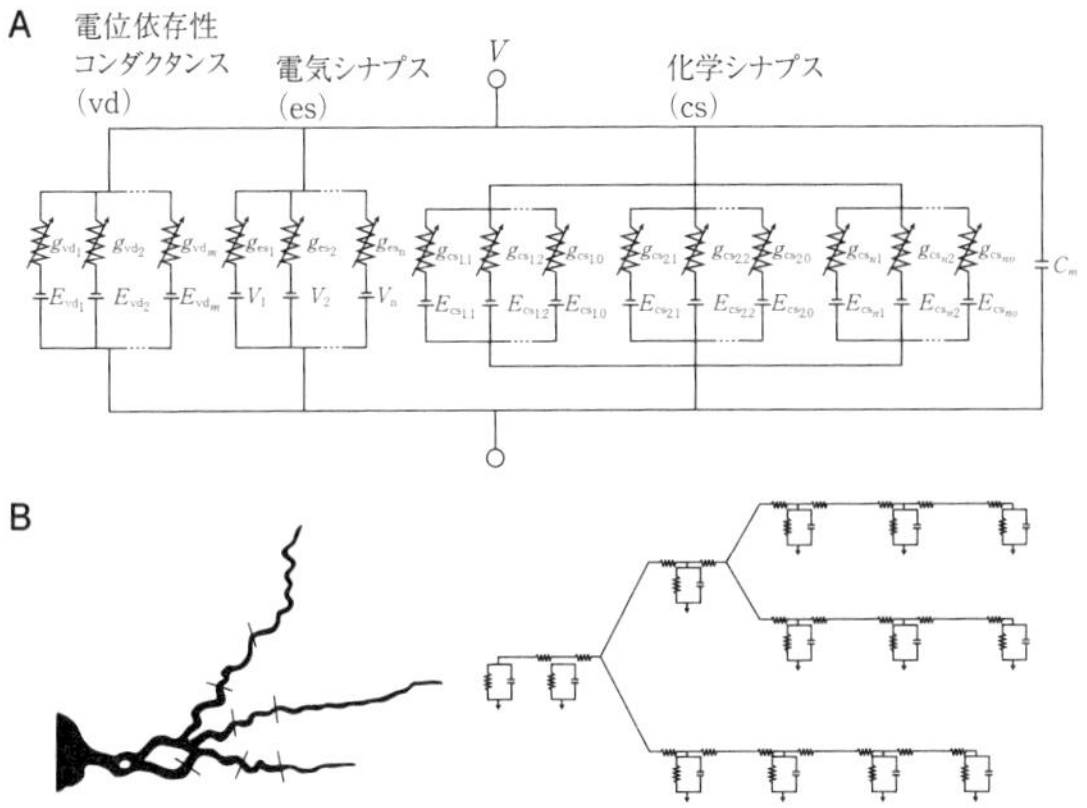

図 2.7 H-H 方程式は拡張性がある．チャネルの追加（A）や構造も考慮したモデル化に対応できる．

実際にコンピュータで計算すると、神経細胞の電気的活動をきわめてよく再現します。

イオンチャネルは高校の教科書にも載っていますし、分子生物学の発達した現在、その存在は、当たり前のことになっています。しかしながら、そのようなことが一切わかっていなかった一九五二年の段階で、このようなモデルが提唱されたことは、大変、先見的だったのです。この業績およびその後の研究の広がりにより、ホジキンとハクスレイは、一九六三年、ノーベル生理学賞を受賞しました。

H-H方程式は、拡張性にも優れています。新しいイオンチャネルが発見されれば、実験結果を基にそのチャネルについての式を追加すればいいですし（図2・7A）、樹状突起などの神経細胞の形状を反映したモデルも構成可能です（図2・7B）。H-H方程式の神経細胞のモデル化は、電気回路と生理学をつなぐものとして今後ずっと使い続けられるものなのです。

BOX　4階の非線形微分方程式としてのホジキン・ハクスレイ方程式

ホジキン・ハクスレイ方程式（H-H 方程式）は，イオンチャネル仮説の下，各チャネルは独立のゲート機構を持ち，ゲートの開閉に関する各因子（ゲート因子）の状態を，以下のように膜電位に依存する形で3つの微分方程式で表しました．

$$\frac{dm}{dt} = a_m(1 - m) - b_m m$$

$$\frac{dh}{dt} = a_h(1 - h) - b_h h$$

$$\frac{dn}{dt} = a_n(1 - n) - b_n n$$

ただし，m, h, n はそれぞれ，ナトリウムチャネルの活性化，ナトリウムチャネルの不活性化，カリウムチャネルの活性化に関与するゲート因子が，チャネルが開いている状態にある確率を表します．a_m, b_m, a_h, b_h, a_n, b_n はそれぞれ以下のように膜電位 E の関数です．

$$a_m = 0.1(25 - E) / [\exp(2.5 - E / 10) - 1]$$
$$b_m = 4\exp(-E / 18)$$
$$a_h = 0.07\exp(-E / 20)$$
$$b_h = 1 / [\exp(3 - E / 10) + 1]$$
$$a_n = 0.01(10 - E) / [\exp(1 - E / 10) - 1]$$
$$b_n = 0.125\exp(-E / 80)$$

これらと，単位面積にあるすべてのチャネルが開いているときのナトリウムコンダクタンス，カリウムコンダクタンス$\overline{g_{\mathrm{Na}}}$, $\overline{g_{\mathrm{K}}}$（定数）を用いると，それぞれのコンダクタンスは，以下のように表されます．

$$g_{\mathrm{Na}} = \overline{g_{\mathrm{Na}}} m^3 h$$
$$g_{\mathrm{K}} = g_{\mathrm{K}} n^4$$

式が m の3乗になっていることや n の4乗になっていることは，実験結果を基に決められました．

また，膜電位に依存しないチャネルを通って流れる電流をリーク

電流 I_l としてまとめて取り扱い，以下のように表しました．

$$I_l = g_l(E - E_l)$$

g_l はリーク成分のコンダクタンス，E_l はその平衡電位です．

脂質二分子層である細胞膜は絶縁体ですから，一種のコンデンサを形成しています．よって，膜電位が変化しているときは，以下の式で表されるように，容量性の電流 I_c も流れます（電位固定法は，この電流をキャンセルするために考えられたのです）．

$$I_C = C_m \frac{dE}{dt}$$

C_m は単位面積当たりの膜容量です．

最後に，各電流を統合して，細胞内外を流れる電流の総和 I を求めます．抵抗 R ではなくその逆数であるコンダクタンスを用いると，式が電流についての足し算になってすっきり表せます．

$$I = C_m \frac{dE}{dt} + g_{\mathrm{Na}}(E - E_{\mathrm{Na}}) + g_{\mathrm{K}}(E - E_{\mathrm{K}}) + g_l(E - E_l)$$

E_{Na}, E_{K} はそれぞれナトリウム，カリウムの平衡電位です．

以上，ゲート因子についての３つの式と電流の総和についての式の合計４つの非線形微分方程式が，ホジキン・ハクスレイ方程式です．この方式ですと，新しいイオンチャネルが見つかれば，その開閉や電流についての式を同じ様式で追加できます．

でも複雑でしょう？　我々は今，この式がどういう現象をモデル化しているか知っていますが，そのような事前知識なしに，この式だけを見て電位の振る舞いをイメージするのは，そう容易ではありません．

二　単純な神経モデルのデザイン

神経活動の特徴

そもそもモデルとは、不必要なものを削ぎ落として現象の本質的特徴を取り出しつつ、現象を説明・再現するものです。

前節で取り扱ったホジキン－ハクスレイ（H-H）方程式は、細胞内外の各イオン濃度組成や神経伝達物質とイオンチャネルの結合といった化学的な現象と、細胞膜の電位という電気現象の対応付けを目的とする生理学的なモデルと言えます。H-H方程式は、現在でも、さまざまなタイプの神経細胞の振る舞いを理解するうえで、基本的な枠組みを与えています。

しかしながら、H-Hモデルはあくまで生理学的モデルであるが故に、現象の数学的・力学的理解にはふさわしくありません。つまり、

①神経細胞が興奮するには、最低限の大きさの入力、つまり、閾値が必要であること

②閾値を超えるとインパルス状の波形（スパイクないしは発火とも呼びます）で振動すること

③入力の大きさが大きくなると単調に振動数が上昇すること

といった定性的な性質がなぜ生じるかを数学的・力学的に理解するには、不便なのです。H-H方程式を眺めただけで①～③の性質を想像するのはそんなに簡単ではありません。

シンプルな神経モデルを求めて

そこで、４階の非線形微分方程式であるH－H方程式より簡単でありながら、これら①～③の神経細胞活動の性質を再現するモデルが、いろいろと提唱されてきました。その中で、筆者の先輩である木村真一・東京理科大教授と恩師で東北大学名誉教授・矢野雅文先生、東京大学名誉教授・清水博先生の名を冠したＫＹＳ振動子は、単純で美しい式で、これら①～③の現象を定性的に再現・説明します。

ＫＹＳ振動子は、２次の微分方程式として次のように表されます。

$$d^2x / dt^2 = -f(x)dx / dt - g(x)x + D$$

$$f(x) = a_1x^2 + b_1x + c_1$$

$$g(x) = a_2x^2 + b_2x + c_2$$

ここではバネ振り子、ないしは、お椀の中を転がるビー玉に喩えて議論を進めます。xは振り子、または、ビー玉の水平方向の位置で、電位に相当します。Dは入力、$f(x)$は摩擦についての式、$g(x)$はバネでいうなら硬さについての式です。$g(x)x-D$は、位置xにおけるお椀の傾斜、それをxについて積分したもの（積分定数はゼロ）を$G(x)$とすると、$G(x)$はお椀の形に対応します。

この喩えに基づき、以下の２ページではまずＫＹＳ振動子の振る舞いを式を使わずに概観します。

神経細胞活動のモデル化――カギは負性抵抗とお椀の形

ここでは、KYS振動子が、どのように神経細胞の電気的活動を定性的に再現しているのかの概略を、直感的にわかるように述べます。

ビー玉をお椀に入れると重力に従い、下に転がりますが、お椀の壁面には摩擦があるので、しばらくするとビー玉は、底に落ち着きます（図2・8A）。お椀の水平方向の位置が電位を表していますので、図2・8Aの場合、減衰振動する電位は、このようなイメージで捉えることができるでしょう。

次に、底周囲に負性抵抗領域を設けます（図2・8B）。負性抵抗領域とは聞き慣れないと思いますが、摩擦が負の領域のことです。正の摩擦力は運動方向と逆方向に働くので、運動を停止するように働きますが、負の摩擦力は運動と同じ方向に働くので、運動は停止しません。したがって、この場合、ビー玉は谷に落ち着くことができず、ずっと振動を続けます。

お椀の形を谷が二つあるようにし、一方の周囲に負性抵抗領域を設けると、ビー玉は負性抵抗領域にない谷に落ち着きます（図2・8C）。お椀の形を入力の大きさに応じて図2・8Dのように変形していくと、どこかで二つあった谷が一つになってしまいます。ところが、残った谷の周囲には負性抵抗領域が設定されているので、ビー玉は谷に落ち着くことができません。これをもってKYS振動子は、閾値を超えたら振動を始めるという神経細胞の性質を再現しました。

図2・8Dをもう少し注意深く眺めてみましょう。ビー玉は負性抵抗領域を抜けると反転し、谷

の方向に引かれます。しかしながら、引かれる力は正側と負側で違います。正側ではお椀の傾斜が急なので強く引かれ、結果、すぐ谷の方向に戻ります。一方、負側ではお椀の傾斜が緩やかなのであまり強く引かれず、結果、ゆっくり谷の方向に引き返します。これが、ＫＹＳ振動子がインパルス状の波形を出す理由です。

入力が大きくなると、お椀の形は更に歪みます。特に、図２・８Ｃで谷だった付近の傾斜が急速に大きくなります（図２・８Ｅ）。すると、ビー玉はさっさと谷の方に引き返すようになります。この機構により、ＫＹＳ振動子は入力により振動数を変えるのです。

次項以下は読み飛ばしてもらっても結構です。議論に多少重複もありますが、ＫＹＳ振動子の式に立ち返り、皆さんとともに、神経細胞のモデルを具体的にデザインします。パラメータa_1、b_1、c_1、a_2、b_2、c_2の意義を詳細に考えながら、それらの値を決定していきます。

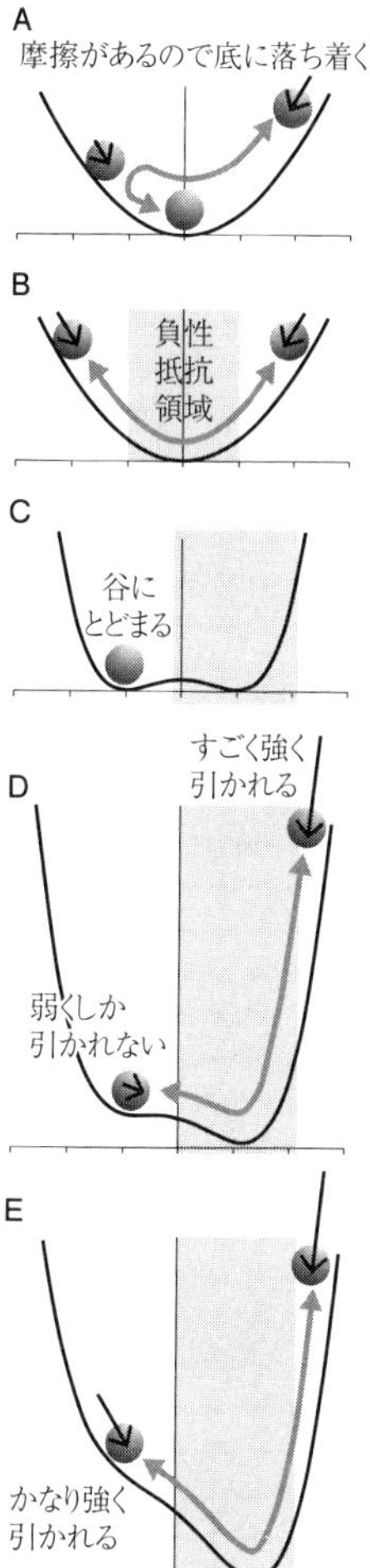

図 2.8　KYS 振動子は神経細胞の振る舞いを定性的に説明．アミ掛けは負性抵抗領域．

BvP振動子――摩擦抵抗を非対称にする

振動について以下の三つの場合を考えます（詳細は付録A2）。摩擦のない線形振動子（KYS振動子の式で正定数C_2以外はゼロ）、摩擦のある線形振動子（正定数C_1、C_2以外はゼロ）、ファン・デル・ポール振動子（以下、VdP振動子。値の取り方はいろいろですが、たとえば、$a_1=1$, $c_1=-25$, $C_2=10$それ以外はゼロ。つまり、$g(x)$は正の定数で、$f(x)=x^2-25$）です。

ここで、ポテンシャルというものを考えておきましょう。$g(x)x-D$をxについて積分したもの（積分定数はゼロ）とし、$G(x)$と表しておきます。ここで挙げた三つの例では、$g(x)=c_2$と定数でしたので、$G(x)=c_2x^2/2$というxについての2次式です。$G(x)$は、図2・9Aの実線に示したとおり、$x=0$を底としたお椀型をしています。お椀にビー玉でも入れたときの振る舞いをイメージすれば、以下の議論も理解しやすいと思います。ビー玉はお椀の傾斜に従い、底の方に動こうとします。

摩擦のない線形振動子の場合（図2・9A）、摩擦がありませんから、お椀の中のある高さからスタートすると、ゼロを通り越し、反対側の同じ高さのところで折り返し、振動をずっと繰り返します。

摩擦のある線形振動子の場合（図2・9B）は、最終的にお椀の底で停止します。

VdP振動子の場合（図2・9C）、±5の範囲に摩擦抵抗が負になる領域（負性抵抗領域）があるので、底で停止できず、負性抵抗領域を抜け、正抵抗領域で停止・反転し、結果、振動を続けます。お椀の底に対し対称に負性抵抗領域が設定されているので、波形も、上下対称な形になります。

では、ここで新たに、たとえば、$a_1=1, b_1=-10, c_1=-1, c_2=10$ それ以外はゼロ、つまり、$f(x)=x^2-10x-1$ とした場合を考えてみましょう。これは、（厳密ではありませんが）ＶｄＰ振動子の負性抵抗領域を正の方向に５弱平行移動したものに相当します。つまり、お椀の底に対し負性抵抗領域を非対称に設定します。これは、簡易型のボンフォーファー－ファン・デル・ポール（以下、ＢｖＰ）振動子と呼ばれます。

波形を見ると、上下非対称、つまり神経細胞に少し似てややインパルス状になっていませんか？定性的には以下のように説明されます。波形を見ると負性抵抗領域に滞在している時間はごくわずかです。となると波形の非対称性を決めるのは、正負それぞれの正抵抗領域の滞在時間です。これを決めるのは、その場所でどのくらい強く底方向に引っ張られるか、つまり、その地点でのポテンシャルの傾斜です。正側の正抵抗領域に入ると傾斜が強く、すぐ反転するのです。

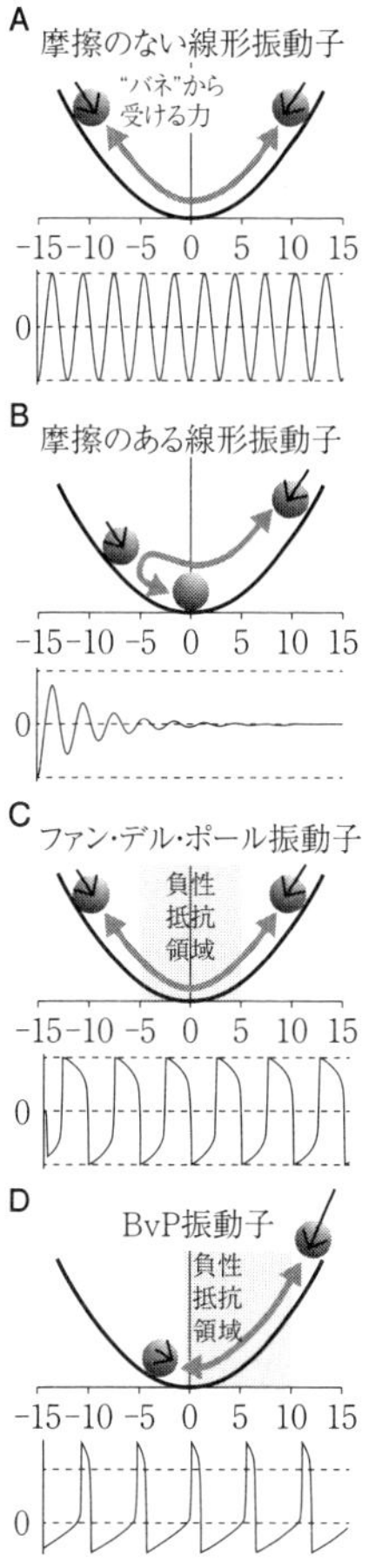

図 2.9　ポテンシャルの形と摩擦の関係から振動を理解する．ポテンシャルの傾斜は"バネ"から受ける力に対応．底から離れるほど強い力を受ける．

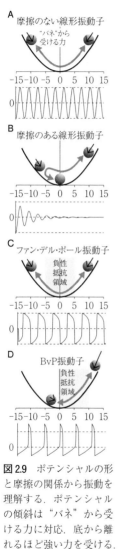

ダフィング振動子——収束点のジャンプ

神経細胞の性質をよく再現する非線形振動子であるKYS振動子を理解する準備として、前項では摩擦の項に非線形性と非対称性を入れ、波形を多少先鋭化し、若干、神経細胞の波形に似せることができました。この項では一転、バネの硬さの項に非線形性を入れてみることにしましょう。

具体的にはたとえば、$a_2 = 1, b_2 = 0, c_2 = -25$, つまり、$g(x) = x^2 - 25$ としてみます。それ以外はゼロ、つまり、摩擦がなく（$f(x) = 0$）、KYS振動子の入力に相当するDがゼロと設定しましょう（図2・10A）。この場合、ポテンシャル $G(x)$（ここでは $g(x)x - D$ の積分。ただし積分定数はゼロ）は、$x^4/4 - 12.5x^2$ と、谷が二つある4次関数の形をとります。このとき、どういう振動をするかは、x の初期値に依存します。すなわち、$x = 0$ の位置の山より高い位置が初期値なら、山を越えて大きく振動します。低い位置が初期値なら、二つの谷のうち、初期値に近いほうの谷を中心に振動します。摩擦がないので、ずっと振動を続けます。

今度は、ポテンシャル $G(x)$ の形はそのままに、摩擦を大きくしてみましょう。たとえば$f(x) = 1$と設定してみます（図2・10B）。この場合の落ち着く先は、出発点の近くの谷底になります。つまり、初期値によって落ち着く先が二か所に分かれるのです。

次に、KYS振動子で入力とするDをゼロから徐々に大きくしてみましょう。$D = 20$ の場合（図2・10C）、ポテンシャル $G(x) = x^4/4 - 12.5x^2 - 20x$ となります。負側の谷が浅くなっているのがわかるでしょう。けれどもこの場合でも、初期値-5で始めると負側の谷に落ち着きます。

更にDを大きくすると、負側の谷はどんどん浅くなり、しまいには、谷がなくなってしまいます。ここで使用している数値の場合、$D = 38.5$付近で谷がなくなります。このとき、初期値−5で始めると、落ち着く先は当然、一つになってしまった正側の谷です（図2・10D）。直前のDの値が38.4付近までは、かろうじて残っていた負側の浅い谷に落ち着いていたのですが、Dの値のわずかな増加で、落ち着く先が急に飛ぶのです。この突然の変化は、以前述べた分岐現象の一つです。

ここで紹介した振動子は、ダフィング振動子と呼ばれます（一般の非線形力学のテキストには、Dに三角関数を用いたものが、カオスが出現する例として出てきます）。これがどのように神経細胞の性質の定性的再現につながるのかは、次項で説明します。

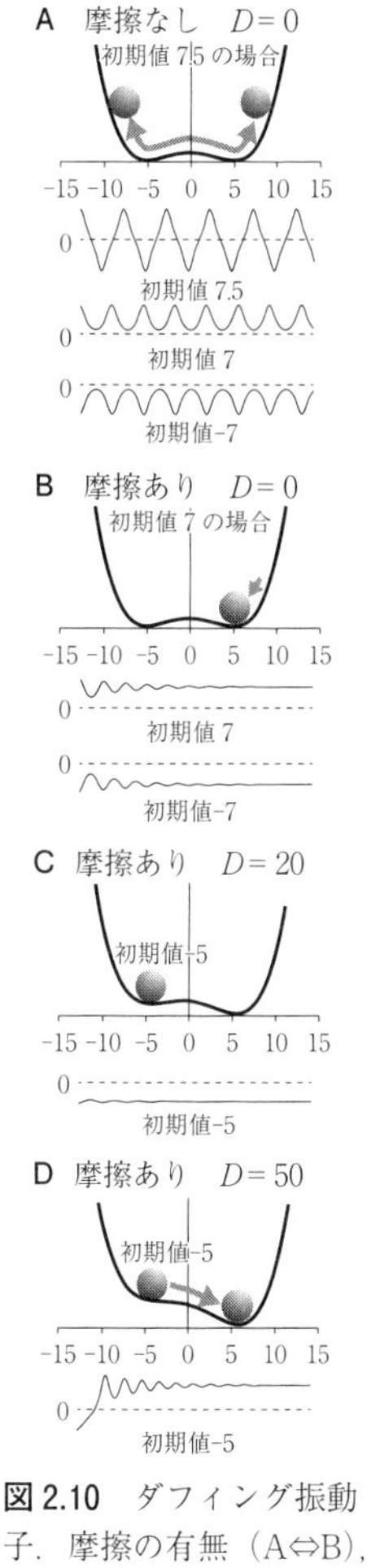

図 2.10　ダフィング振動子．摩擦の有無（A⇔B），初期値の違い（A, B の各波形），D の値（B, C, D）により振る舞いが大きく変わる．

ＫＹＳ振動子モデル――ＢｖＰとダフィングから

神経細胞の性質を再現するＫＹＳ振動子の形式を今一度記しておきましょう。

$$d^2x/dt^2 = -f(x)dx / dt - g(x)x + D$$

$$f(x) = a_1x^2 + b_1x + c_1$$

$$g(x) = a_2x^2 + b_2x + c_2$$

$f(x)$ は、摩擦に相当する項で、$g(x)$ はバネでいうとその硬さの項です。前々項では、$a_1 = 1$, $b_1 = -10$, $c_1 = -1$, $c_2 = 10$ それ以外はゼロ、つまり、$f(x) = x^2 - 10x - 1$ と $f(x)$ に非線形性・非対称性を入れた場合を見ました。このとき、波形は少々先鋭化し、少し神経細胞の波形に似ました。この振動子は、簡易型のＢｖＰ振動子と言いました。前項では一転、バネの硬さの項の非線形性を検討しました。具体的には、$a_2 = 1$, $b_2 = 0$, $c_2 = -25$, つまり、$g(x) = x^2 - 25$ とし、大きな正の摩擦係数、つまり、$a_1 = 0$, $b_1 = -0$, $c_1 = 10$ を与えたとき、初期値に応じて最寄りの谷に落ち着く様子を見ました。また、D の値を大きくしていくと、谷の数が二個から一個に減ることも確認し、それに応じて、落ち着く先が一つになっていく様子も見ました。この振動子はダフィング振動子と呼ばれます。

これら二つの振動子を合体させたものが、ＫＹＳ振動子です。つまり、$f(x) = x^2 - 10x - 1$ で、$g(x) = x^2 - 25$ であるような、摩擦の項にもバネの硬さの項にも非線形性がある振動子です。

ここで前項と同じように初期値 $x = -5$ から出発し、D を徐々に大きくしていきましょう。

$D = 0$ の場合（図２・11Ａ）、ポテンシャル $G(x)$ ($g(x)x - D$ の積分）は、谷が二つある正負に対称な4次関数$x^4/4 - 12.5x^2$です。落ち着く先は最寄りの負側の谷となり、振動は生じません。$D = 20$にしても、負側の谷は浅くなりつつも存在しているので、そちらに落ち着き、振動はしません（図2・11B）。

　では、Dを大きくして谷を一つにしたらどうなるでしょう？　このパラメータでは実際、$D = 38.5$付近以上で谷は一つになります。図2・11Cには$D = 50$の場合を示しました。谷は一つになったので、振動子は当然、谷底のほうに引き寄せられます。ところが、ダフィング振動子の場合と違い、KYS振動子はBvP振動子の性質も引き継いでいますから、谷周辺には負性抵抗領域（図のアミ掛け領域）が設定されているのです。つまり、谷周辺では負の摩擦力を受けるので、決して谷に落ち着くことはできません。すなわち、閾値を超えたら振動することが再現できたのです。

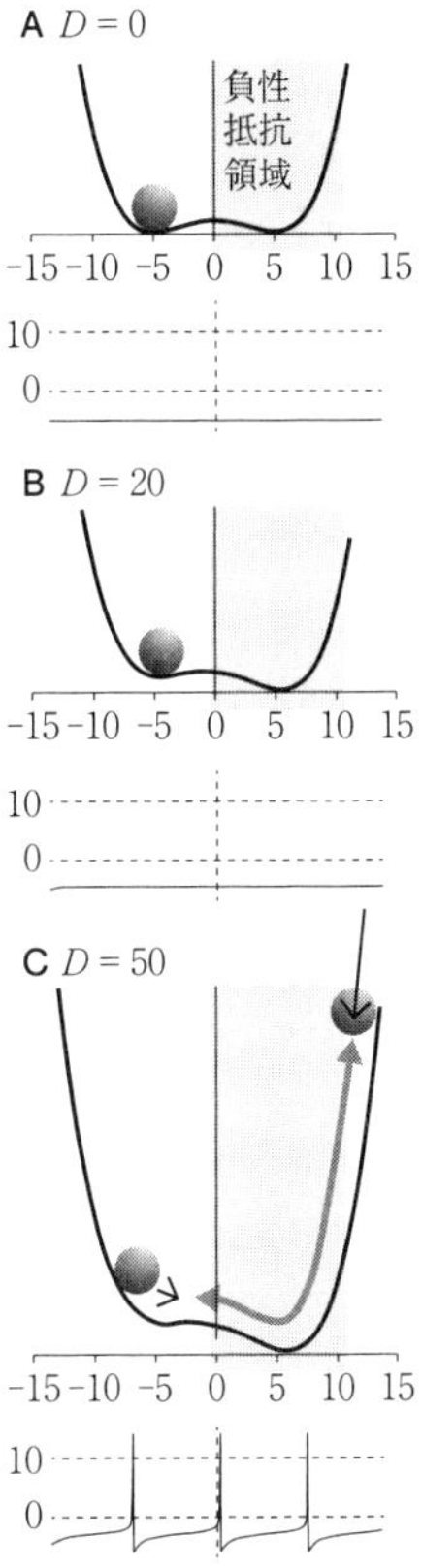

図 2.11　KYS 振動子の挙動．初期値はすべて 5．実線はポテンシャル．A, B：$D = 0, 20$ の場合，正抵抗領域の谷に落ち着く．C：$D = 50$ では谷が一つだが，周囲が負性抵抗領域（アミ掛け）なので，振動が始まる．玉が谷方向に引かれる力は左右非対称．

ＫＹＳ振動子モデルと神経細胞

神経細胞の性質を定性的に再現する2次の非線形微分方程式であるＫＹＳ振動子は、摩擦の項とバネの硬さの項の両方に非線形性を持つ振動子です。ここでは、ＫＹＳ振動子がどのように神経細胞の性質を定性的に再現しているか、もう少し詳しく見てみましょう。

前項で見たように、入力に相当するDがある閾値を超えると、ポテンシャルの谷の数が二個から一個に減りますが、一個になった谷の周囲に負性抵抗領域が設定されているので、谷底に落ち着くことができず、振動を開始します。つまり、ある閾値を超えたら活動する、という神経の性質の一つを再現したことになります。

波形も前に見たＢｖＰ振動子と比べるととても先鋭化しており、神経細胞のインパルス状の波形をよく再現していると言えます。このような波形になった理由は、谷底の位置に対する負性抵抗領域の非対称性の寄与もありますが、それより大きく寄与するのは、谷の斜面の非対称性です。閾値を超えた状態の例として前項と同じく$D=50$の場合を図2・12Aに示しました。

正側の谷はとても急峻で、負性抵抗領域を超えたところには、とてもとどまっておられず、直ちに谷のほうに戻らねばなりません。これが、波形が先鋭化する理由です。

負側の斜面の寄与は更に重要です。閾値を超えているので谷はなくなっていますが、かつて谷のあった付近の斜面は緩やかです。したがって、Dが比較的小さい場合、この付近にはゆっくりとどまっていられるのです。登山でも、斜面が少し緩やかになると、ここらで少し休憩しようか、となるでしょう？　この「元谷」は、アトラクタ痕跡（またはアトラクタ・ルイン）と呼ばれます。

Dを変えると、このアトラクタ痕跡付近の傾斜を大きく変えることができます。閾値より少し大きい値では、アトラクタ痕跡付近の傾斜はほぼ平らで、結果、振動数は非常に低くなります。Dをどんどん上げていくと、アトラクタ痕跡付近の傾斜もどんどん厳しくなり、その結果、振動数も大きくなります（図2・12B）。ここで与えたパラメータの場合、KYS振動子は、38・5から70程度の値の範囲で入力Dの値に応じて単調に振動数を変化させてくれます。このような広い振動数の範囲を持つことは、ファン・デル・ポール振動子やBvP振動子にはない、KYS振動子の際立った特徴です。

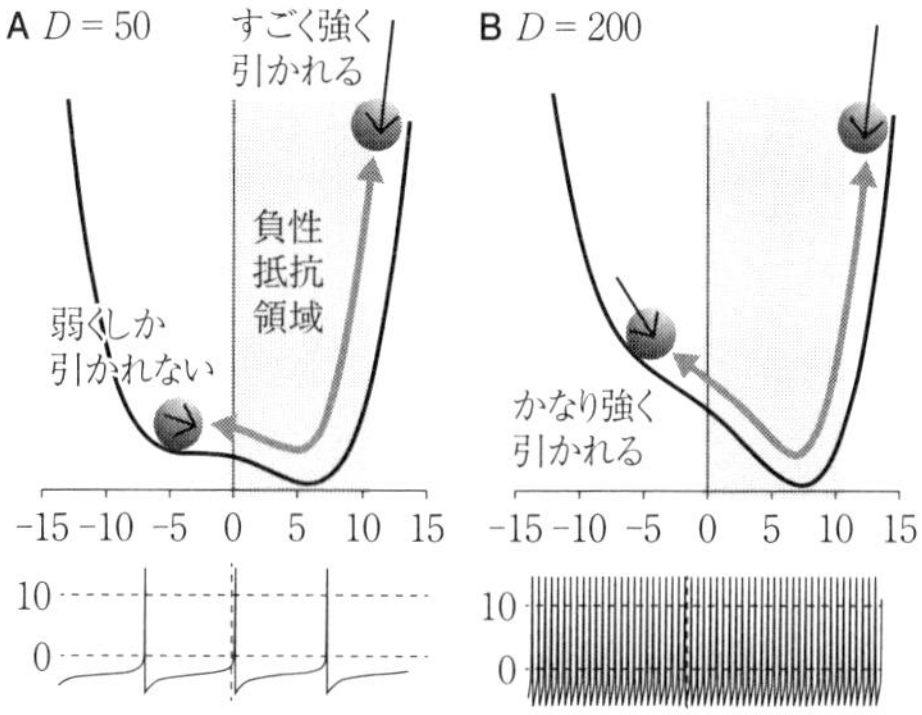

図 2.12　閾値を超えた後の KYS 振動子の振る舞い
A：D=50, B：D=200.

以上をもって、KYS振動子は、神経細胞の性質、①神経細胞が興奮するには閾値が必要であること、②閾値を超えるとインパルス状の波形で振動すること、③入力の大きさが大きくなると単調に振動数が上昇すること、を定性的に再現することができたのです。

なぜインパルス——進化の過程はミステリー

KYS振動子は、ファン・デル・ポール振動子の変形であるBvP振動子とダフィング振動子という一見、神経とは何の関係もなさそうなものが組み合わされたものと見なすことができ、神経細胞の振る舞いを定性的によく再現しました。これは、とても不思議な気がします。

第一章第二節で述べたように、非線形系としての生命システムにおいて振動は重要です。粘菌のような単純な生き物の情報処理は、振動子間の相互作用がすべてです。しかしながら、粘菌における振動はインパルス状ではありません。筆者は、前世は粘菌だったかもしれませんが、覚えていないので、粘菌の気持ちはわかりません。でも、今の自分（一応、人間）より、ゆっくり、鈍に生きているように思います。KYS振動子はインパルス状の波形を出しました。逆に言うと、インパルスとインパルスの間隔を非常に柔軟にとることができます。結果、広い入力範囲を、振動数の違いとして敏感に表現できます。我々が、ちょっとしたものごとの変化に気付いたり、それを表現できたりする根底には、この神経細胞の能力があるのです。この能力は、この節の議論では、非線形振動子の摩擦の項やバネの硬さの項の非線形性・非対称性を徐々に上げていくことで得ることができましたが、同じことは生命の進化の過程でも起きたのではないでしょうか。神経細胞は情報を敏感に、そして豊かに表現するために発達してきたのではないでしょうか。もちろん、このような考えは科学的検証になじみませんが。

［参考文献］

（1）Delcomyn F. *Foundation of Neurobiology*. Freeman（1998）
（2）外山敬介編著『ノーベル賞の生命科学入門——脳と神経のはたらき』講談社（二〇一〇）
（3）杉晴夫『神経とシナプスの科学』講談社ブルーバックス（二〇一五）
（4）C・ベアー他『神経科学——脳の探求』（加藤他訳）西村書店（二〇〇七）
（5）*Kandel E et al. eds. Principles of Neural Science 5th*. McGraw-Hill（2012）
（6）http://www.brainvision.co.jp/genspage/
（7）松本元『神経興奮の現象と実体　上・下』丸善（一九八一）
（8）Kimura S et al. A self-organizing model of walking patterns of insect. *Biol. Cybern.*, 69: 267–283（1993）
（9）坂本一寛「神経方程式の動的性質」（電気・通信・電子・情報工学実験B　実験指針）東北大学工学部（一九九七）

第三章 「まとまり」を知覚する——図地分離と共時性

第二章では、神経細胞にも非線形振動子としての一面があることを述べました。また、第一章第二節では、真正粘菌を非線形振動子の集まりとして捉えることができ、局所局所の振動子の相互作用で、個体全体の整合性が取られていると述べました（詳細は、付録Ａ３）。

前章では神経細胞を非線形力学の観点で眺めましたが、本章と次章では、脳と複雑系について論じます。具体的には、大脳皮質における視覚入力の主な入口である第一次視覚野（Ｖ１野）を取り上げます。Ｖ１野の方位選択性細胞と呼ばれる神経細胞の基本性質に加え、Ｖ１野における情報処理に非線形振動子がどのように関わりうるのかについて述べます。この議論を通じて、図と地の分離という問題と共時性の問題について述べます。図地分離の問題とは、知覚や認識において、ある対象（図）を背景（地）から分離し、まとまりとして取り出す問題です。共時性の問題とは、意味のある時間的な一致についての問題とでも述べておきたいと思います。

粘菌のような単純な生き物は、ごく限られた知覚刺激に対して、決まった行動をとることが多いように思われます。一方、脳神経系が発達し、多種大量な知覚入力を受け取る生き物では、知覚の素情報を何らかのやり方で統合し、意味あるものを環境から抽出せねばならない必要性が、粘菌などと比べ大きくクローズアップされます。そこに共時性が問題となる余地があるのです。

一　第一次視覚野（Ｖ１野）と図地分離

方位選択性細胞——特定の向きに反応する

眼に入った視覚像は網膜に結像します。像の各位置の光は、網膜の視細胞により検出されます。視細胞が入力を受ける視野の範囲を受容野と呼びます。受容野は脳科学において大事な概念です。神経細胞が応答する「担当範囲」を示す言葉として広く使われます。

視細胞で検出された光は、網膜内やその次の段階である視床の外側膝状体と呼ばれるところでコントラスト処理を受けつつ、大脳皮質の第一次視覚野（Ｖ１野）に到達します（図３・１）。この間、各視細胞で検出された信号が一気に混ざることはありません。受容野を徐々に広げながら、つまり、何らかの処理と統合を経ながら、次の段階に進みます。

そういうことで、Ｖ１野の神経細胞にも受容野が存在します。つまり、Ｖ１野に微小電極を刺し神経細胞の活動を調べると、細胞は視野上のどの位置の視覚刺激にも応答するというわけではなく、ある限られた範囲に提示された刺激に応答するのです。しかしながら、Ｖ１野の神経細胞は

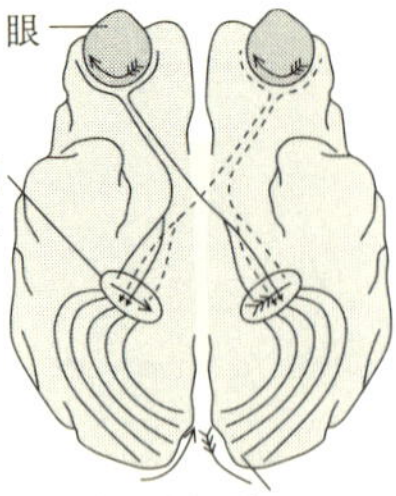

図 3.1　網膜から第一次視覚野へ．各眼の右視野は左半球，左視野は右半球へ視野上の位置関係をおよそ保ちながら投射．

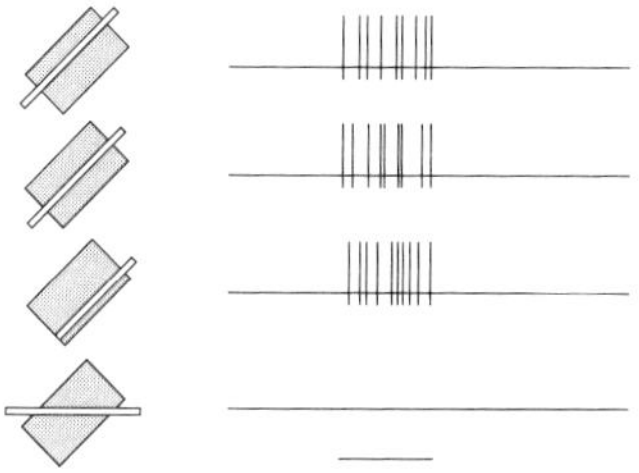

図 3.2　V1の方位選択性細胞の応答（文献(1)より）．左側：異なる刺激への応答の模式図．アミ掛けの四角が受容野．白棒が刺激．右側：4つの刺激に対する応答例．上3つには応答するが一番下には応答しない．これは，複雑細胞と呼ばれるサブタイプの応答．

受容野に提示されたどんな視覚刺激にも応答するというわけではありません。多くの細胞が、受容野内に提示された特定の向きの線分（これを方位と呼びます）に応答します。このような細胞を方位選択性細胞と呼びます（図３・２）。

この方位選択性細胞を発見した生理学者のヒューベルとウィーゼルは、その功績により、一九八一年、ノーベル生理学賞を受賞しました。その発見のエピソードは、多くの科学的発見がそうであるように、多くの努力の後に訪れるセレンディピティ（ふとした偶然で予想外のものを発見すること）そのものです。ヒューベルは以下のように語ります。「五時間の格闘の後、我々は突如、（視覚刺激を提示するための）点のついたスライドガラスが時折、神経細胞を応答させる印象を持った。しかしながら、応答はドットと無関係のようであった。最終的に我々は見抜いた。クッキリしているが弱いガラスの端の陰だったのだ。我々がガラスを（投影機の）スロットにセットするたびに効いていたのは（カッコ内筆者）」（文献１）。長時間の実験の末の一筋の光明。科学の神様はこんな感じて降りてくるようです。

関係性を見出す――図地分離の基本処理

図と地の分離とは、聞き慣れない言葉かもしれません。知覚や認識において背景から意味のある情報を取り出すことを言います。「それって、要するに信号検出ってことだよね」と思う読者もいると思います。つまり、対象側に何か知覚させる物理的原因があり、それを我々は検出する、知覚や認識をそういうものと捉えている人は相当に多いように思われます。

では、図3・3はどうでしょう? 確かに、何かが白黒で描かれている。でも物理的にはそれだけです。実は、これはキリストの像です。そう言われて、髭や髪の毛、目の部分を関係付けることができれば、キリストの像だと認識できるでしょう。しかしながら物理的には、像の部分と背景の部分は区別できません。

図 3.3　キリスト像.

知覚や認識においても、ものごとが一方的に決まる（ここでは対象側の物理的原因が一方的に見えの状態を決定する）、というわけではなく、手掛かり間の整合的な関係を、見る側が能動的に発見しなくてはなりません。

整合的な関係が知覚・認識に重要であることを、明確に示したのが、カニッツァの三角形と呼ばれる三角形です（図3・4）。この三角形は、三つのパックマンの間に整合的な関係が成立しているときに初めて認識でき、そうでないときには見えません。驚くべきことに、三角形の辺の中央部のパックマンの一部でない部分でも、何となく輪郭が感じられ、三角形の内側がより明るく見えます。この輪郭を主観的輪郭と呼びます。

このような例を見ると、「ああ、パタン・マッチング、つまり、すでに学習した鋳型（この場合、キリストの像や三角形）のようなものが脳のどこかにあって、それと照合しているんだな」と考える人もいるでしょう。

では、図3・5はどうでしょう？　ここで見える形は、そうなじみのあるものではありません。こんな図形ひとつひとつに対し、脳の中に鋳型を持つのはそう効率のよいことではないでしょうし、別にどんな図形であっても、皆さん自信をもってちゃんと形を知覚・認識できるでしょう。

これら図形が意味するところは、ある知覚や認識が成立している状態は、何か物理的原因から一方的に決まるのではなく、雑多な手掛かりの間に整合的な関係性を見る側が能動的・自律的に発見し、まとまりをつくることによって立ち現れてくるということを示しているのです。

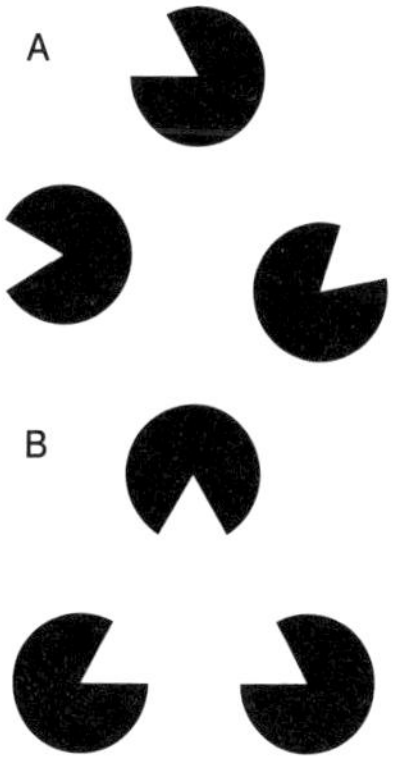

図 3.4　3つのパックマン（A）とカニッツァの三角形（B）.

図 3.5　任意の形にも主観的輪郭は見える.

ホロヴィジョン——図地分離の理論モデル

知覚や認識において、背景から意味のあるものを切り出してくることは、最も基本的なことです。これを、図と地の分離と呼びます。我々は、見慣れないものに対しても図と地の分離を容易に行うことができます。遺跡や化石の発掘現場で、パートやアルバイトの人が、出土したものに対して単なる石ころではないと容易に判断できるのは、我々の視覚系がいとも簡単に図地分離を行うことができるからです。

前項で論じたように、図と地の分離を行うには、検出された手掛かりや特徴の間に整合的な関係、よい関係を発見し、まとまりやかたまりを能動的・自律的に創る必要があります。

大脳皮質第一次視覚野（V1野）の方位選択性細胞、つまり視野中の局所に提示されたある向きの線分や輪郭を検出する細胞を、一つの非線形振動子と見なして、図と地の分離を行おうとしたのが、当時、筆者の出身研究室でもある東京大学の清水博研究室に在籍していた理化学研究所の山口陽子博士を中心に研究が進められたホロヴィジョンと呼ばれる視覚モデルです（図3・6）。モデルでは、各方位選択性細胞＝非線形振動子の引き込み同期により、局所の線分を統合し、知覚的なまとまりを自律的・自己組織的に創ろうと試みます。つまり、特徴の整合的な関係が非線形振動子間の同期として立ち現れ、それにより、図を背景から切り出そうとしたのです。非線形振動子の引き込みを用いた理由は、局所局所の関係に囚われず、図全体の大域的な整合性を評価するのに適していると思われたからです（詳細は付録A3）。

図３・６Ａにホロヴィジョンの概要を示しました。R-plane は網膜に相当します。R-plane 上の各区画（受容野）の情報は S-units に入力されます。S-units の各ユニットは方位選択性細胞に対応し、それぞれの好む方位の線分が入力されたとき、よく応答します。各細胞は自らの最適方位の延長にある隣の細胞と相対的に強く結合しています。

図３・６Ｂ、Ｃにそれぞれ入力例と出力例を示しました。Ｂ図の破線で囲んだ部分は、三角形のような配置になっていますが、その各部分に対応する非線形振動子が同期していて（番号１〜６）、それ以外の入力に対応する振動子はそれらと非同期になっているのが見てとれます（番号７、８）。

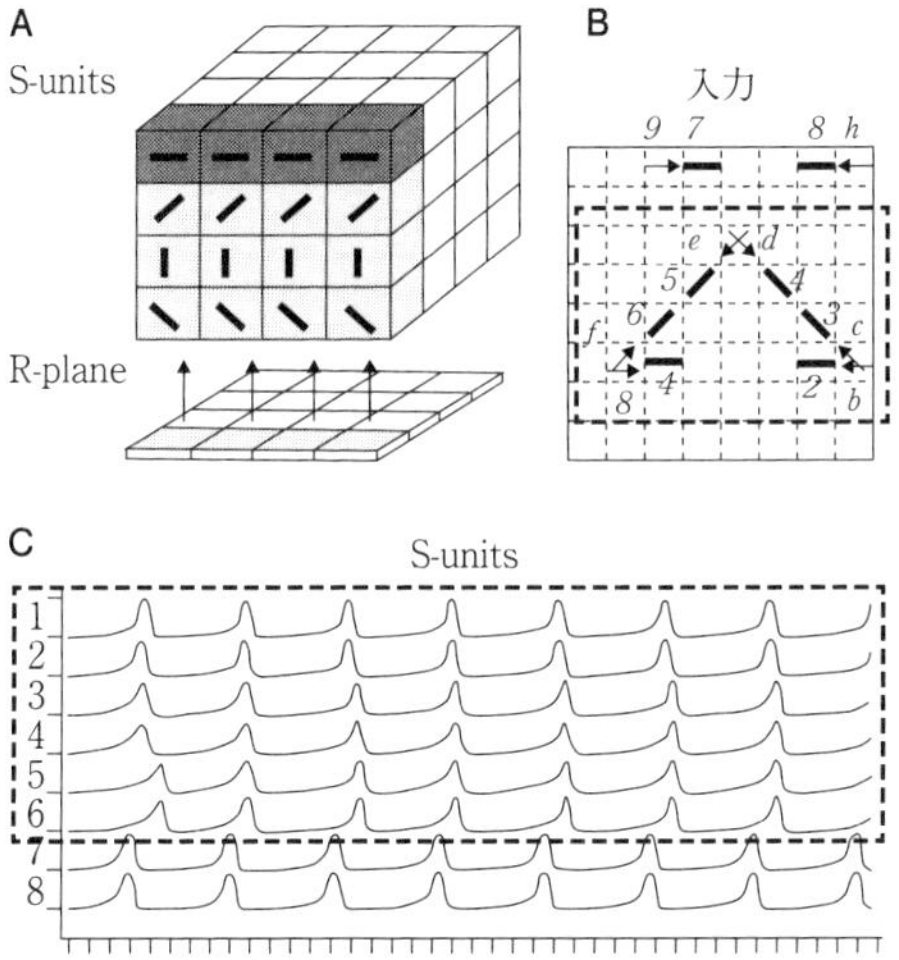

図 3.6　ホロヴィジョン（文献(3)より）．Ａ：構成の概要．Ｂ：入力例．Ｃ：出力例．B, C の破線は筆者．

今に至っては、このようなモデルはたくさん提案されていますが、次項で説明するジンガーらの実験以前の一九八〇年代半ばにホロヴィジョンが提案されたことは、まったく驚くべきことで、非常に画期的だったのです。

Ｖ１野の細胞どうしの同期発火

図と地の分離、つまり、背景から意味のあるまとまりと切り出して知覚・認識するには、検出した手掛かりや特徴の間に何らかの整合的な関係を、見る側が能動的に創りだす必要があります。前項では、そのような脳の働きの単純モデルとして、ホロヴィジョンという視覚モデルを紹介しました。ホロヴィジョンでは、視野中の局所線分検出器としての大脳皮質第一次視覚野（Ｖ１野）の方位選択性細胞を、非線形振動子と見なし、三角形等の意味のあるまとまりを、非線形振動子間の引き込み同期として実現しようとしました。

一九八〇年代半ばに提案されたこのモデルの妥当性を実証するような実験結果が、ドイツのウルフ・ジンガーらのグループにより一九八九年に出されました。彼らは、ネコ第一次視覚野（Ｖ１野）に電極を二本刺し、図３・７のように、それぞれから記録される神経活動の受容野（細胞が応答する空間範囲）が隣接し、

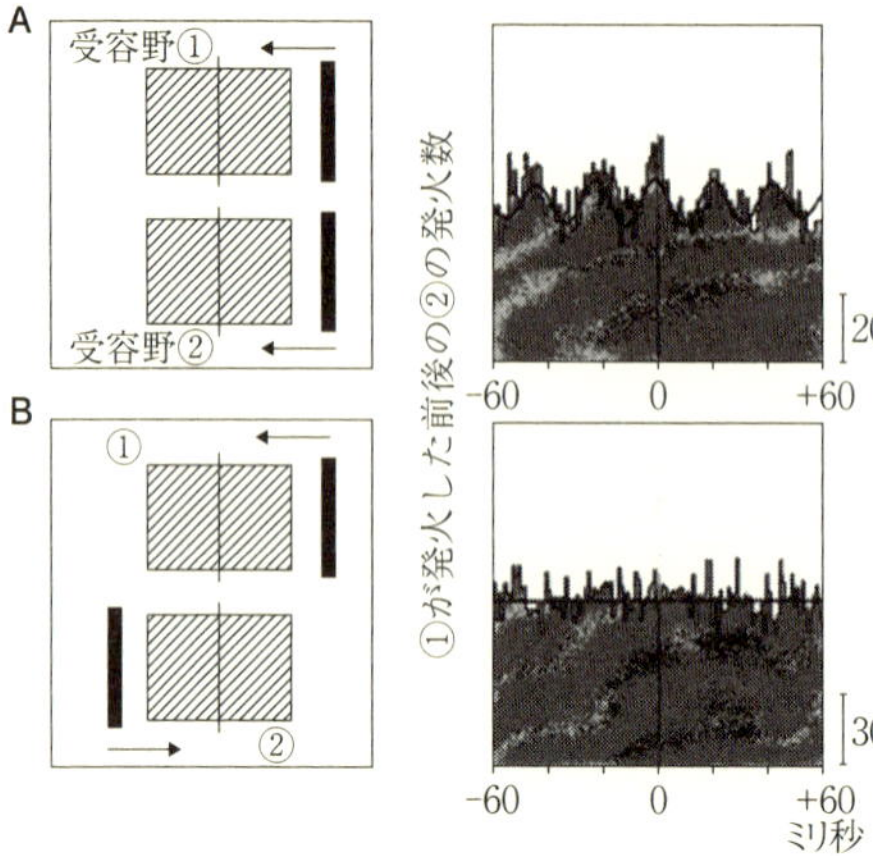

図 3.7　方位選択性神経活動間の同期・非同期（文献(6)より）．A, B ともに２つの受容野にとって適刺激であるにもかかわらず２つのバーが同方向に動く場合（A 左）に同期し（A 右），逆方向に動く場合（B 左）には同期しない（B 右）．

かつ、最適方位が縦方向に並ぶ場合を解析しました。方位選択性神経発火活動は通常、静止した線分に対するよりも動いている線分に対するほうが大きいですが、動きの方向にはあまり依存しません。では、二つの受容野に提示された線分が同じ方向に動く場合（図3・7A左）と異なる方向に動く場合（図3・7B左）は、どのように区別されるでしょうか。特に前者は、二つの線分が一つのまとまりと感じられると思われますが、それに対応する現象はあるのでしょうか。

ジンガーらは、二つの線分が同じ方向に動く場合、二本の電極から記録される神経活動は、単によく活動するだけでなく、同期振動している（図3・7A右が時刻ゼロにピークを持ちつつ波打っている）こと、逆方向に動く場合にはそのような同期は出現しない（図3・7B右が平らである）ことを見出しました。この結果を受け、ジンガーらは、同期振動による特徴のバインディング仮説を提唱しました（図3・8）。つまり、一つの視覚的まとまりは、それを構成する線分に応答する方位選択性細胞間が同期発火することにより、達せられるとしたのです。

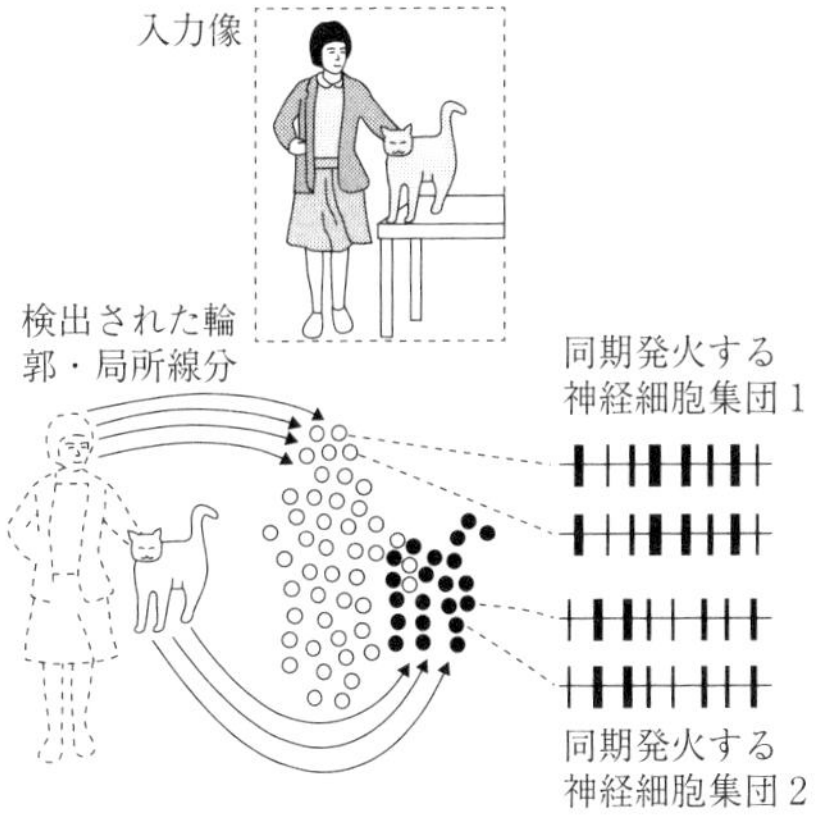

図 3.8 同期発火によるバインディング仮説（文献(7)より）．

二　無限定環境と共時性

整合的関係性と共時性

前節では、図と地の分離と同期現象について見てきました。知覚・認識において、混然とした背景「地」から、かたまりとしての「図」を抽出するには、検出・表現された素情報としての手掛りの間に、何らかの整合的な関係が付けられる必要があります。その知覚・認識作用の脳側の対応物候補として、神経活動の同期振動を挙げ、それについてのモデルと実験を示しました。

このことは、知覚・認識におけるかたまりという一つの全体は、それを構成する特徴という部分についての共時的な秩序として立ち現れることを意味します。非線形振動子としての性質を備える神経細胞は周囲と相互作用しつつ柔軟です。「自分は○○を表現しているけど、周りの君たちはどう?」と周囲の神経細胞に働きかけます。そのような働きかけがたくさん存在し、それらの間に特に矛盾が存在しないならば、働きかけはグルグル循環します。このグルグル循環、つまり整合的な神経活動のやりとりは、それを傍から眺めると、神経細胞が備える周りに同調する性質と相まって、何らかの時間相関を持った神経活動、広い意味での神経活動の同期として現れることでしょう。グルグル循環を構成する神経細胞活動は、決して無相関・無秩序ではないのです。このような整合的な関係の立ち現れを、ここでは共時的な秩序と呼ぶことにします。

あるから見え、見るからある

矛盾を含まない作用の循環は、何も神経細胞間だけに限りません。我々自身とそれを取り巻く環境の間にもあります。図と地の分離は、まさにそうなっています。混然とした背景から図として切り出された知覚・認識像は、常に単なる物理的な信号検出で得られるわけではありません。第一節で概観したように観察者が能動的に見る・見なすこと、手掛かり間に整合的な関係を積極的に発見することにより初めて生まれます。しかしながら、個々人の勝手な幻想というわけでもありません。もしそうなら、他人と経験を共有することなどできないはずです。世界・環境の側にも経験の共有を可能にする何かがあるのです。この意味で、ある知覚・認識像は、あるから見えるし、見るからある、という循環構造の中で立ち現れてくると言えます。我々があるものが見えているということは、我々観察者と環境の間に立ち現れた共時的秩序というべきものなのです。

共時的秩序が立ち現れるのは、知覚・認識に限りません。複雑で強く相互作用する系、Aが決まらないとBは決まらないが、Bが決まらないとAが決まらないような系において、何かが決まったりうまくいったりする場合、それは共時的に生じます。第一章で、人類社会が深刻に直面している系には、観察者／行為者と複雑な環境／他者が強く相互作用する系が多いと述べました。そのような系で、何かつじつまの合った関係が成立している場合、それは広い意味での秩序ある時間関係、つまり共時的秩序として出現するのです。

セレンディピティ——共時的秩序を見出す

神経細胞間、観察者と環境等、複雑で強く相互作用する系において、何らかの整合的な関係は広い意味で共時的に立ち現れるということを述べてきました。ここでは更に、共時性の問題が、我々生命システムがこの世界で生きることとより本質的な関わりを持つことを強調します。

そもそも、我々生命システムがおかれているこの世界は我々個々より複雑です。我々がどんなに複雑であろうと、我々自身がこの世界に含まれているが故に、この世界は我々より本質的に複雑です。実際、圧倒的に複雑で、知力を総動員し、どんなに予想を立てても、常に予想外のことが生じえます。事実、四六時中、大なり小なり予想外のことが起きています。

世界や環境がこのような予測不能な側面、サイコロの各目がどういう確率で出るかすら予測できない側面を不可避的に持つことを明確に意識できるよう、ここでは「無限定環境」という言葉を使います。筆者の恩師・清水博先生の卓見は、「生命とは何か」という古からの問いを、「生命は無限定環境にどのように適応するのか」と問い直したところにあると筆者は考えます。そして、無限定環境で生きていくことにおいて、共時性が本質的に重要であることを繰り返し強調しました。

清水先生は、近代自然科学の連続性の中で、このような考えに至りましたが、ここではユングやアリストテレスの考えを紹介することにより、逆に清水先生の考えが決して突飛なものではないことをみていきましょう。

高名な深層心理学者のユングは、その著書『自然現象と心の構造——非因果的連関の原理』の中で、「現実世界中の広大な因果では説明できない領域においては、共時性、偶然の一致で意味を見出す」と述べています。この場合の因果とは、経験から得た法則による予想とでも捉えておけばよいでしょう。つまり、「現実世界の新たな側面を発見するには、これまでの経験に基づく予想からは同時に生起しそうにもない事柄が同時に生起したことに気づくことが重要である」と述べているのです。このような共時的な意味の発見能力は、セレンディピティとも呼ばれます。先に挙げた、大脳皮質第一次視覚野の方位選択性細胞の発見は、まさにそれでした。

一方、アリストテレスは、『デ・アニマ（霊魂論）』（邦訳『心とは何か』）の中で、我々はなぜ視覚や聴覚といった異なる感覚を持っているのか、という素朴かつ本質的な問いを発します。そして、その意義を共時性に求めます。彼は述べます。「感覚が同じものに同時に生じるとき、諸感覚は、複数の感覚としてではなく、一つの感覚として」生じるのだと。つまり、複数の感覚が同時に何かを検出した場合、我々はその感覚の背後にその感覚を生じせしめた実体や原因を感じるのだと。逆に言うと、感覚の同時生起を通じて背後にある実体や原因を知るために複数の感覚はあるのだと。

無限定環境において、何らかの意味のある関係は共時的に立ち現れるし、またその共時的秩序を能動的に捉えることで、観察者もまた環境との調和的関係をその場その場で共時的に生成します。我々はこのようなスタイルで無限的環境に何とか適応しているのではないでしょうか。

ヘブ則——共時的秩序を構造化する

複雑で強く相互作用しながら規定できない環境・無限定環境において、何か意味のあるもの、整合的な関係にあるものは、共時的に立ち現れるということを、ここまで繰り返し述べました。このような共時的秩序と呼べるものは大変貴重であるにもかかわらず、一瞬にして霧散してしまいます。しかしながら、脳にはそれを捉え、構造にとどめる仕掛け・学習機構が存在します。

脳・神経系の学習機構にはまだ解明すべきことが多々ありますが、最も研究されているのは、シナプスと呼ばれるある神経細胞（シナプス前細胞）が他の神経細胞（シナプス後細胞）に信号を送る箇所（図3・9A）の機構です。シナプス前細胞からシナプス後細胞への信号伝達の効率（ゲイン）の変化が、学習の最も基盤となる機構であるということで、多くの研究が行われてきました。

このシナプスにおけるゲインの変化の様式に、共時性を捉えるタイプのものがあるのです。このようなタイプのシナプスをその提唱者の名前を冠してヘブシナプスと呼びます。ヘブシナプスでは、シナプス前細胞とシナプス後細胞の活動がある時間幅で同期する場合にゲインが上がります（ヘブ則）。発火が同期すれば結合は強化される（Neurons fire together wire together）のです。その逆も起こります。発火が同期しないと結合は弱まります。

このことは、異なる入力が同時にある神経細胞に入ってきたとき、それらの入力は強められることを意味します。たくさんのシナプス入力を受ける神経細胞において、一つの入力がシナプス後細胞を発火させることはありません。シナプス後細胞を発火させるには、異なる入力が同時に入ってくる必要があるのです（図３・９ＢのＸ、Ｙからｘへの入力）。逆に、シナプス後細胞を発火させるに至らない入力は最終的には入って来なくなります（図３・９ＣのＹからｙへの入力）。

ただ、神経細胞は、受動的ではありません。何らかの理由で自発的な活動が高まっていたときは、あまり強くない入力に対するゲインを上昇させることもあるでしょう。授業で受け身に習っていたときにはちっとも頭に入らなかったけど、いざ必要になって能動的に勉強したら深く理解できた、といった体験は誰しも持っていることでしょうが、それと似たようなことが神経細胞やシナプスレベルに存在するのです。本章の最初に示したキリスト像が一度見えたら二度と見えなくならないことも、これと関係するかもしれません。つまりヘブ則は、能動的に見ようとしたときに見えると、ずっとそれが保持されるということの細胞レベルの基盤と言えそうです。

脳は、偶然の出会いを大事にするような仕掛けを長い進化の過程で発達させてきたのです。

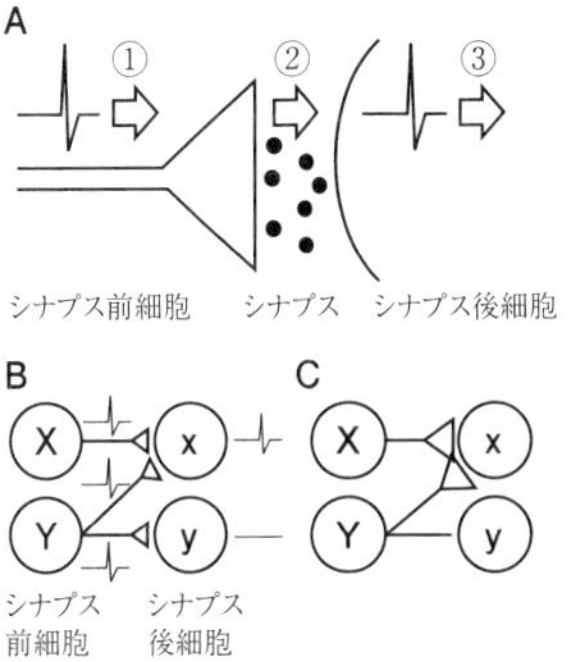

図 3.9 シナプスとヘブ則．A. シナプス前細胞の活動①によりシナプスで神経伝達物質が放出され②，閾値を超えるとシナプス後細胞は発火③．B. C. X, Y はｘを瞬時に発火させるがｙは発火させない．それによりシナプスゲイン（三角形の大きさ）が変化．

どのように整合的関係をつけるか

本章では、図と地の分離の議論を通じて、我々の知覚・認識（に限りませんが）は、世界を観察する側と本質的に予測不可能性を孕む無限定な環境との間の整合的な関係、共時的な秩序として立ち現れることをさまざまな角度から論じてきました。

しかしながら、共時的な秩序をどのように生成するか、どのような共時的秩序が望ましいのか、については、あまりにも可能性や自由度が高すぎて、実際に共時的秩序を生成するシステムを構成しようとした場合、明確な原理がありません。実際、非線形振動子の引き込み同期を用いたホロヴィジョンという図地分離モデルにおいても、研究を担った山口陽子博士の多大なる努力にもかかわらず、実画像に適用できるまでには至りませんでした。当時はまだKYS振動子がなく、引き込み性能のあまりよくない振動子を用いていたこともあったかもしれません。しかしながら、その本質的な部分は別のところにあったように思います。

それは、何が引き込むのが好ましく何が好ましくないかについてのルール（これを拘束条件と呼びます）についての確固たる方針の問題だったと筆者は考えます。そもそも脳が直面し処理している問題には、与えられた条件・情報だけでは状態や解決法を一意に決めることができない、いわゆる不良設定問題が数多く存在します。図と地の分離の問題においても、どの手掛かりとどの手がかりを一つのまとまりとすればよいのかは、決して自明ではありません。ホロヴィジョンが直面したのは、図と地の分離という不良設定問題を解く上でどのような拘束条件がふさわしいかという問題であったのです。

更に問題を困難にしているのは、拘束条件はしばしばその場で生成されなくてはならない、ということです。たとえば新しい化石が一部、土に埋もれている場合でも、我々は〝何か〟単なる石ころではないものと容易に認識できます。そのような物体を認識するにも、その物体の限られた形の手掛かり間に整合的な関係をつけねばなりません。そのような手掛かり間の関係付けには、拘束条件が必要ですが、何せ、初めて見るものですから、頭の中で既知のものと照合するような形で知識に頼るわけにもいきません。つまり、必要な拘束条件がその場で生成される必要性（せめて、その問題にふさわしい拘束条件をどこからか引っ張り出してくる必要性。しかしながら、ふさわしさの判断も簡単ではない）があるのです。今、生命や脳において、いかに「創られるか？」の原理を探し求めているのですから、この問題からも逃げおおせることは最終的にはできないのです。

この拘束条件生成の問題は、清水博先生にとっても東京大学をご定年間際からの大きな問題で、それについては数冊著されています。しかしながら、いかんせん第一線から退かれる時期に重なったため、科学的に具体的な問題として取り組むことができなかったように思えます。拘束条件の問題は非常に難しく、筆者の菲才ではおいそれとは手に負えません。そういうことで、答えが出ているわけではないのですが、第Ⅱ部ではこの問題に正面から触れます。

[参考文献]

（1）Hubel DH. *Eye, Brain, and Vision*. Scientific American Library（1988）

（2）G・カニッツァ『視覚の文法――ゲシュタルト知覚論』（野口訳）サイエンス社（一九八五）

（3）Shimizu H *et al*. Pattern recognition based on holonic information dynamics: towards synergetic computers. In Haken H ed. *Complex systems–operational approaches in neurobiology, physics and computers*. 225–239, Springer（1985）

（4）Yamaguchi Y, Shimizu H. Pattern recognition with figure-ground separation by generation of coherent oscillations. *Neural Networks*, 7: 49–63（1994）

（5）Gray CM *et al*. Oscillatory responses in cat visual cortex exhibit inter-columnar synchronization which reflects global stimulus properties. *Nature* 338: 334–337（1989）

（6）Engel AK *et al*. Temporal coding in the visual cortex: new vistas on integration in the nervous system. *Trends Neurosci.*, 15: 218–226（1992）

（7）Engel AK *et al*. Role of the temporal domain for response selection and perceptual binding. *Cerebral Cortex*, 7: 571–582（1997）

（8）清水博『生命を捉えなおす―生きている状態とは何か　増補版』中公新書（一九九〇）

（9）C・G・ユング／W・パウリ『自然現象と心の構造――非因果的連関の原理』（河合・村上訳）海鳴社（一九七六）

（10）アリストテレス『心とは何か』（桑子訳）講談社学術文庫（一九九九）

（11）清水博『生命知としての場の論理――柳生新陰流に見る共創の理』中公新書（一九九六）

（12）清水博『場の思想』東京大学出版会（二〇〇三）

第四章　行動を創発的に計画する——前頭前野のダイナミクス

日常生活は、大なり小なり思いがけない出来事の連続です。いろいろなことを予測していても、その予測から外れたことが常に生じえます。たとえば、ある場所に行こうとするとき、現地の様子が大きく様変わりしていて、大変な目に会ったという方も多いでしょう。予測不可能性を本質的にはらむ実世界を、本書では、無限定環境と呼びます。

予想外のことが起きても、生物は簡単にはギブアップしません。しばしば、何らかをひねくりだしてきます。それはいろんなレベルでです。前章では視覚における図と地の分離について触れましたが、初めて見るものであっても、一つのまとまりとして背景から切り出してくることは、知覚の比較的初期段階からできているようです。一方、昆虫の歩行に眼を転じると、昆虫は足が本もげても、少なくともその個体にとっては未経験のことであると思われるにもかかわらず、残りの足で新たな歩行パタンを生成して歩きます。これは現在の多くのロボットにはできません。これらを考えると、広い意味での創造性は、生物のあらゆるレベルに担われているように思えます。

と言いつつも、本章では、より狭い意味での創造性、我々が創造的と思えることに話を絞ります。我々がハッと思いつかねばならない問題解決や行動の計画といった問題と、それに関する大脳皮質の前頭前野と呼ばれる部位の神経活動について、筆者らの研究を中心に紹介します。

「ひらめく」と「複雑なことができる」との違い

創造性と言うと、ピカソが誰も描けないようなすごい絵を描いたり、バッハが即興で複雑な曲を作ったり、平凡な人間には無縁のことのように思うかもしれませんが、決してそのようなことはありません。また、すごかったり、複雑であったりする必要もありません。

とあるロボットが、ある日余興で、ゲストと握手をするという場面があったそうです。当然、ゲストは喜びます。そしてゲストは、もう一回握手しようとリクエストしました。しかしながら、そのロボットは握手をもう一回することはできなかったということです。このロボットはダンスなど複雑な動きをして、しばしば見るものをすごいと思わせることで有名でした。けれども、もう一回握手という極めて単純なことでも、想定されていないとロボットにとっては深刻なまでに難しかったのです。「もう一回握手」は、その場で対応しなくてはなりませんから、学習している暇もありません。

確かに、産業用ロボットのように決められた複雑な作業を正確に速くできるロボットがあれば、非常に助かります。しかしながら、人間の日常生活を手助けするロボットを必要とするならば、何らかの「もう一回握手」をひらめく機構が必要です。なぜなら工場の生産ラインと違い、日常生活には想定外のことがたくさんあるからです。「耳かき、ここから持って行ったのは誰だぁ？」とか、「え？　今日、弁当いらないんだっけ？」等、少なくとも我が家はとっても無限定環境です。

最終目標を達成するには即時目標が必要

筆者らは、創造性やひらめきの脳内機構解明の端緒として、問題解決や行動計画の問題に取り組んできました。これらに関する機構を解明することは、絵画や音楽の問題に取り組むより、実用的であると思われますし、うまくいく／いかないが明確で、研究として取り組みやすいと思われます。

問題解決や行動計画の定義は簡単ではありませんが、大きな問題や目標を解決・達成するために、具体的な方策や行動を生成するというのは（当たり前ですが）大事な一側面でしょう。図4・1の例は、それをよく示しています。この高名なお巡りさんは、ジャムパンマンを取るという最終目標を達成するため、クレーンをハナにひっかけるという具体的行動を思いついたのでした。

図 4.1 問題解決・行動計画の例．秋本治「こちら葛飾区亀有公園前派出所」少年ジャンプ No. 8 (1991)．

経路計画課題

問題解決や行動計画の神経機構を実験で探るためには、動物が課題遂行中の神経活動を記録する必要があります。このため、東北大学医学部の虫明《むしあけ》元《はじめ》教授は、ニホンザル用に経路計画課題を考案しました。課題では画面に提示された格子上の最終目標に向けてカーソルを動かします（図4・2、4・3）。まず格子の隅に最終目標が提示され、その後、遅延期間（待ち時間）が続きます。カーソルの経路は一部遮断される場合がありますが、それ以外の場合、経路は任意です。答えが一意に決まらないという意味で、本課題は不良設定問題と言えます。以上の行動準備期間が終了すると、ゴー信号が提示され、サルは開始点周辺の四つの交差点のうち一つ（これを即時目標と呼びます）に向かいカーソルを動かします。一回のゴー信号で次の交差点までカーソルを進めます。最短、三手で最終目的地に到達しますが、手数に制限はありません。最終目標に到達すると、サルは報酬を得ます。

図 4.2　経路計画課題の概観（文献(2)をもとに作成）.

　サルは両手にハンドルを握ります。手の動きには、「右手外回し」、「右手内回し」、「左手外回し」、「左手内回し」の四種類があり、それらがカーソルを上下左右に移動させます。カーソルの視覚的な上下左右の動きと四種類の手の動きの対応関係は、一定試行回数ごとに切り替えます。

課題の訓練には一年以上を要しますが、そうなると当然、最終目標位置、経路遮断位置、運動―カーソル移動方向対応の組み合わせをサルは何回も経験します。となると、それらと運動との連合学習をしているだけで、試行ごとにサルは判断していないのではないか、いわんや創造性など発揮していないのではないか、という懸念があるかもしれません。もちろんサルは、毎回、斬新な行動を編み出しているわけではありません。しかしながら、組み合わせの連合学習よりも、最終目標を目指して数手にわたりカーソルを動かす、という課題構造を理解するほうが効率がよいですし、実際、ときどきエラーしても、サルは素早く経路を修正し最終目標を目指します。このことは、試行ごとにサルがカーソルの経路を思いついていることを示唆していますし、また、後で述べる通り、それを反映するような神経活動も得られています。

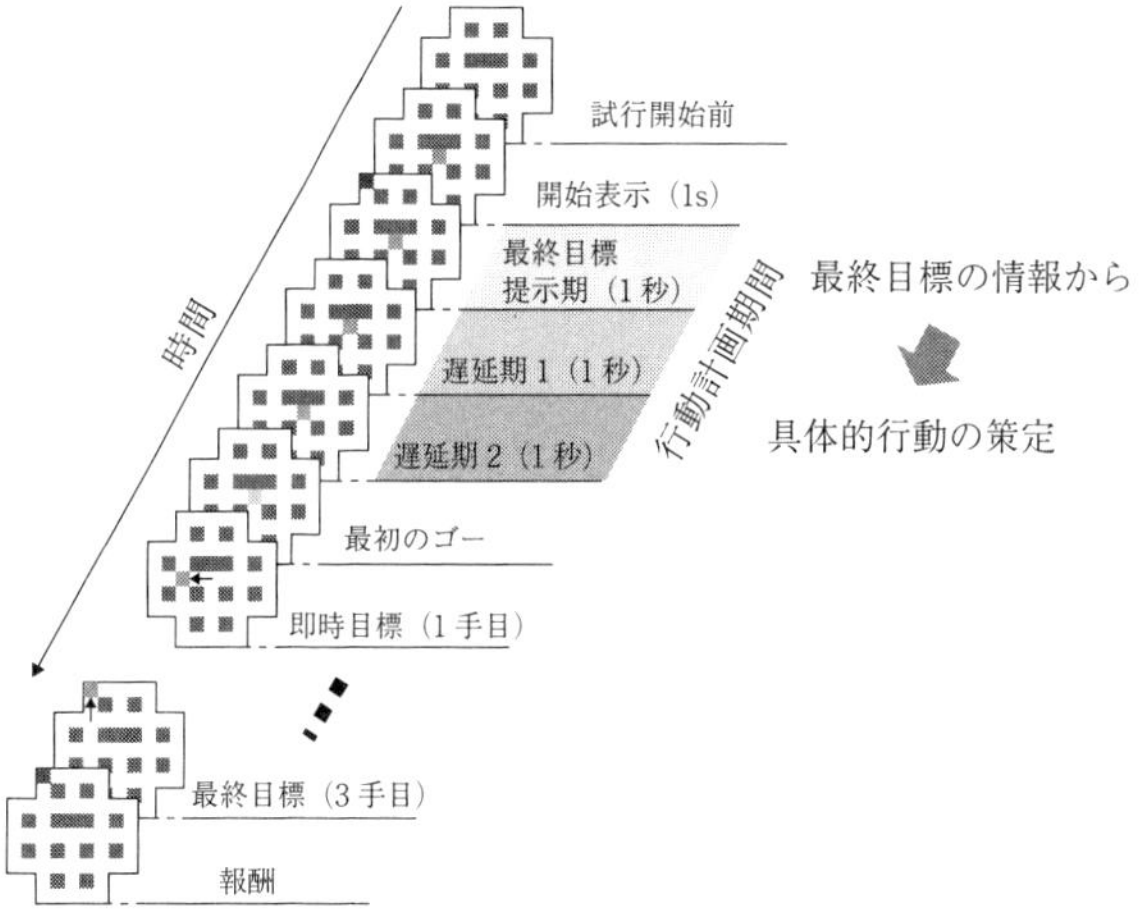

図 4.3　経路計画課題1試行内の時間経過（文献(3)より）.

計画、問題解決——前頭前野のはたらき

問題解決や行動計画の策定に重要な役割を果たしている脳の部位として、大脳皮質の前頭前野が挙げられます。前頭前野は、解剖学的つまり大脳皮質の中の配線構造的には、外からの入力を大脳皮質で最初に受ける第一次視覚野等の感覚野からも、大脳皮質の中で最も直接的に筋肉活動を引き起こす第一次運動野からも遠い位置にあり、知覚・認識と運動・行動の折り返し点に位置します。また、前頭前野が発達している動物ほど（図4・4）、「頭がよさそう」に思われます。実際、ヒト前頭前野損傷患者では、行動計画の策定等、知覚情報に基づく一連の行動の組織化能力が損なわれていることが知られています。

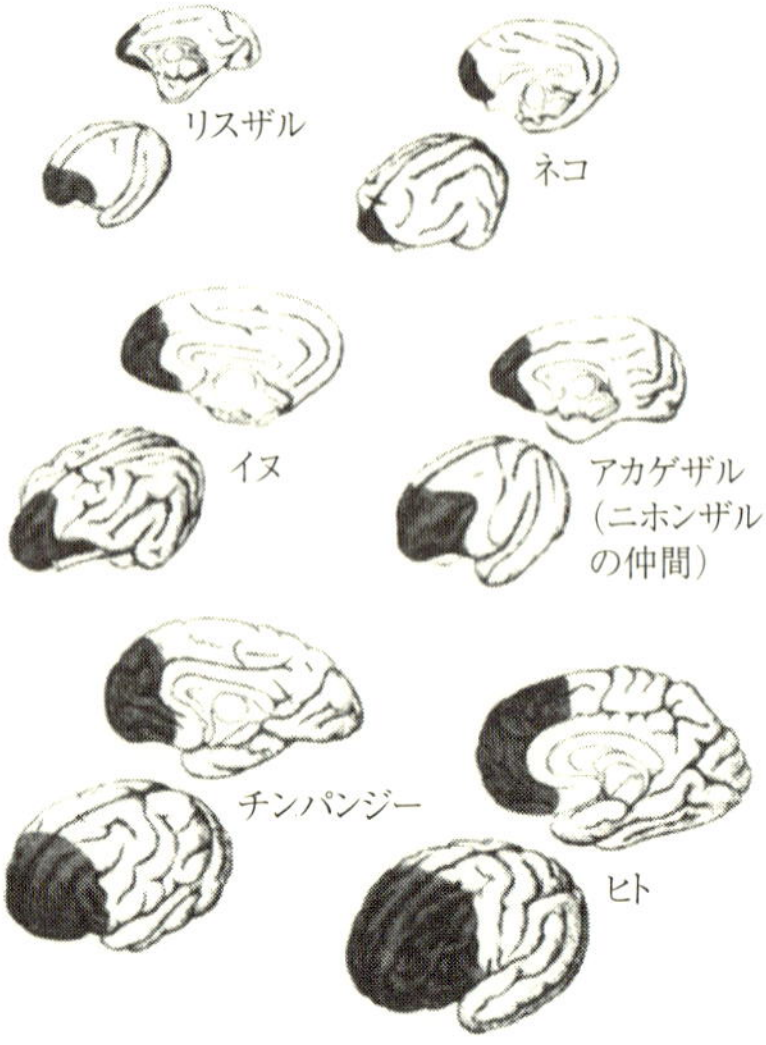

図 4.4　さまざまな動物種の前頭前野の位置とサイズ（アミ掛け部分）（文献(4)より）.

初期のサルを用いた神経細胞活動レベルの前頭前野研究は、主に遅延反応課題を用いた作業記憶について行われました。作業記憶とは、ある情報を短時間、能動的に保持する記憶のことで、思考や概念操作の土台となる必須の機能です。コンピュータのメモリに相当すると考えて差し支えないでしょう。

眼球運動遅延反応課題は以下の課題で

す。サルが中央の固視点を注視すると、周囲（目標位置）に一つ光が短時間点灯します。目標位置の光点が消えた後も、サルは数秒固視点を見続けなければなりません。その後、固視点の消失を合図として、目標位置に眼をやると報酬がもらえます。

この課題遂行中のサル外側前頭前野から神経細胞を記録すると、ある目標位置消失後も、活動を続ける神経細胞が見つかります。つまりこの細胞は、ある目標位置を記憶しているように振る舞う神経細胞なのです（図4・5）。

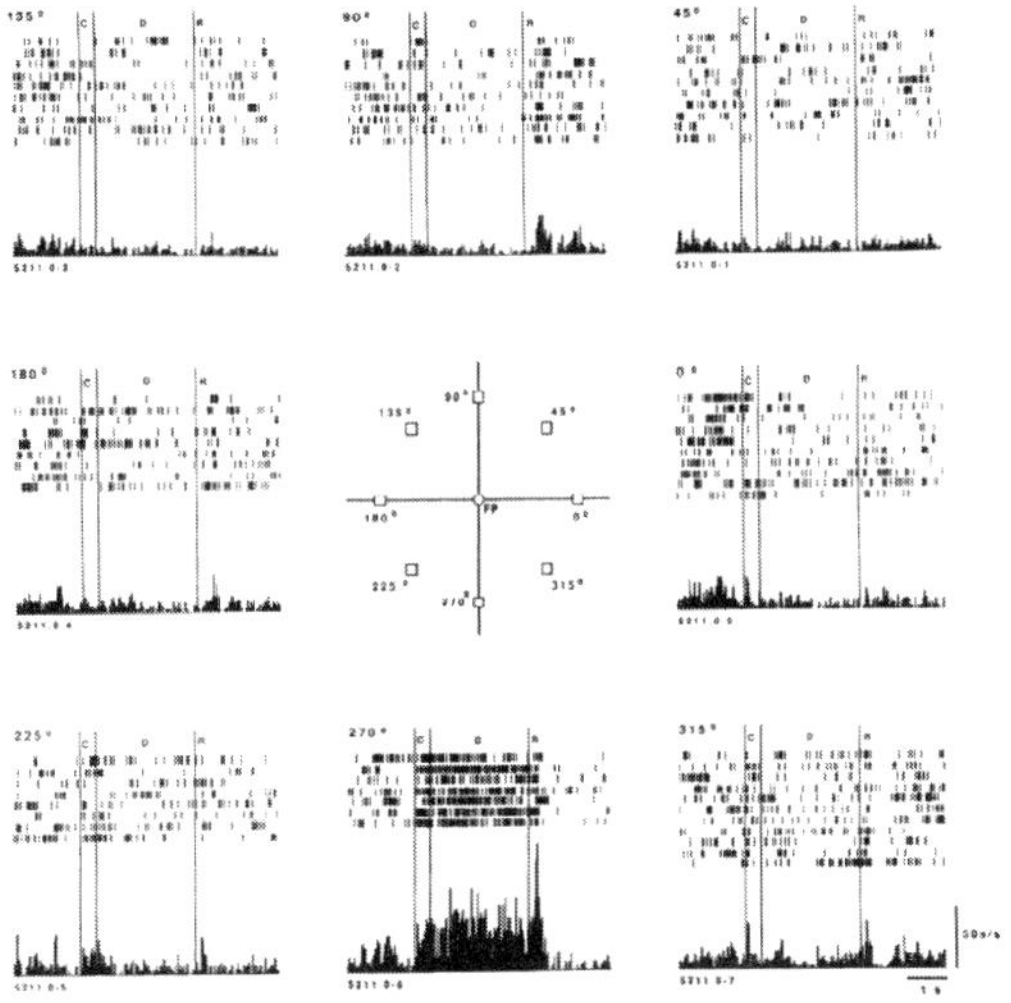

図 4.5　眼球運動遅延反応課題遂行中の外側前頭前野神経細胞の８つの目標位置に対する活動の例（文献(5)より）．この細胞は，下方の目標位置に対して持続的に活動．同じ目標位置に対する 10 試行程度の神経活動（小黒点）を並べ（各図上側），ヒストグラムに（下側）．

確かに、作業記憶は知的作業を行うための大きな基盤です。しかしながら、それはあくまで思考や問題解決のために存在しているはずです。けれども、問題解決や行動計画についての神経細胞レベルでの研究は、そうたくさんあるわけでありません。

BOX　前頭葉の高次運動関連領野

本章で主に議論する外側前頭前野と脊髄に投射し大脳皮質の中で最も直接的に筋収縮を引き起こす第一次運動野の間には，さまざまな領野が存在します（図1）．と言っても最初から存在するわけではなく，解剖学・生理学研究の結果，ある領域に他と区別した名前を付けるという作業の結果の蓄積なのです．これら前頭葉高次運動関連領野の同定に，1980年代から2000年代にかけ，多大なる貢献をしてきたのが，筆者が長年指導していただいた丹治順・東北大学名誉教授の研究室です．

著名なものの1つに，筆者の長年の指導者・共同研究者・虫明元東北大学教授の仕事があります．1990年代初頭，まだ運動前野と補足運動野の違いは明確ではありませんでした．これらを区別するため，虫明先生らはサルにボタン順序押し課題を訓練しました（図2）．ボタン押しには2段階あります．まずは光ったボタンを順に押すという視覚情報に基づくボタン押しです．順序は一定回数の間一定です．たとえば，③→①→④といった具合に．サルは賢いので，

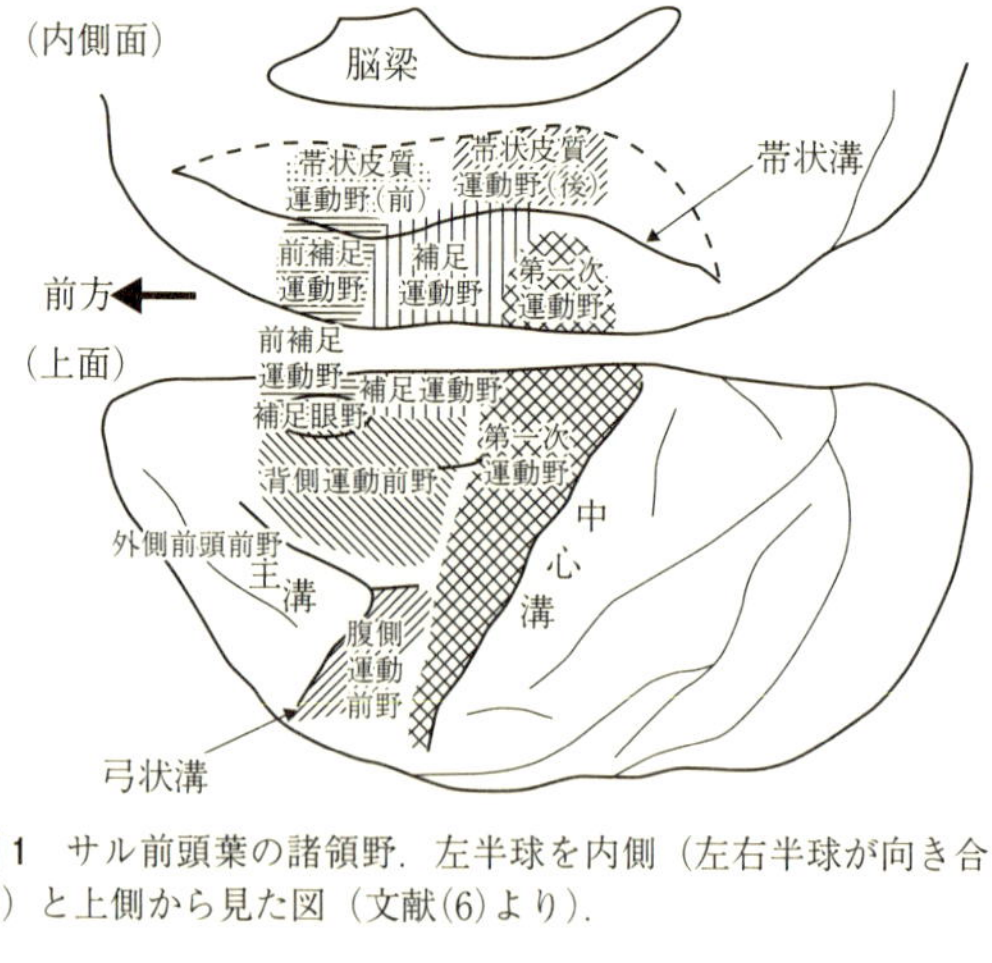

図1　サル前頭葉の諸領野．左半球を内側（左右半球が向き合う側）と上側から見た図（文献(6)より）．

同じパタンを繰り返すと覚えます．したがって，数試行後，ボタンの光が徐々に暗くなってもゴー信号があれば，その順序でボタン押しができます．完全に光らなくなっても記憶に基づいてボタン押しをすることができます．

この課題遂行中の第一次運動野から神経細胞活動を記録すると，第一次運動野は運動そのものに対応しますので，当然，視覚に基づこうと記憶に基づこうと，各ボタン押し時によく活動します（図2左）．一方，運動前野の神経細胞は，視覚に基づきボタンを押す場合はよく活動しますが，記憶に基づく場合はあまり活動しません．それとは対照的に，補足運動野の神経細胞は，視覚に基づく場合は明瞭ではない一方，記憶に基づく場合はよく活動したのでした．その後，運動前野は背側運動前野と腹側運動前野に区別されました．有名なミラーニューロンは腹側運動前野にあります．

他にも，嶋啓節博士による補足運動野の運動順序神経細胞の発見，帯状皮質運動野（前）における報酬に基づく運動切換え神経細胞の発見，東北医科薬科大学の松坂義哉教授による前補足運動野および後内側前頭前野の発見等，高い技術とニホンザルの賢さを生かした研究で，丹治先生のグループは，前頭葉高次運動関連領野の機能分化の解明に絶大な貢献をしました．

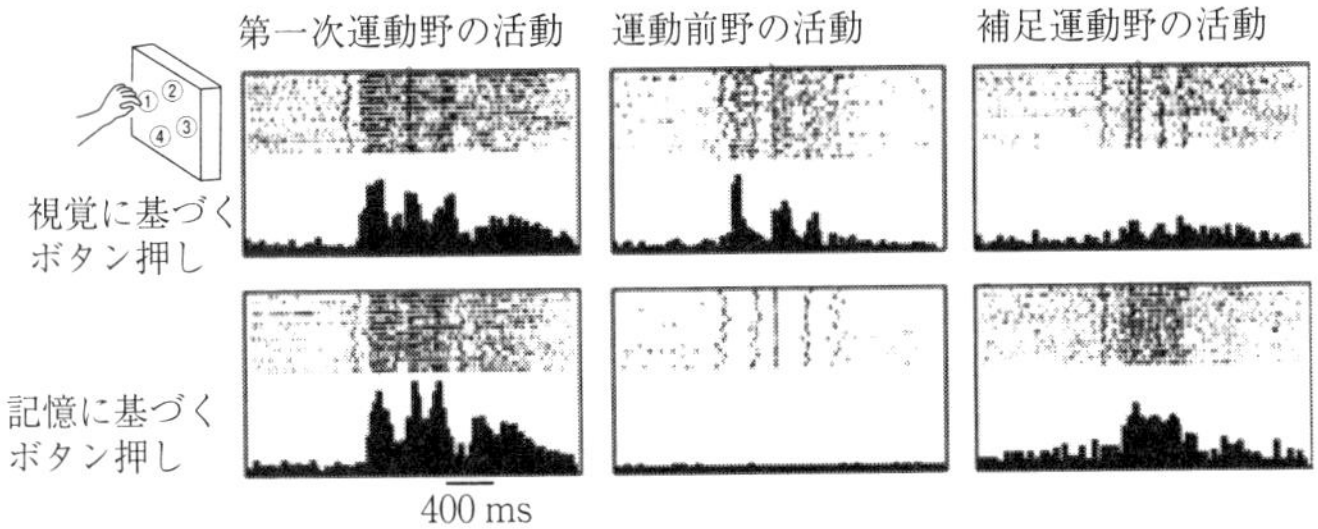

図2　ボタン順序押し課題と第一次運動野，運動前野，補足運動野の神経細胞活動（文献(7)より）．

発火率の符号化する情報が遷移する

問題解決や行動計画の策定には前頭前野が重要な働きをしていると考えられます。脳内メカニズムを詳細に調べるには、fMRI（機能的核磁気共鳴画像）等では十分ではありません。動物の脳から個々の神経細胞活動を記録し、その性質を詳細に解析する必要があります。

前頭前野の神経細胞活動として思考等の基盤となる作業記憶に関係するものはよく知られています。では、行動計画に関するものはどうでしょうか？

経路計画課題では、最終目標を目指してカーソルを段階的に進めることが要求されます。最終目標の位置は覚えねばなりませんから、当然、それに対応する神経活動、つまり、ある最終目標の位置に応じて発火活動を変化させ、持続的に発火する（発火活動が出続ける）神経細胞が最も多く見つかりました。この点、過去の作業記憶に関する研究とよく一致しました。

二番目に多かったのは、先に述べた問題解決・行動計画の大事な側面の一つ、大きな最終目標を達成するために具体的な方策を思いつくことを反映しているように見える神経細胞でした。図4・6Aに例示した神経細胞は、最終目標提示期には、右下最終目標が提示された場合によく発火活動を示します。ところが、最初のゴーが近づくと、既にサルは具体的行動を意に決しているかのように、直後のゴー信号提示後カーソルを右に動かした場合によく活動したのでした。

神経細胞の発火活動が何に対応して変化するかを、専門的には、発火活動が何を符号化しているかと言います。この細胞の場合、行動計画期間の初期には最終目標位置を符号化していましたが、後期には即時目標の方向、つまり、一手目のカーソル方向を符号化していたと言えます。この符号化の程度の時間変化（具体的には規格化した重回帰係数の時間変化）を示したのが図4・6Bです。このように表すと、この神経細胞が、行動計画の大事な側面、最終目標から具体的行動目標としての即時目標を策定することに対応するように、符号化している目標の情報が動的に遷移しているのがよくわかるでしょう。このような発火活動が符号化している情報の動的な変化自体、近年いくつかの研究で報告されるようになった新しい脳神経の描像です。この細胞を以下、最終目標—即時目標遷移細胞と呼びます。図4・6Bの表し方と一緒に覚えておいて下さい。

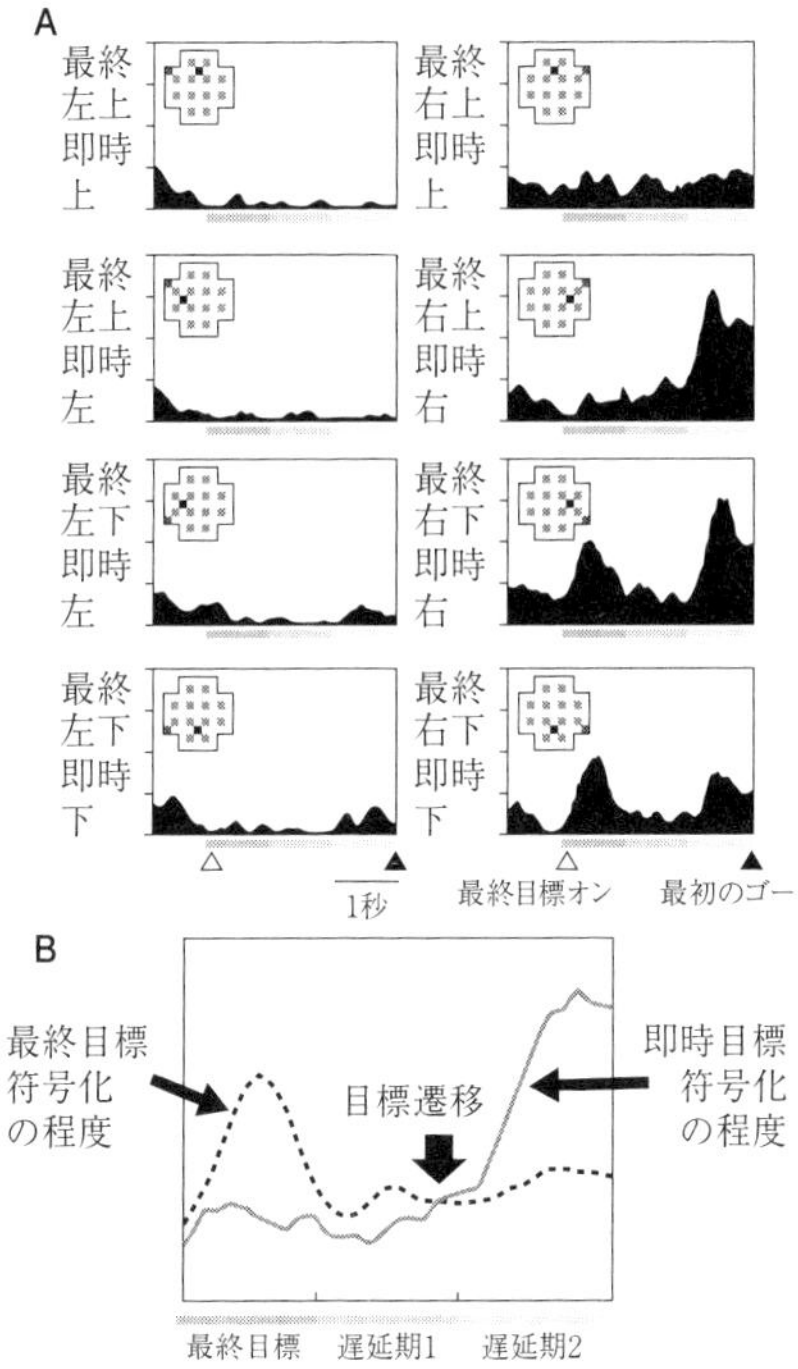

図4.6 外側前頭前野の最終目標—即時目標遷移細胞の例. A. 各場合の発火の頻度. B. Aを符号化している目標の程度を表した（文献(3)より）.

計画と整合的な関係性

問題解決や行動計画の策定の大事な側面の一つに、「大きな問題を解決する、または最終目標を達成するために具体的な解決法や行動を思いつかねばならない」ということがあります。筆者らはこの側面を反映する経路計画課題遂行中のサル前頭前野から最終目標―即時目標遷移細胞という神経細胞を発見しました。この細胞は、試行中の行動計画期間の初期には、提示された最終目標位置に従い発火活動を変化させます。ところが、この細胞は実行期が近づくと、具体的に一手目、どの方向にカーソルを動かそうと考えているか（これを即時目標と呼びます）に従って発火活動を変化させたのでした。

サルは経路計画課題を十分に訓練され、スイスイ実行できるとは言え、各試行で即時目標を思いつかねばなりません。その場で即時目標が創りだされるなら、それを担う前頭前野の神経回路ないしは神経活動に、複雑系特有の自己組織現象、つまり秩序の自律生成が見られるのではないだろうか？と筆者は期待しました。

そもそも、問題を解決したり最終目標を達成したりする具体的方策や行動は、その問題や最終目標が抱える条件を陰に陽に満たさねばなりません。特に、よい解決法や具体的行動は、諸条件をすっきり単純に満たすものです。

前に例に挙げた有名なお巡りさんの話を振り返ってみましょう。この人は、ジャムパンマンを取るという最終目標を達成するために、クレーンを鼻にひっかけるという具体的行動を思いつきました。これを思いつく上で、いくつかのことを考慮しています。図4・1では、メーカーによって動きや速さが異なること、人形の形状によって取り方が違うとか、距離感をつかむのにコツがいると言っています。図4・7では、縦につかむこと、重心を考えること、悩まないことの重要性を述べています。クレーンを鼻に引っかけることは、彼にとってこれら要件をすっきり整合的に満たすことなのです。

前章で、整合的な関係性は広い意味で共時的に立ち現れると述べました。具体的方策ないしは即時目標が、最終目標も含め陰に陽に考慮した要件の整合的な関係性としての創造的なものならば、それをハッと思いつくことに直接的に寄与していると思われる前頭前野の神経細胞活動の間の同期度合いが高まることがあるかもしれません。次項では、実際そういうことがある、という筆者らの研究結果を紹介します。

図 4.7 具体的方策は諸条件を満たす．秋本治「こちら葛飾区亀有公園前派出所」少年ジャンプ No. 8（1991）．

計画をひらめく瞬間に同期発火

筆者らが経路計画課題遂行中のサル外側前頭前野に発見した最終目標―即時目標遷移細胞では、行動計画期間に発火が符号化している情報が、最終目標から即時目標（一手目どの方向にカーソルを動かすかという具体的行動目標）に遷移します。この遷移が複雑系としての神経回路で生じた自己組織的現象、つまり複雑系創発的現象であるという何らかの証拠はあるでしょうか？　特に、繰り返し述べてきた共時的秩序としての同期現象と相関はあるでしょうか？

同期発火とは、異なる細胞がタイミングを揃えて発火することです。どのくらい時間的に一致しているかについての基準にはいろいろな考え方がありますが、ここでは25ミリ秒の時間幅の間に同時記録した異なる神経細胞が発火すれば同期していると見なしました。同時記録した神経ペアのうち、行動計画期間中に有意に同期発火し、少なくとも一方に最終目標―即時目標遷移細胞を含む神経細胞ペアを選び出しました。ペアを構成する二つの神経細胞が活動（発火頻度）を同時に上昇させると、当然、二つの神経細胞が偶然に同期発火する確率は高まります。しかしながら、今、評価したいのはそういう偶然の同期ではなく、自己組織現象、複雑系創発現象としての同期現象です。そのため（詳細は述べませんが）発火頻度の影響を排除するため、その同時上昇では説明できない同期の程度を計算しました。

このように選んだ神経細胞ペアの最終目標および即時目標の符号化の強さ、ペアの同期発火の強さの時間変化の平均を図4・8に示しました。図から見て取れるのは、最終目標を符号化している状態から即時目標を符号化する状態に遷移する付近で、同期発火が強まっているということです。同期発火が高まる時期はちょうど経路にブロックが提示される時刻付近なので、同期発火の上昇はそれに関係するのであって、目標符号化の遷移とは無相関なのではないかという疑念もあるかもしれませんが、そうではありません。各神経細胞ペアの目標符号化の遷移時刻はペアにより幾分違いますが、同期発火が最も高まる時刻はそれと相関するのです。

この結果は、あくまで「状況証拠」です。経路はブロックの情報がない場合、一意に決められません。この意味で本課題は不良設定問題です。そのような問題を解く瞬間、つまり最終目標から即時目標に神経活動の符号化する情報が遷移する時刻は、まさに「そうだ!」と思いつく時刻に対応します。それと自己組織現象、共時的秩序の生成としての同期発火の上昇が一致するということは、脳で計画が「創造」される機構に対して、非常に示唆に富んでいるのです。

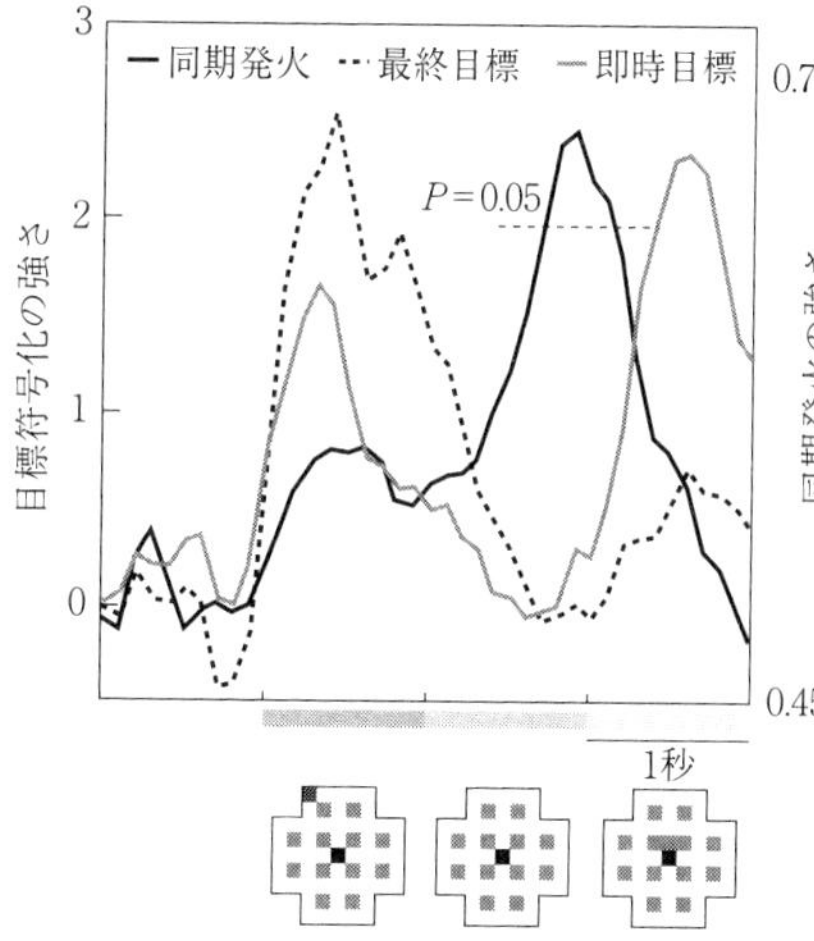

図 4.8　行動計画期間中の最終目標—即時目標遷移細胞を含む細胞ペアの同期発火の強さ（実線），最終目標（点線），即時目標（アミ線）の符号化の強さの時間変化の平均（文献(3)より）．

ひらめく前兆としての発火ゆらぎの上昇

経路計画課題を遂行中のサル外側前頭前野には、発火活動で符号化している情報が、最終目標から即時目標（具体的な方策）に遷移する神経細胞が多く見られました。また、この遷移時付近で、つまりサルが「ハッ！」と即時目標を思いついていると思われる頃に、複雑系に特有の同期現象、実際には同期発火が一過性に上昇していることも見ました。

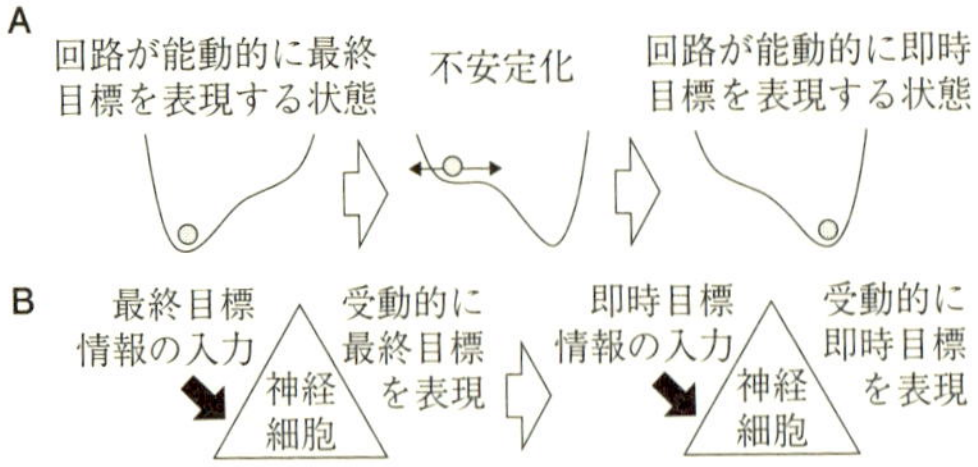

図 4.9　目標遷移の背後には？

では、この同期発火の上昇と前後して、本当に神経細胞や神経回路自身が最終目標表現状態から即時目標表現状態に状態を能動的に遷移させているのでしょうか（図４・９A）？　それとも、他から受け取った情報をそのまま反映して受動的に活動しているに過ぎないのでしょうか（図４・９B）？　後者の可能性、つまり、最終目標の情報を他から受け取り発火した後、今度は他のどこかで決定された即時目標の情報に従い活動したという可能性をどう排除するのか。この問題に答えることは、外側前頭前野が自ら即時目標を創り出しているかどうかを判定する重要なことです。

第一章では、複雑な系が示す状態遷移は分岐現象として理解できることを述べました。また分岐の前兆現象の一つとして、その系から計測している量のゆらぎの上昇（臨界ゆらぎ）を挙げました。では、これら神経細胞が符号化している情報を切り替える前には、神経活動のゆらぎは上昇するでしょうか？

神経発火は、同じ頻度（単位時間当たりの発火数）でも、規則的に発火する場合もあれば、不規則に発火する場合もあります（図４・10Ａ）。我々は、発火頻度に依存しない発火の不規則性の指標を神経活動のゆらぎの指標とし、その不規則さの程度を、最終目標—即時目標遷移前後で比較しました。すると（期待通り？）遷移前では発火ゆらぎが上昇していることが見て取れました（図４・10Ｂ）。また、簡単な理論モデルを通じて、分岐直前に発火の不規則性が上昇することも確認しました。

臨界ゆらぎの存在は、（これまた）あくまで強い「状況証拠」に過ぎないとは言え、計測している系で分岐が起きている強い証拠です。前頭前野のような脳高次領野において分岐現象を示唆するゆらぎの上昇を発見したのはこれが最初です。

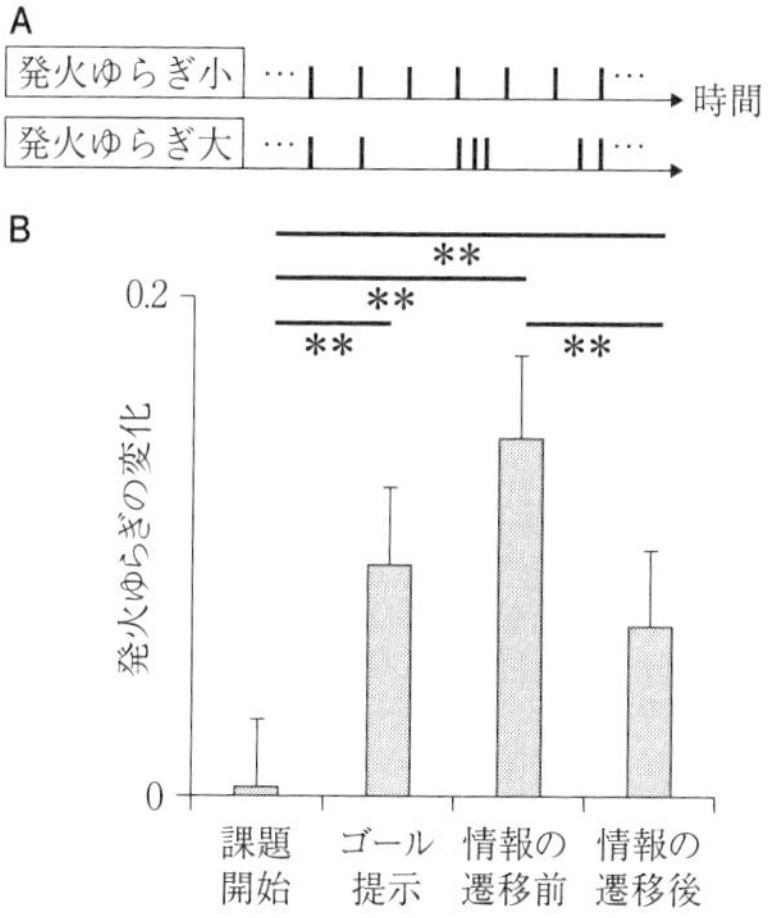

図 4.10　最終目標—即時目標遷移細胞の遷移直前に発火ゆらぎが上昇（文献(11)より）. A：同じ発火頻度でも不規則性の程度はさまざま. B：課題開始前を基準とした不規則さの変化. ** は $P<0.01$.

計画は前頭前野の創発現象

以上、筆者らの実験結果を概観してきました。経路計画課題を遂行中のサル外側前頭前野の神経細胞活動を記録すると、神経活動が符号化する情報が最終目標から即時目標（一手目の方向）に遷移する細胞が多数発見されました。それらの細胞は、遷移時に他の細胞と一過性の同期活動を示す傾向がありました。また遷移直前には、発火ゆらぎの増大が見られました。同期現象や状態遷移直前のゆらぎの上昇は、複雑系に特有の現象です。外側前頭前野の最終目標―即時目標遷移細胞が構成する神経回路が行動計画を創発するシナリオを、模式化してみました（図4・11）。

まず、最終目標が提示されると、神経細胞の発火活動がそれを符号化します。つまり、神経発火の上下が最終目標位置に依存する状態をとります。これは一時的ですが比較的安定な状態です。

その後、神経回路の不安定化が続きます。良い具体的行動や方策とは、大なり小なり持っているこだわりや偏見、暗黙の前提から脱して生まれるものです。これらこだわり等は、大域的に見ると良い状態ではないですが、諸般の事情でちょっとした安定性を持っている。あたかも、坂道を転げ落ちるボールが、大域的に安定な谷底ではなく、斜面途中のちょっとしたくぼみにハマって動かなくなるように。ただ、大域的に良い具体的行動を発想するには、このようなちょっとしたくぼみ（これを局所安定と呼びます）から抜け出す必要があるのです。発火ゆらぎの増大は、神経回路が局所安定から抜け出し、大域的に良い状態をとる準備状態を反映していると想像されます。

次に、一過性の同期発火の上昇が起きます。考慮した要因や条件をスッキリ整合的に満たす共時

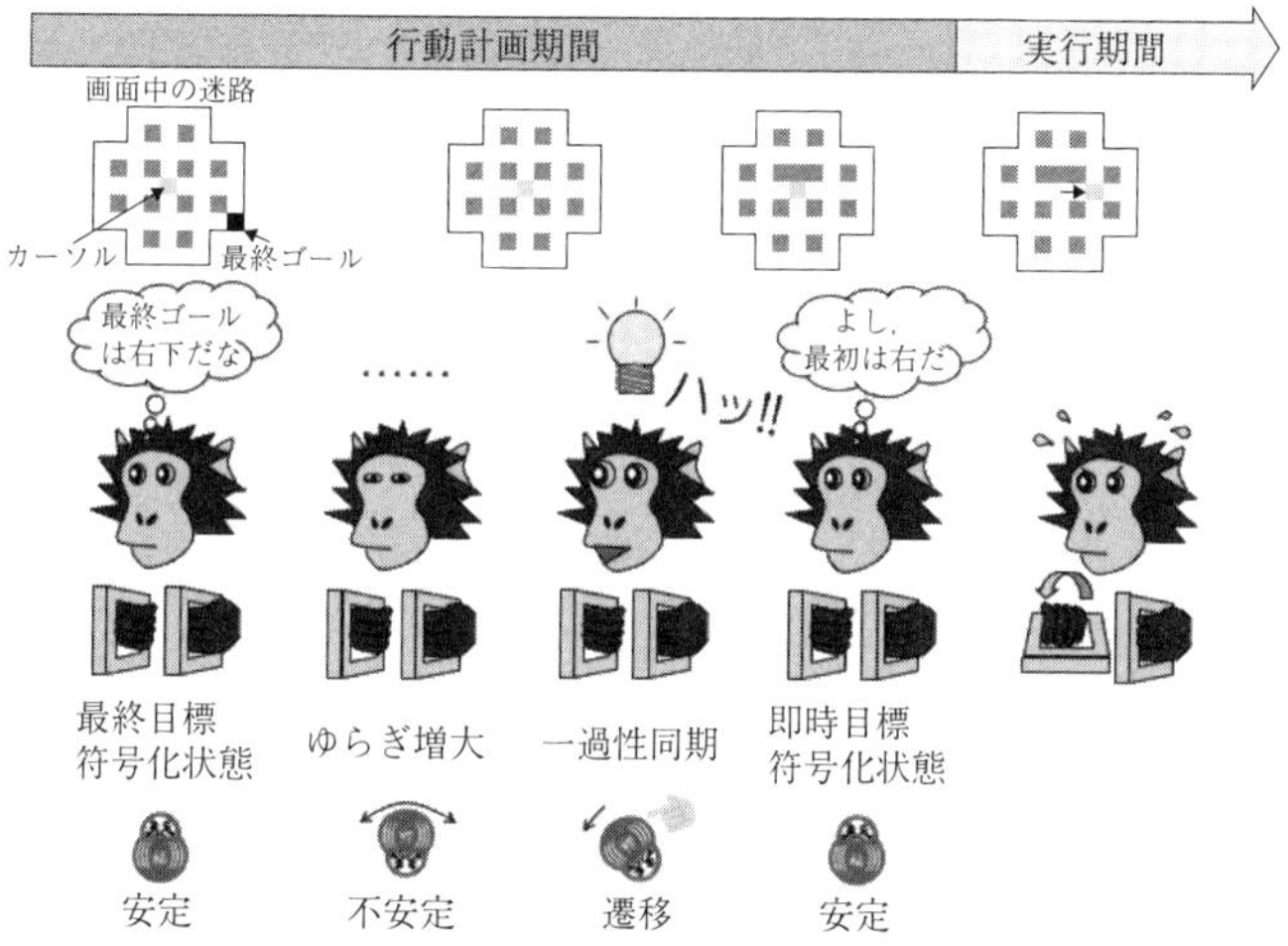

図 4.11　経路計画課題で前頭前野神経回路が最終目標から即時目標を生成する複雑系ダイナミクスのシナリオ.

的秩序としての即時目標・具体的方策がハッ！と頭に創造された瞬間です。

それを境に神経回路は、一手目どちらの方向にカーソルを動かすかサルが既に意を決した比較的安定な状態、即時目標が符号化された状態に移行し、ゴー信号を待ちます。

より単純化した状況について、はこだて未来大学の香取勇一博士と東京大学の合原一幸教授は、理論モデルを作りました。モデルでは、ある状態をとった神経回路が自発的に不安定化し、その後、別の状態に遷移（分岐）します。

前頭前野の神経回路は、限られた細胞数しかない状況でさまざまな状態を柔軟に取ることにより無限定な環境に対応しているのです。

BOX　前頭前野の性質に基づくアイディア発想法

科学者は，常によいアイディアを思いつかねばならないプレッシャーの下で生きています．その中で筆者が自然と実践している方法をご紹介します．それは，筆者の小学校の恩師・安藤茂弥先生に教わった方法で，筆者は勝手に「ビーチャと学校友だち」法と呼んでいます．

「ビーチャと学校友だち」（図 A）は旧ソ連の児童書で，安藤先生は，その中の算数の文章題の解き方でやるようにと指導しました．ポイントは，疑問や気づいたことを徹底して書き出すことです．たとえば，図 B のように行います．

A

B

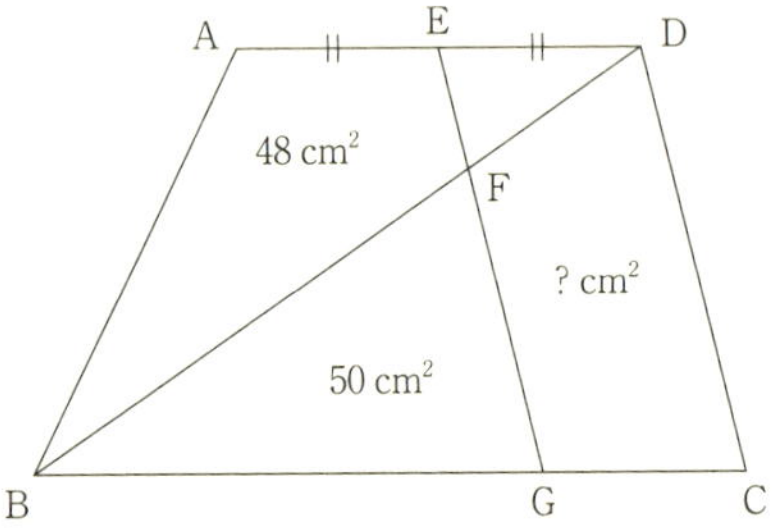

右の図において，AD と BC，CD と GEはそれぞれ平行で AE＝ED です．四角形 ABFE の面積が 48 cm^2，三角形 BGF の面積が 50 cm^2 のとき，四角形の CDFG の面積を求めなさい．

以下，気づいたこと…
三角形 ABD の面積は三角形 BDE の 2 倍だな．
三角形 BDE の面積と三角形 DEG の面積は等しいな．
三角形 DEG の面積の 2 倍が平行四辺形 CDEG の面積だな．
すると平行四辺形 CDEG の面積と三角形 ABD の面積は等しいな！
平行四辺形 CDEG と三角形 ABD は共通部分三角形 DEF を持つな．
そうか！　三角形 DEF の面積は（今のところ）わかる必要ないんだ．

図　「ビーチャと学校友だち」法．A.『ビーチャと学校友だち』．B. 本法使用例．1987 年ラ・サール中学校入試問題を参考に作成．

結果，四角形CDFGの面積は四角形ABFEの面積と等しいことに気づき，答えは48 cm^2となります．

この手法は，コンピュータの簡単なテキストファイル上で行うと，より効果的だと思います．その理由は主に2つあるように思えます．

第1に，頭に浮かんだ言葉を徹底して書き出し，それを並べ替えるのです．並べ替えることで，問題の論理構造が見えて来るからです．「ああ，この疑問とこの疑問は，本質的に同じだな」とか，「この問題が解決しないとこちらの問題は解決しないな」等の思いつきと思いつきの間の論理構造に気づくのです．これにより，堂々巡りを避けることもできます．

第2に，書いた文章を見ながらだと，思いついたことを覚えておかなくてよいので，書き出さない場合と比べ，いろいろなことを思いついたり気づいたりするように感じられます．

この方法は，本章で述べた前頭前野の機能を振り返ると極めて理にかなっています．思いついたことを覚えておかなくてよいということは，前頭前野の作業記憶の容量に対する負荷を軽減します．そのぶん，自分の前頭前野の能力を他のことに割り振ることができるのです．また，出すべきアイディアの満たすべき要件等を可視化し，それらの論理関係を手で操作する点も，前頭前野の処理負荷を低減させます．つまり，目に見えるもう1つの前頭前野を用いることで，発想力，創造力が大きく促進されるのです．読者の皆さんも試してはいかがでしょうか．

こう考えると，自分が研究してきたことは子供の頃，安藤先生に教わったことだったんだなあ，としみじみ往時を振り返ります．

BOX “先読み”細胞

本文では，最終目標—即時目標遷移細胞，つまり，課題の行動計画期間に細胞活動が符号化している情報が最終目標位置から１手目のカーソル運動方向に遷移する細胞をご紹介しました．しかしながら，最終目標位置は符号化せず，１手目のカーソル運動方向のみを符号化するものもあります（図上）．驚くことに，２手目のカーソル運動（図中）を符号化する神経細胞，更には，３手目を符号化する細胞（図下）も存在します．これらを発見した東北大学の虫明元先生は，３種類合わせて“先読み”細胞と名付けました．１〜３手目それぞれの細胞群が行動計画期間に一斉に活動することは，これから行おうとする行動を先の先まで頭に浮かべていることを示唆します．我々は日常，まったく行き当たりばったりではなく，ある程度先を見越して行動しますが，本結果は，それに対応する世界で最初に報告された神経細胞活動です．

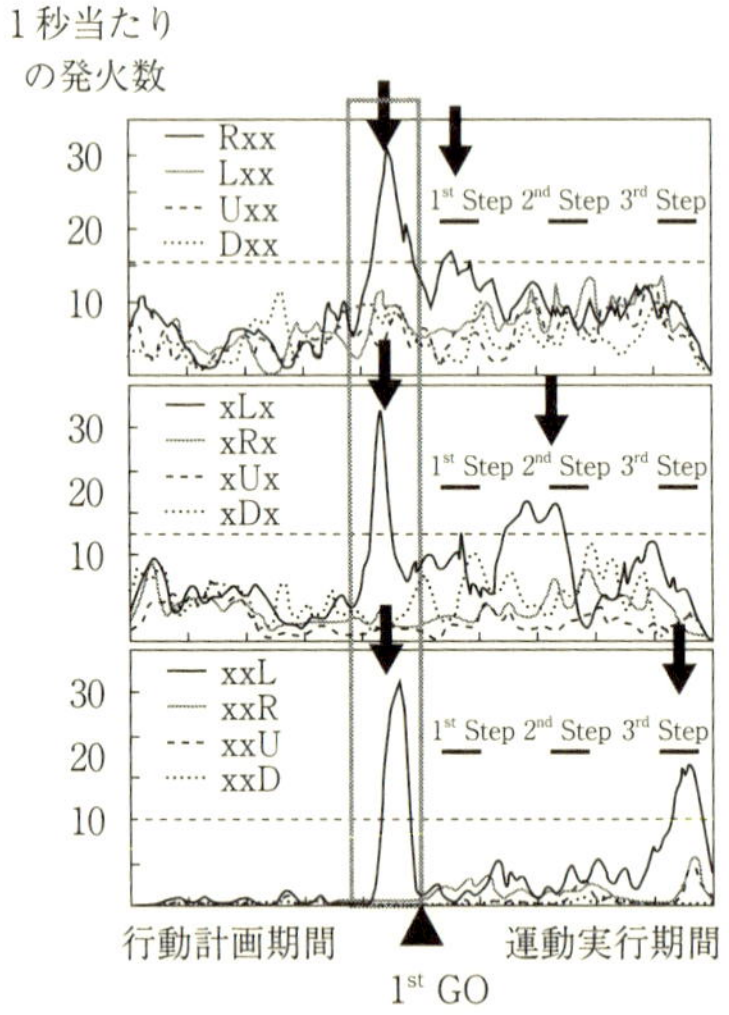

図　外側前頭前野の“先読み”細胞（文献(2)より）

BOX　トマトロボット競技会

工場で活躍する産業用ロボットは，多くの順序動作を正確に行いますが，それらは生産ラインに合わせて事前にプログラムされたものです．しかしながら，工場のようにすべてが規定されているわけではない環境，つまり，本書でいう無限定環境で順序動作を思いつき実行するロボットを作製するのは，まったく容易ではありません．現状では咄嗟の「もう一回握手」すら困難なのですから．けれども，手をこまねいているわけにもいきません．ロボット競技会は，既存の先端技術で何ができて何ができないのかを明らかにする上で，素晴らしい場を提供します．だが，いきなり実環境は厳しい．そこで，工場の生産ラインと実環境の中間環境を準備し，そこで競技会を開くことは，大変現実的で，意義深いのです．

筆者の古い友人でロボット工学が専門の九州工業大学の石井和男教授が主催するトマトロボット競技会は，上で述べた条件を備える素晴らしい競技会です．農業技術の進歩は素晴らしく，最先端のトマト農場はあたかも工場のようです．けれども，厳しく管理されているとはいえ，各株の枝ぶりや実のつき方はさまざまです．つまり，最先端のトマト農場は非常に優れた工場の生産ラインと実環境の中間環境なのです．

筆者は，2016年暮れに開催された第3回大会を見学しました．トマトの株まで近づき，実にフロントエンド（手に相当）を近づけ，収穫する．さすがに今のところ動作順序は固定なので，それを臨機応変生成する必要はありません．しかしながら，前章で述べた図と地の分離，つまり，トマト1個を認識することが決して容易ではないこと等をあらためて強く感じ取りました．

石井先生は，すべての参加者にとって意義深い競技会にするため，そのルール作りと年ごとの改善に非常に腐心しています．競技会が継続・発展してほしいと心から願っています．ウェブサイトは以下のとおりです．

http://www.lsse.kyutech.ac.jp/~sociorobo/tomato-robot2016

BOX　白黒のつく研究とつかない研究

新しい実験手法が開発されると，学問が大きく進む例は枚挙に暇がありません．特に，生物の研究においては，理論物理のように理論が先行しそれを実験で検証するといったケース（たとえば，相対性理論が予言していた重力波の存在を巨大観測装置で検証するといったケース）が少なく，学問の進歩における実験手法のブレークスルーの比重が大きいように思えます．しかしながら，本当に脳の働きへの理解を大きく進めるブレークスルーは可能なのか，と常に自問自答しているのも事実です．

分子レベル・神経細胞レベルなら，まだいいのです．シナプスの長期増強はシナプス後細胞におけるカルシウム濃度の上昇に伴うのか否かとか，学習に伴い樹状突起のスパインの数が増えるのかどうなのかとか，比較的明確に白黒がつく問題が多いように見受けられます．白黒がつきやすい問題なら，新しい実験技術によりブレークスルーも起きやすいでしょう．

ところが神経回路以上のスケールになると，何を明らかにすべきかがそう明確ではありません．実験条件により神経回路活動の時空間パタンが明らかに変わったとしても，それがどういう機構に基づくのか，それがどういう情報処理的意義を持つのかは，一意に理解や解釈できない場合が多々あります．それは，観測対象が複雑，自由度が高いことに起因します．仮に，脳のすべての神経細胞活動を記録できたとしても，そのようなビッグデータから何を読み取るのかは問題です．

観測対象や得られたデータの自由度が高いと，それを解釈するために「信念」の入り込む余地が出てきます．本章で紹介した筆者自身の研究結果に状況証拠的なものが多く，それらの解釈には，筆者の信念が反映されているのは否めません．それは筆者の力量の問題もあるでしょうが，脳研究の本質的問題もあるのです．だからこそ，脳とはどういうものかについての「信念」を磨かねばならないと考えています．

［参考文献］

（1） Mushiake H, Saito N, Sakamoto K, Sato Y, Tanji J. Visually based path planning by Japanese monkeys. *Brain Res. Cogn. Brain Res.*, 11: 165–169（2001）

（2） Mushiake H, Saito N, Sakamoto K, Itomaya Y, Tanji J. Activity in the lateral prefrontal cortex reflects multiple steps of future events in action plans. *Neuron*, 50: 631–641（2006）

（3） Sakamoto K, Mushiake H, Saito N, Aihara K, Yano M, Tanji J. Discharge synchrony during the transition of behavioral-goal representations encoded by discharge rates of prefrontal neurons. *Cereb. Cortex* 18: 2036–2045（2008）

（4） Squire L et al. *Fundamental Neuroscience*（2nd）. Academic Press（2002）

（5） Funahashi S, Bruce CJ, Goldman-Rakic PS. Mnemonic coding visual space the monkey・ s dorsolateral prefrontal cortex. *J. Neurophysiol.* 61: 331–349（1989）

（6） 丹治順『脳と運動――アクションを実行させる脳』共立出版（一九九九）

（7） Mushiake H, Inase M, Tanji J. Neuronal activity in the primate premotor, supplementary, and precentral motor cortex during visually guided and internally determined sequential movements. *J Neurophysiol.* 66: 705–718（1991）

（8） Tanji J, Shima K. Role for supplementary motor area cells in planning several movements ahead. *Nature* 371: 413–416（1994）

（9） Shima K, Tanji J. Role for cingulate motor area cells in voluntary movement selection based on reward. *Science* 282: 1335–1338（1998）

（10） Mastuzaka Y, Aizawa H, Tanji J. A motor area rostral to the supplementary motor area（presupplementary motor area）in the monkey: neuronal activity during a learned motor task. *J Neurophysiol.* 68: 653–662

(1992)
(11) Sakamoto K, Katori Y, Saito N, Yoshida S, Aihara K, Mushiake H. Increased firing irregularity as an emergent property of neural-state transition in monkey prefrontal cortex, *PlosONE* 8: e80906 (2013)
(12) Katori Y, Sakamoto K, Saito N, Tanji J, Mushiake H, Aihara K. Representational Switching by Dynamical Reorganization of Attractor Structure in a Network Model of the Prefrontal Cortex, *PloS Comput. Biol.* 7: e1002266 (2011)

Ⅱ　創造性の原理を求めて

第五章　仮定を用いて問題を解く——脳の計算理論と拘束条件

第Ⅰ部では、脳の働きと複雑系の現象との対応を見ました。（広い意味で）創造性を要する場面の背後に、脳や神経系の複雑系創発現象が存在することを理解してもらえたと思います。けれども、脳の働きと複雑系の現象とが対応するからと言って、脳の創造性の解明とは言えません。第Ⅱ部では、創造性の原理や機構に肉薄するためには、何を考えなければならないかを整理します。

読者の中には、「複雑系創発現象は確かに脳の創造性の基盤かもしれない。脳のような非常に複雑な系を実験だけで解明することはできないだろう。じゃあ、実験結果をもとに複雑系の理論モデルを作ればいいんじゃないか？」と思われる方もいるかもしれません。実際、非線形振動子を数多く結合させた比較的抽象的なモデルから、ホジキン-ハクスレイモデルのような神経細胞モデルを解剖学的な配線を考慮して構成されたかなりリアルな神経回路モデルまで、理論モデル研究も盛んに進められています。その中には、なかなか興味深い振る舞いを示すものもあります。けれども率直に言って、単に面白い時空間パタンを示す、口悪く言えば、複雑系として興味深い「物性」を示すにとどまる脳・神経モデルも多いように感じられます。

本章では、そのようなアプローチの問題点とそれらに対する漠然とした疑問や不安を掘り下げます。

一　問題のレベル分けと脳の理解

デヴィッド・マーの三つのレベル

脳の働きを理解するのに、脳のある部位や神経細胞がどういう条件で活動したりしなかったりするのかを詳細に調べることは広く行われていますし、筆者自身も行いますが、それだけにとどまることには、どのような問題があるのでしょうか？

それは、それだけでは神経細胞がどのように配線され、神経回路を形成しているかがわからないからだろう、と思われるかもしれません。

では、それら実験結果をもとに、リアルであれ抽象的であれ、神経細胞のような素子を配線してモデルシミュレーションも行えばよいのでしょうか？

神経細胞は複雑かつ多様で、完全なモデルは存在しません。解剖学を参考にすると言っても、配線の傾向を模倣するのが精いっぱいでしょう。けれども、神経回路に限らず複雑なシステムでは、ちょっとした違いが大きな振る舞いの違いを生むということはよくあることです。

一九八〇年に三五歳の若さで亡くなった理論脳科学者、デヴィッド・マーは、単一の観点や方程式では、脳における情報処理や計算全体を理解することは不可能であると断じます。更に、問題を混同してはいけない、つまり何を処理すべきかという問題とどう処理すべきかという問題は区別されなければならないと強調します。その上で、何らかの情報処理や計算を実行する機械（この場合、脳も含みます）を理解するのに、（少し言葉を変えましたが）以下の必要な三つの問題・観点のレベルを提示します。

計算理論のレベル（第一のレベル）：計算の目的は何か？　何を計算すべきか？
アルゴリズムと表現のレベル（第二のレベル）：その目的をどのように実現するか？　情報をどのように表現し、どのように処理するか？
ハードウェアによる実現のレベル（第三のレベル）：そのアルゴリズムと表現をどのように物理的に実現するか？

これら三つのレベルの問題を区別することは、脳における情報処理や計算全体の解明を、ロボット等において再現できる方向へと導きます。マーの三つのレベルは、脳の情報処理の再現がうまくいかないとき、そもそも計算の目的が間違っているのか？　アルゴリズムや情報の表現がまずいのか？　ハードウェア上の制限で上手くいかないのか？　解決の糸口をもたらすのです。

レベル1——情報処理の目的

脳が行う特定の情報処理の目的、つまり、情報処理を遂行するシステムを理解するための第一のレベルとは、どのようなことなのでしょうか？　たとえば、色を見ることは色を見ること、立体を見ることは立体を見ること、それ以上に何か言うべきことがあるのでしょうか？

脳の情報処理をよくよく振り返ってみると、私達が何気なく行っている処理も、具体的には何を目的としているか、必ずしも自明ではないことが多々あります。その例を、エドウィン・H・ランドという人が行った表面色知覚の実験に見ることができます。

ある物体表面の色を見るとは、その物体から網膜に投射される光の波長を検出することではないのかとお思いの方も多いでしょう。そうではないこと、我々が見ている物体表面の色は光の三原色、赤・青・緑の表面反射率、つまり照射されたそれぞれの波長がどのくらい表面から反射されるかについての程度であることを、インスタントカメラで有名なポラロイド社の創立者でもあるランドは巧みな実験で示しました。

モンドリアン図形というさまざまな色がパッチ状に配置された抽象画があります（図5・1）。その中の特定のパッチに注目し、その色を判定するよう、ランドは被験者に求めました。図形には、赤・青・緑の波長を持つ光を照射しました。それぞれの光の強さを調整し、被験者に注目してもらうパッチから反射される光の強度を、三種類の波長の光で常に一定に保つようにしました。

驚くことに被験者は、注目したパッチから眼に届く赤・青・緑それぞれの強度は物理的に一定で

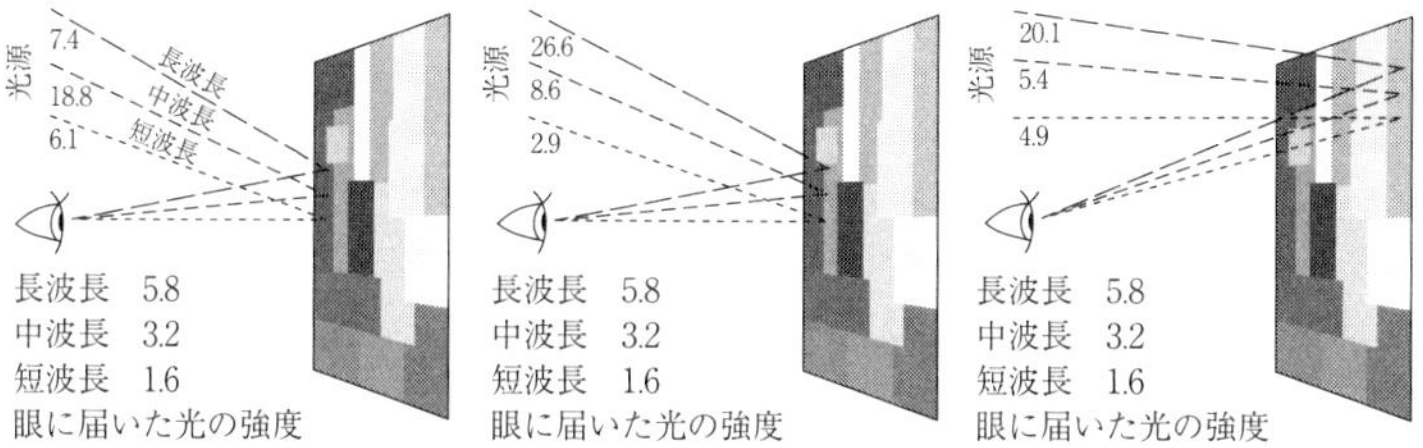

図 5.1 モンドリアン図形を用いたランドの色の恒常性の実験（文献(2)より）.

あるにもかかわらず、モンドリアン図形の赤の部分は「赤」と、青の部分は「青」と判定したのでした。このような色覚の性質は、色の恒常性と呼ばれています。

では、我々の色覚が「見ている」ものは何でしょう？ ランドの実験は、それにも答えます。たとえば、照射した赤の強度が１００、眼に届いた赤の強度が50だったとしましょう。その場合、パッチの赤色の反射率を0.5と計算することができます。この見積もりを各実験条件について行うと、我々が色と見ているのは、物体表面の赤・青・緑の表面反射率だということが明らかとなりました。つまり、表面色の計算の目的は、物体表面の光の反射率を計算することだったのです。

日常環境の光の波長は時間帯、天気等により大きく変わります。そのような変動にもかかわらず、物体固有の性質である表面反射率を計算することは、生きていく上で有用なのです。

レベル2——アルゴリズムと表現法

脳の働きを理解するための第二のレベル、情報処理の目的をどのように実現するか？　情報をどう表現し、どう処理するか？についても、表面色の問題を例に述べることにします。

表面色の計算の目的は、ランドが示した通り、物体表面の赤・青・緑それぞれの反射率（照射光強度に対する反射光強度の比）を計算することでした。表現については、赤、青、緑の三原色表現でよいでしょう。問題は処理です。利用できるのはあくまで眼に入ってくる波長です。そこからどうやって特定の表面の表面反射率を計算できるのでしょう？　この問題についてランドは「隣り合う二点間で強度を比較すれば、表面反射率はわからなくても、二点の表面反射率比はわかるだろう」と発想しました。

アルゴリズムはおよそ以下の通りです（図5・2）。①赤、青、緑いずれかの波長を順に選ぶ。以下は、選んだ波長についての処理です。②画像上を二点ずつ順にスキャンする。③二点の強度比を求める。④強度比が1付近（たとえば、±0・05の範囲内）なら1としてしまい、範囲外なら③の強度比を採択する。⑤スキャンに沿って強度比の連乗積（ずっと掛け合わせていくこと）を求める。⑥すべての連乗積の値を、連乗積の最大値で割る（規格化）。⑦以上を他の波長についても行う。以上の計算の結果、ある点について三つの連乗積のセットが得られますが、それをその点の表面色と見なすわけです。

このアルゴリズムには、いくつかの暗黙の仮定があります。一つは、三つの波長すべてで、ある

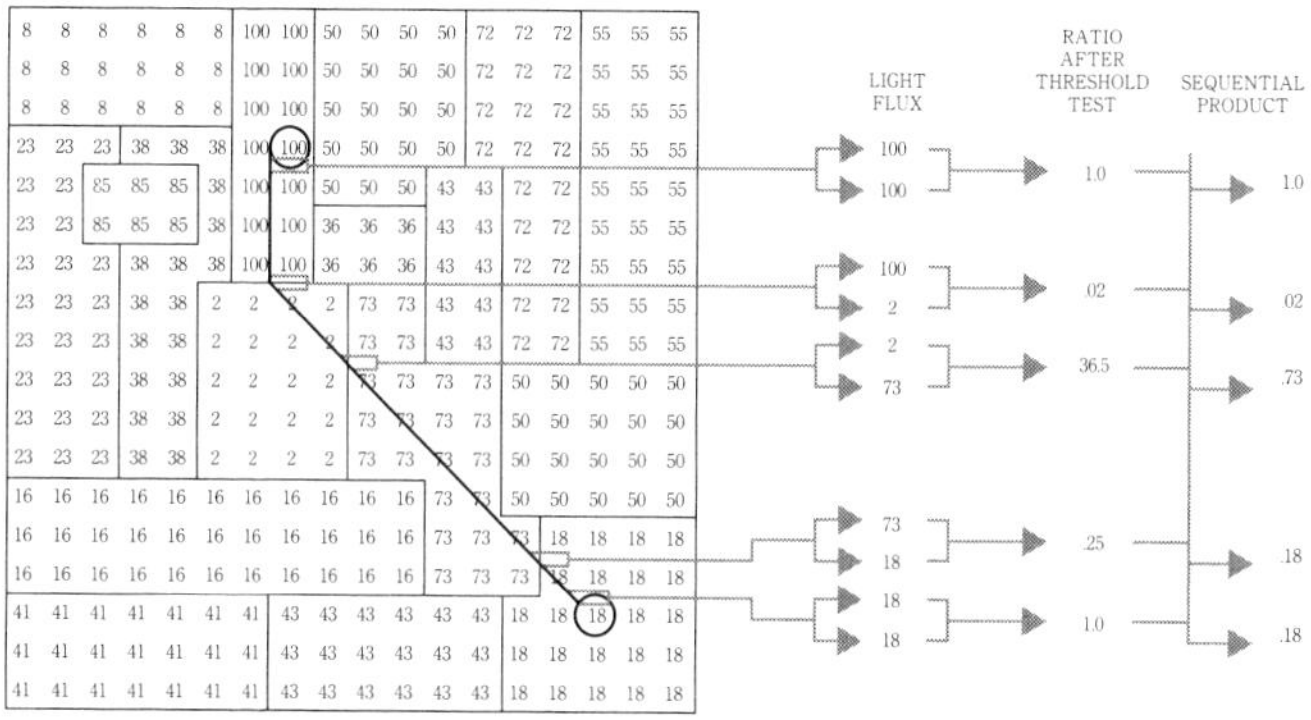

図 5.2　ランドの表面色計算のアルゴリズムの概要（文献(2)より）．隣接 2 点間で輝度を比較し表面反射率比を得る．それをスキャン経路に沿って積算し，最大値で規格化する．

表面領域が連乗積1を示したならば、その領域を白と見なす、というものです。もう一つは、照明強度は空間的に急激には変わらないだろうという仮定です。アルゴリズム④はそのためのもので、照明強度になだらかな勾配があってもその影響を除去し、安定に表面色を得るのに役立ちます。

このアルゴリズムは、実際の表面色知覚と合わない部分もないわけではありません。たとえば、画像中に影やスポットライトが当たった領域がある場合等です。しかしながら、計算の目的がわかっていても（この場合、赤・青・緑の表面反射率比）、それをどう計算するかは別問題で、頭を悩ますべき問題であることは理解してもらえたと思います。また、そこにはいくつかのもっともらしい仮定が必要であった点も極めて重要です。実はこの点こそが、後ほど本書の最重要問題となっていきます。

レベル3――ハードウェアによる実現法

ある情報処理の目的を達成できるアルゴリズムがあったとしても、それをどうハードウェアで実現するかは、必ずしも一つに定まりません。半導体での実現の仕方と脳での実現のされ方は、用いられている素材の違い等のため、同じだろうと想像するには難があります。

再び表面色計算を例にとると、光の三原色、赤・青・緑それぞれの表面反射率を推定するには、各波長において「隣り合う二点間で強度を比較し、二点の表面反射率比を得る」というアルゴリズムが有効でした。コンピュータプログラムとして実現・実装するとするならば、ランドがイメージしていたように、空間を縦ないしは横方向に順次走査するのがよいように思われます。でも、脳はそんな実現の仕方をしているでしょうか？　我々は、空間を隅から隅まで眼で走査して初めて表面色を知覚するというわけではありません。もっと、パッと見てわかります。少なくとも、2次元的に並列に処理しているでしょう。

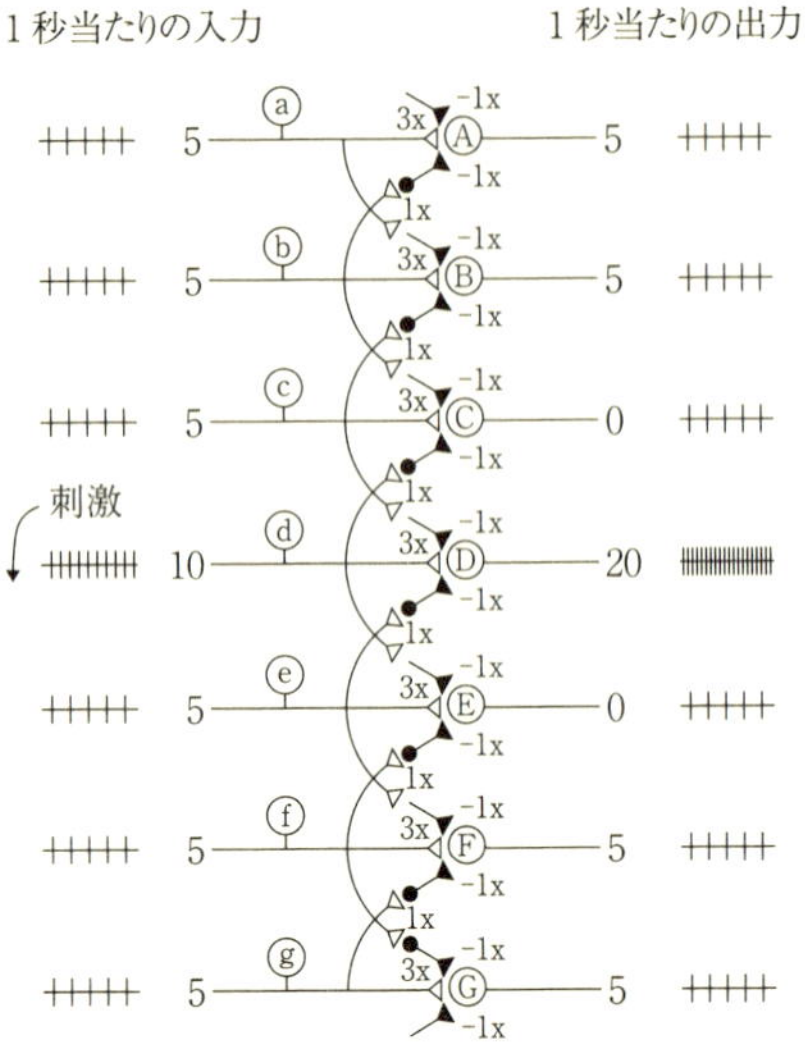

図 5.3　側抑制は変化を強調する.

表面色計算のカギとなる処理を、多少な

りとも脳らしいやり方で実現したのが、B・K・P・ホーンのモデルです。彼は、側抑制と呼ばれる、脳がコントラスト強調を実現するため広く採用している構造を利用しました。側抑制とは、一つの神経細胞が刺激を受けると、刺激された神経細胞が興奮応答すると同時に隣接する神経細胞には興奮応答が起こりにくいように抑制がかかる現象です（図5・3）。これにより、光の強度変化の小さい点は抑え、大きい点は強調されます。画像中になだらかな照明の勾配があっても、それを除去できるわけです（図5・4）。

ちなみに側抑制の発見は、ノーベル賞学者H・K・ハートラインによるカブトガニ（！）の眼を用いた研究からでした。カブトガニは眼が単純で実験しやすかったようです。実験材料は適材適所。その典型ですね。

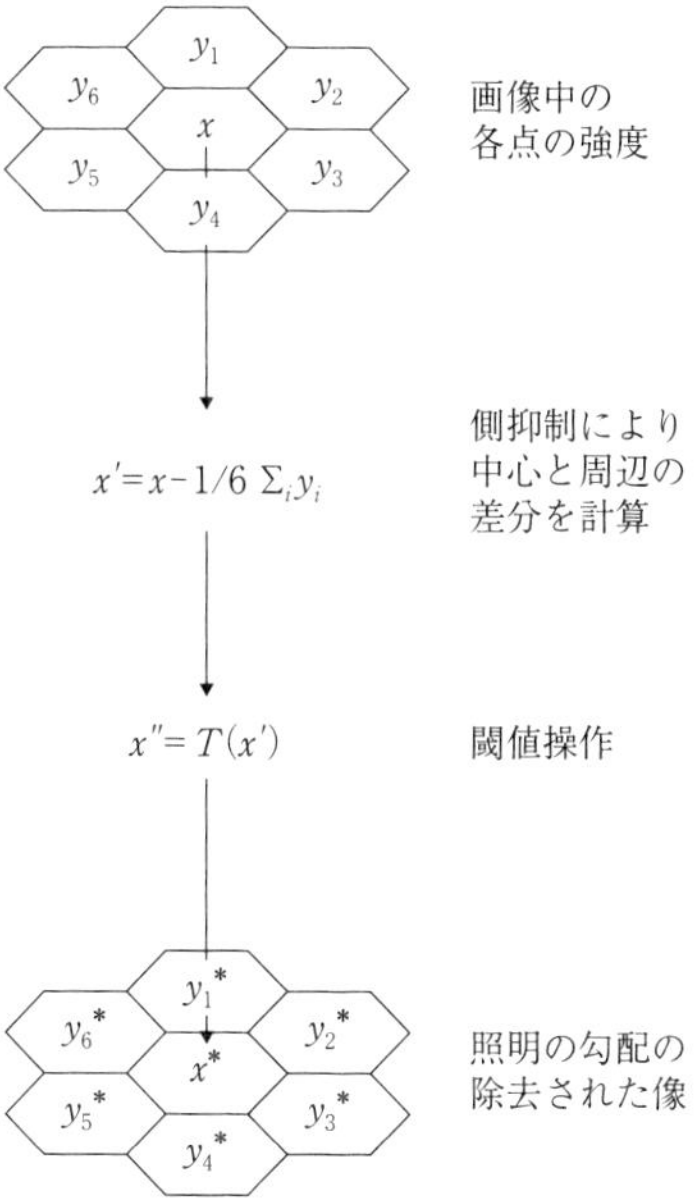

図 5.4 側抑制を利用したホーンのモデル.

レベルを分けて理解することは脳の本質

脳の働きを理解することは一つのレベルでは達成されない。このデヴィッド・マーの主張は、今現在でも、脳の研究者に警鐘を鳴らし続けていると思います。この主張は、実験家が神経伝達物質やイオンチャネルの解明だけに拘泥しているだけでは、あるいは理論家がモデル神経細胞を配線して何か面白いパタンが出たと喜んでいるだけでは、脳がどう働くかは決して理解できないと述べているに等しいからです。どんな素晴らしい研究も、大いなる一歩にしか過ぎないのです。ある一つの発見や発明で、脳がすっかりわかるということはないのです。

マーの主張が説得力を持つのは、その主張そのものの中に、脳がどう働くか、今現在のコンピュータ等とどう違うかが見え隠れしているからだと思います。今現在の機械には「何か変だ」能力がありません。誤動作していても機械自らそれをどうにかしようとはしません。一方、人間は、たとえば算数の「五〇円のものを買って一〇〇円を出したらお釣りはいくらでしょう?」という問題で、一五〇円という誤った結果を出した場合でも、「そもそも出したお金より増えるわけはない」という別の観点・レベルの処理も並行して行っているので、「何か変だ」と気づくわけです。異なるレベルの処理間のよい関係、整合的な関係をとることによって、その背後にある本質を見出そうとすること。そこに、今現在の機械ができていない、脳の働き方の最重要側面が見て取れるのです。

BOX　大脳皮質V4野の神経細胞は表面色に応答する

表面色問題は，脳を理解するための３つのレベル「処理の目的」「アルゴリズム」「ハードウェアによる実現」それぞれの研究がきれいにそろった例です．それをより完全にしたのがS・ゼキの実験です．

ゼキはサルの大脳皮質第一次視覚野（V1野）とV4野と呼ばれる領野それぞれから神経細胞活動を記録しました．V1野は大脳皮質に最初に視覚情報が入ってくる領野，V4野はV1野から直接・間接入力を受ける少し下流の領野です．装置と刺激は，ランドの心理実験と共通です．つまり，さまざまな色パッチからなるモンドリアン図形に赤・青・緑の光を照射して，あるパッチから反射される各光の成分を一定にし，その光でV1野とV4野の細胞を刺激しました．すると，V1野の細胞はあくまでパッチからの光の波長に依存して応答を変化させた一方，V4野の細胞の応答は表面色の「見え」に応じて変わることがわかりました．色の恒常性の処理は，V1野からV4野の間に行われていることが明らかにされたのです．

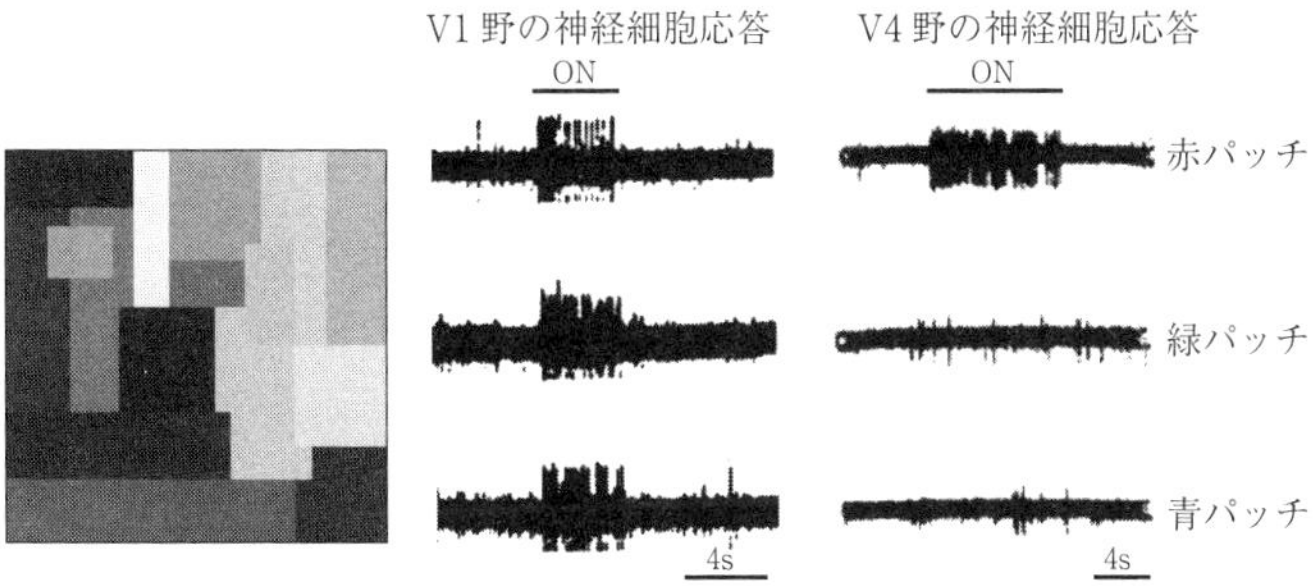

図　ゼキの実験（文献(4)より）．左：モンドリアン図形．中：V1野の細胞．この細胞の最も好む波長で刺激．右：V4野の細胞．刺激された波長は一定でもパッチの色によって応答が変化．

二　問題を解くために必要な拘束条件

2次元から3次元像を計算する

私達が、日常、何気なく行っている認識や運動等の情報処理では、多くの場面で一つの計算結果を得るための情報が不足しています。与えられた情報や手掛かりだけでは答えを一つに決めることができない問題を、不良設定問題と言います。一見、難しそうですが、私達はこういう問題の答えを、案外、楽に出しています。その一番身近な例が両眼立体視、つまり網膜像という2次元画像から3次元空間理解を得る問題です。

「いや、眼は二個あるから、それで立体が見えるんじゃないの？　何か難しいの？」とか、「結構、片眼でも遠近、わかるんだけど」と思う人も多いことでしょう。確かに、近くの物は大きく、遠くのものは小さく見える、いわゆる遠近法等、日常環境から得られる片眼の網膜像の中には、多くの3次元認識のための手掛かりが含まれています。

そのような単眼手掛かりを一切排除し、左右の像を何らかの方法で統合して初めて立体が見える図形の一つが、B・ジュレッツによる有名なランダムドット・ステレオグラムと呼ばれる図形です（図5・5）。右の図を右眼で、左の図を左眼で見て下さい。図形が浮かび上がって来ませんか？　浮かび上がった立体像は、私達の脳が自ら創り出したものと言えます。図形が浮かび上がるには、右眼で見た図形の中身と、左眼で見た図形の中身の間に、何らかの方法でうまく対応を取る必要があります。しかしながら、二つの図形のどことどこを対応付ければよいのかについては、直接的には何ら手掛かりは与えられていません。また、理論的にはどのような対応付けも可能です。答えを一つに決めることができないという意味で、ランダムドット・ステレオグラムの問題は不良設定問題です。

けれども、誰しも浮かび上がった図形を見ることができるということは、私達の脳の中にどう対応付ければよいかのルールが備わっていることを示しているのです。尤もらしい仮定、暗黙の仮定と言ってもいい。この尤もらしい暗黙のルールを、拘束条件と呼びます。一般に、不良設定問題を解くには、拘束条件が必要となります。

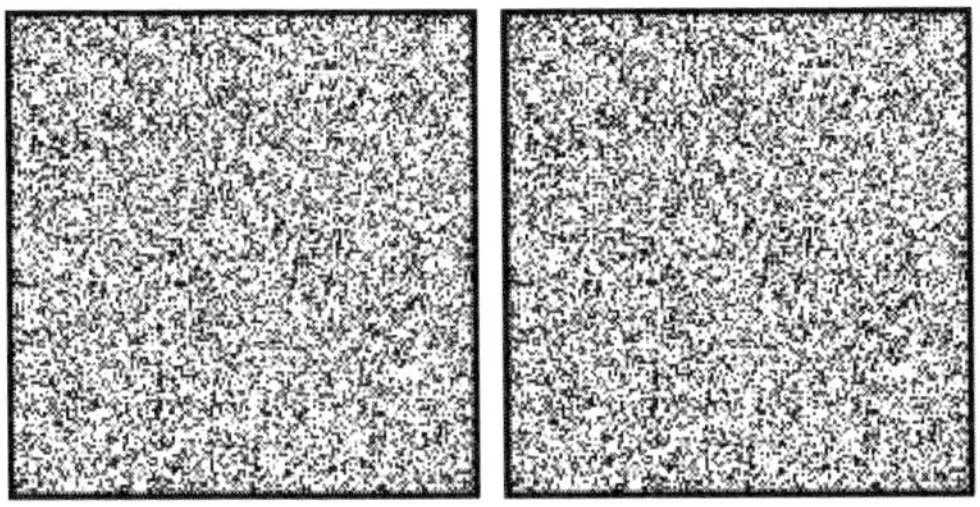

図 5.5 ランダムドット・ステレオグラム．片方の図形には一切立体の手掛かりはない．それぞれの図形を異なる眼で見て，初めて図形が現れる．

BOX　身近にある不良設定問題

身近には，不良設定問題，つまり環境から与えられた情報・条件だけでは，計算の答えを1つに決めることができない問題が，視覚の問題に限らずたくさんあります．

腕をある位置まで伸ばすという単純な動作ですら不良設定問題です（図）．目標位置までどういう軌道で腕を伸ばすかは，環境によってすべて決まるわけではありません．多くの場合，それは任意です．軌道が決まってもまだ各関節の角度に，関節の角度が決まってもまだ各筋肉への力の入れ方に，多くの任意性が残ります．この問題は，ベルンシュタイン問題と呼ばれます．

筆者が取り組んだ経路計画課題も，どういう経路でカーソルを動かすかは任意であったという意味で，不良設定問題でした．

夜飛び回るコウモリは，自ら発した超音波の跳ね返りを聴くことによって，3次元空間の構造や餌の位置や形を認識しています．それを2つしかない耳に入る音から計算しているという意味で，コウモリも不良設定問題を常に解いているのです．

皆さんも身近にある不良設定問題を探してみてはいかがでしょう．

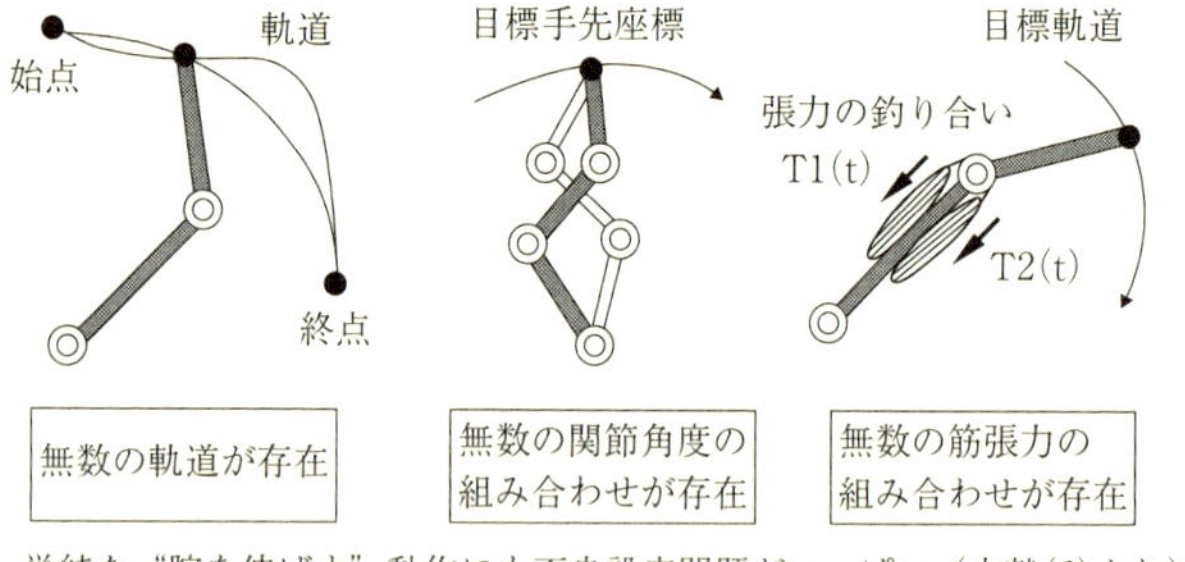

図　単純な“腕を伸ばす”動作にも不良設定問題がいっぱい（文献(6)より）．

BOX　文化を不良設定問題として理解する

文化というと，いかにも文系的な概念で，捉えどころがなく，科学的に理解するには程遠いもののように思われる方も多いことでしょう．筆者もそうでした．でも生物，特に人間が日々向き合っている問題には，不良設定問題，つまり外から与えられた情報や手掛かりだけでは答えや結論を1つに決めることができない問題が数多存在することを理解するようになると，脳がなぜ文化という無形のものを必要とするかを，脳科学的にも考えることができるようになります．

ちょっと単純化しすぎた例ですが，今，$X+Y=1$ という方程式において X と Y の値をどうしても決めなければならない状況を考えましょう．解を1つに定めるために必要なもう1つ方程式が与えられていないという意味で，これも不良設定問題です．ものなりの良い田園地帯の出身で，幼い頃より「人間，皆平等」と教わってきた人なら，何となく「$X=Y=0.5$ かなぁ」と考えるかもしれません．一方，殺伐とした旧炭鉱地帯の出身で，恐ろしげな兄貴分に「人間っちゅうもんは，生きるか死ぬかじゃ」と言われ続けた人なら，「$X=1$，$Y=0$ が $X=0$，$Y=1$ のどっちかやろか？」と思ってもおかしくないでしょう．

サッカーのワールドカップの楽しみの1つとして，チームの醸し出すお国柄を味わうことを挙げる方も少なくないでしょう．時々刻々状況の変わるサッカーの場面では，判断から運動制御に至るまで，不良設定問題がてんこ盛りです．当然，監督の戦術や選手としての個々の経験だけでは埋めきれない部分が出てくるでしょう．そこに，その国の国柄や文化がそ〜っと忍び込む余地が出てきます．

文化を，人間が不良設定問題を解くために必要な暗黙の仮定，意識しないルール，つまり拘束条件の1つと捉えると，文化を科学的に理解する1つの道が拓けるのです．

滑らか拘束条件

与えられた情報や手掛かりだけでは答えを一つに決めることができない不良設定問題を解くには、尤もらしい仮定、拘束条件が必要です。ランダムドット・ステレオグラムと呼ばれる図形を見て3次元像を得る問題は、そのわかりやすい例です。立体像を得るには、右眼像と左眼像を適切に対応付けねばなりませんが、どのように対応付けるべきかは与えられません。あくまで見る側が尤もらしい仮定、拘束条件を持つしかありません。

D・マーらは、滑らか拘束条件（と一対一対応拘束条件）を用いて、ランダムドット・ステレオグラムから立体像を得るアルゴリズムを提案しました。話を簡単にするため1次元ランダムドット・ステレオグラムを考えましょう（図5・6上）。右眼像の点と右眼像の点の対応付け方には多くの可能性があります。たとえば、中図のように対応付けられた場合、得られる立体面はでこぼこしたものです。確かに、身の回りには多くのでこぼこしたものがありますが、たいてい、あるまとまった面積の範囲では、ほぼ一定の奥行、つまり滑らかな面になっているのではないでしょうか。マーらはこの点に着目し、左右像対応の拘束条件として、左右の点が一対一に対応するという一対一対応拘束条件に加え、滑らか拘束条件、つまり得られた3次元像の隣り合う二点間の奥行変化はできるだけ小さくする、という日常体験から尤もらしい仮定を用いてランダムドット・ステレオグラムにおける不良設定問題を解きました（図5・6下）。

このような拘束条件がなぜよいかは、根拠のあることではないですが、日常体験と照らし合わせ

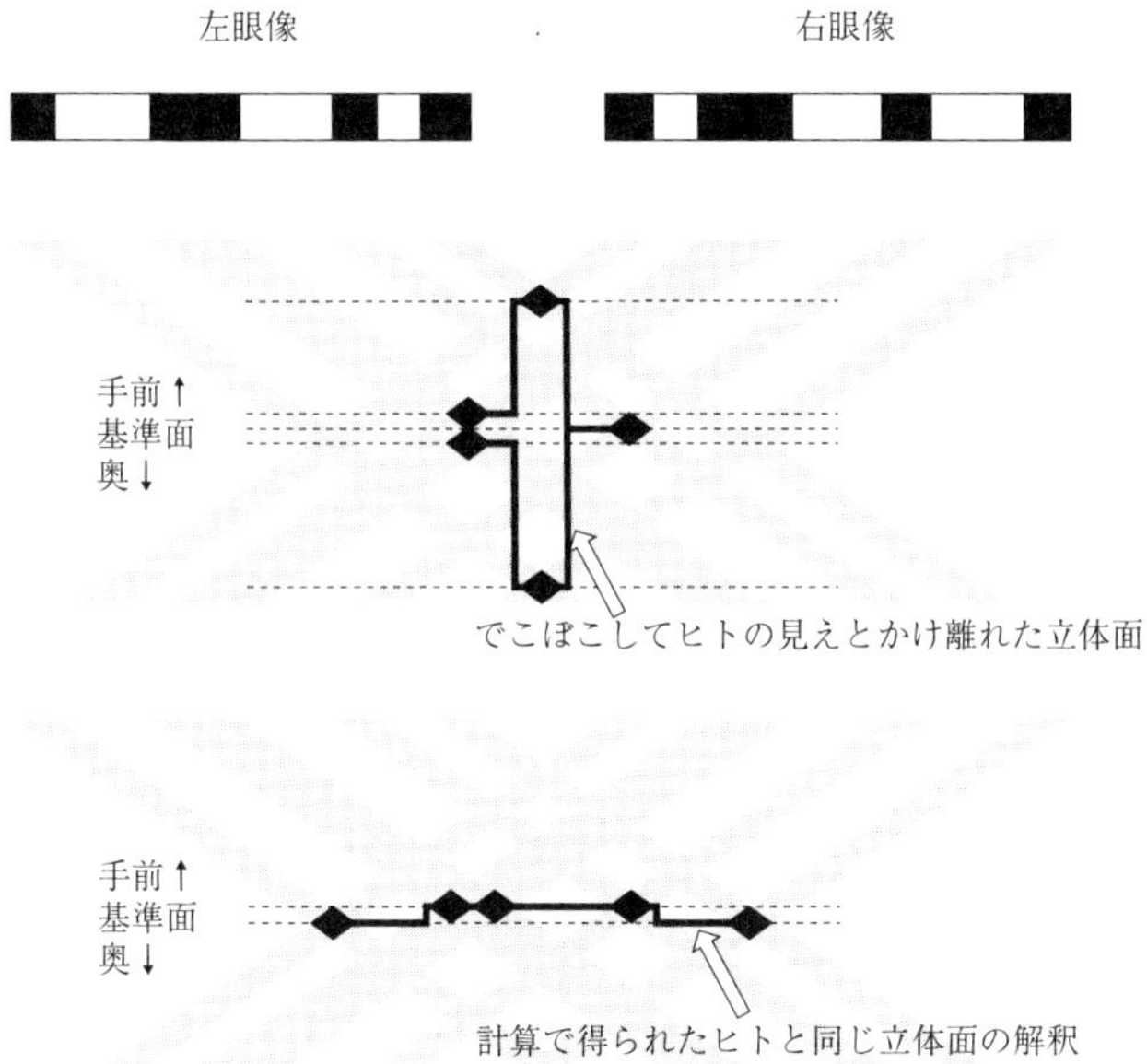

図 5.6 ランダムドットステレオグラムから3次元像を得るアルゴリズムの概要．上図：1次元ランダムドット・ステレオグラムの簡単な例．これでも立体が見える．中図：このような黒点（ひし形）の対応の仕方もありうる．すごく手前に1点，ずっと奥に1点等，でこぼこの3次元解釈．下図：マーの滑らか拘束条件に従った対応付け．隣り合う点の奥行変化が最小になるように対応付け．結果，基準面の手前に面が形成．ヒトの知覚と一致．

ても、決して悪い仮定ではありません。また、得られた3次元像もすっきり単純なものです。その点からも、悪くないと感じさせられます。このすっきりさ・単純さは、誰から教わったわけでもない尤もらしい仮定、暗黙の前提の持つ、重要な性質です。

創発と不良設定問題

本書は、脳の創造的な側面を、神経科学と複雑系科学の融合として捉えようと試みるものです。では、複雑系創発現象と、与えられた条件だけでは答えを決められない問題、つまり不良設定問題を解くことは、どう関わるのでしょうか？　佐藤直行博士と矢野雅文先生のランダムドット・ステレオグラム（以下、ＲＳ）における不良設定問題を解くモデルは、その好例です。

図５・７のようなＲＳは、どう見えますか？　おそらく、ドットから構成される面の奥に、もう一つドットから構成される面が透けて見えることとでしょう。これを多重奥行面の見えるＲＳと言います。マーの有名なアルゴリズムでは、デコボコに見えるという答えしか出せません。不良設定問題を解くには、暗黙の仮定としての拘束条件が必要ですが、マーのアルゴリズムが多重奥行面ＲＳの見えを再現できない原因は、滑らかな面を好むという拘束条件と、右眼像と左眼像の点と点の一対一対応拘束条件を一つの処理機構の中で用いたことにあります。佐藤博士らは、これら二つの処理を別の機構に分け、後者に複雑系特有の非線形振動子の引き込みを用いました（図５・８）。

心臓の拍動や機械の共振等、現実世界の多くの振動は非線形振動です。振動する単位を非線形振動子（以下、振動子）と呼びます。相互

図 5.7　多重奥行面の見えるランダムドット・ステレオグラム．

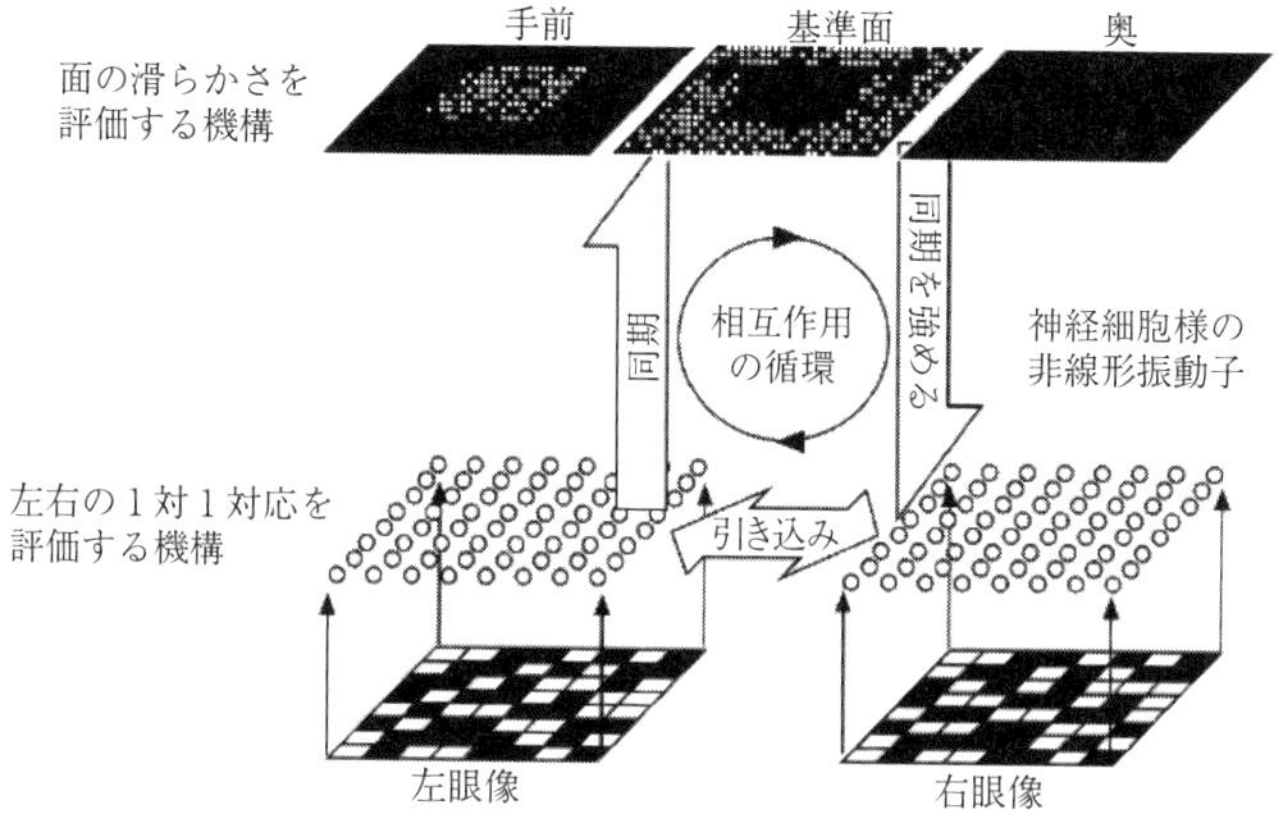

図 5.8　非線形振動子を用いた佐藤モデル（文献(9)より）．

作用する振動子には、引き込みと呼ばれる、ある条件で自然に同期する現象が知られています。佐藤博士らは、神経細胞の振る舞いを模した振動子を用い、右眼像と左眼像の点と点の一対一対応に振動子の引き込みを用いたのです。

左右の像の各点には一個の振動子が配置され、ある右眼像の点を担う振動子と左眼像のある点を担う振動子が同期した場合、その左右の点ペアに対応する奥行面の処理層に出力が送られます。その出力は同一奥行面の近隣の点を強めます。また、自らに出力を送った左右の振動子ペアの同期のしやすさを強めます。

ハードウェア実現のレベル（マーの第三のレベル）で非線形振動子を用いたことが、成功につながりました。特に、いったん一対一対応が取られるとそこから抜け出せないのではなく、振動子の性質を利用し、可能な対応付けを柔軟に行ったことが功を奏したのでした。

［参考文献］

（1）D・マー『ビジョン――視覚の計算理論と脳内表現』（乾・安藤訳）産業図書（一九八七）

（2）Land EH. The retinex theory of color vision. *Sci. Am.*, 237: 108–128（1977）

（3）Horn BKP. Determining lightness from an image. *Comput. Graphics Image Processing*, 3: 277–299（1974）

（4）Zeki S. Color coding in the cerebral cortex: the reaction of cells in monkey visual cortex to wavelengths and colors. *Neurosci.*, 9: 741–765（1983）

（5）Julesz B. Binocular depth perception of computer generated patterns. *Bell Syst. Tech. J.*, 39: 1125–1162（1960）

（6）川人光男『脳の計算理論』産業図書（一九九六）

（7）Matsuo M, Tani J, Yano M. A model of echolocation of multiple targets in 3D space from a single emission. *J. Acoust. Soc. Am.*, 110: 607–624（2001）

（8）Marr D, Poggio T. Cooperative computation of stereo disparity. *Science*, 194: 283–287（1976）

（9）Sato N, Yano M. A model of binocular stereopsis including a global consistency constraint. *Biol. Cybern.*, 82: 357–371（2000）

第六章　暗黙の仮定を創る――仮設生成と脳の配線

脳の働きは、脳をただ単に詳細に調べたり、一見リアルな大規模理論モデルを構築したりするだけではわかりません。たとえば立体視の場合、立体像を見るということは具体的には何を計算していることになるのか、その計算結果を得るにはどうすればいいのか、実際の脳でどう実現されているのかを考えねばなりません。問題を更に難しくしているのは、目的とする計算を行うために脳が得ることができる情報が少ないということです。両眼立体視の場合、右眼像と左眼像のどことどこを対応付ければ良いのかは環境からは与えられておらず、脳の側に拘束条件と呼ばれる何らかのもっともらしい仮定が必要です。両眼立体視の場合、およそ、得られる立体像がなるべく滑らかになるように左右像を対応させるといったルールが良さそうです。けれども脳が真に自律的なら、その拘束条件さえも自ら創り出す必要があります。あたかも社会で、法律を作りながら、それに基づき行政が行われるように。同様のことは、立体視等の基本処理でもなされているはずです。しかしながら、拘束条件を自ら創る機構を解明することは容易ではありません。それどころか、有史以来、人類が悩み続けた最大の問題の一つであると言っても過言ではありません。このような大問題に対し答えが出ていようはずもないですが、筆者らがこの問題にどのように向き合ったかを整理しておくことは、決して無駄ではないでしょう。

一　創られる必要がある拘束条件

答えは状況により変化する①

図6・1の絵はどう見えるでしょうか？　左側の突起物を耳と見なすならウサギが右を向いているように見えるでしょうし、嘴と見なすならカモ等の鳥に見えるでしょう。もちろん、人によりどちらの見えが優勢かは異なるでしょうが、誰でもどちらかに見ようと思えば見える、つまり答えの出し方は任意です。したがって、どう見えるかという問いに対する答えは、「状況によって変わってくる」ということになるでしょう。

もし、図6・1の絵の周囲に草原が書いてあればウサギと判断するでしょうし、周囲が池ならばカモと見なすでしょう。つまりこの場合、絵のおかれた状況・文脈、具体的には、周囲とどう連続性／整合性を取るかによって答えの出し方が変わってくると考えられます。

図 6.1　ウサギか？　カモか？

今度は図6・2を見てください。いちばん右のカードには星が三つ書いてありますが、これと同じものは、左に並べられた四枚のうち、どれでしょうか？　これも、答えは「状況・文脈によって変わってくる」のです。つまり、形合わせなら左から二番目ですし、数合わせなら右から二番目です。

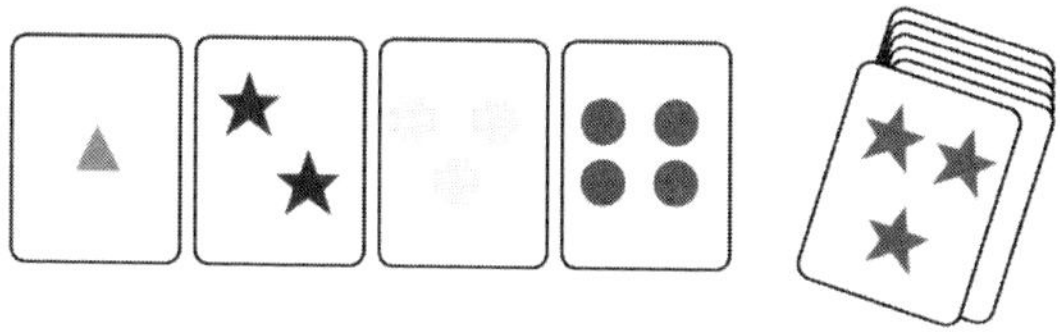

図6.2　ウィスコンシン・カード・ソーティング・テスト.

これは、ウィスコンシン・カード・ソーティング・テストと呼ばれる、前頭葉障害をよく検出する有名な検査です。実験者は被験者に知らせずルール（たとえば色合わせで正誤を決める）を採用します。被験者には、図6・2に示したように、あるカードが他に提示したどのカードと同じか？と問うのみで、被験者は知らされた正解か不正解かのみを通じて、今、何合わせのルールかを推定しなければなりません。しばらく同じルールでテストを行った後、実験者は被験者に知らせずルールを変更しますが、前頭葉に障害のある患者はルールの切り替えにうまく対応できません。

このテストは、一回のテストで提示されたカードからは答えを一つに決められないという意味では、本書でこれまで論じてきた不良設定問題の一つと言えます。答えの出し方、ルール、これまでの議論でいうところの判断の拘束条件は、文脈により変わります。過去のテスト結果を整合的かつ単純に理解するルール／拘束条件を、被験者は自ら発見・創り出さなければならないのです。

答えは状況により変化する②

運動視に回転車輪問題と呼ばれる問題があります。図6・3の上段、つまり見えない仮想的な車輪上に光点が一個配置された場合、その仮想的な車輪が転がると光点のサイクロイド運動が知覚されます。では、仮想車輪に光点が二個配置された場合、どうでしょう?

図6・3中段のように仮想車輪の両端に光点が配置された場合、二個のサイクロイド運動は独立に知覚されず、二光点の動きは体制化され、見えないはずの車輪が二光点の中点を軸に回転しながら並進している印象を受けます。一方、図6・3下段のように、一点は車輪上に、もう一点が車輪中心に配置された場合、中点ではなく後者が回転の軸になり、前者がその周囲を回転しているように知覚されます。この現象では、見えの任意性は極めて低い、つまり誰しもそうとしか知覚できません。

この回転車輪問題は、提示された図形からは見えが一意に決まらないという意味で不良設定問題です。脳が容易にこの問題を解いているからには、拘束条件、この場合、光点を体制化するルールが脳内で働いているはずです。具体的には、仮想車輪の中心のような全体の動きを代表する点(以下、代表点)の運動としての共通運動と、光点が代表点の周りを回っているという相対運動の二つが、どう分解されているかのルールが必要です。

カッティングとプロフィットは、この運動分解のルールとして、共通運動の変化が最小となるように代表点が決まり相対運動は光点の物理的運動から共通運動を差し引いたものとして知覚される

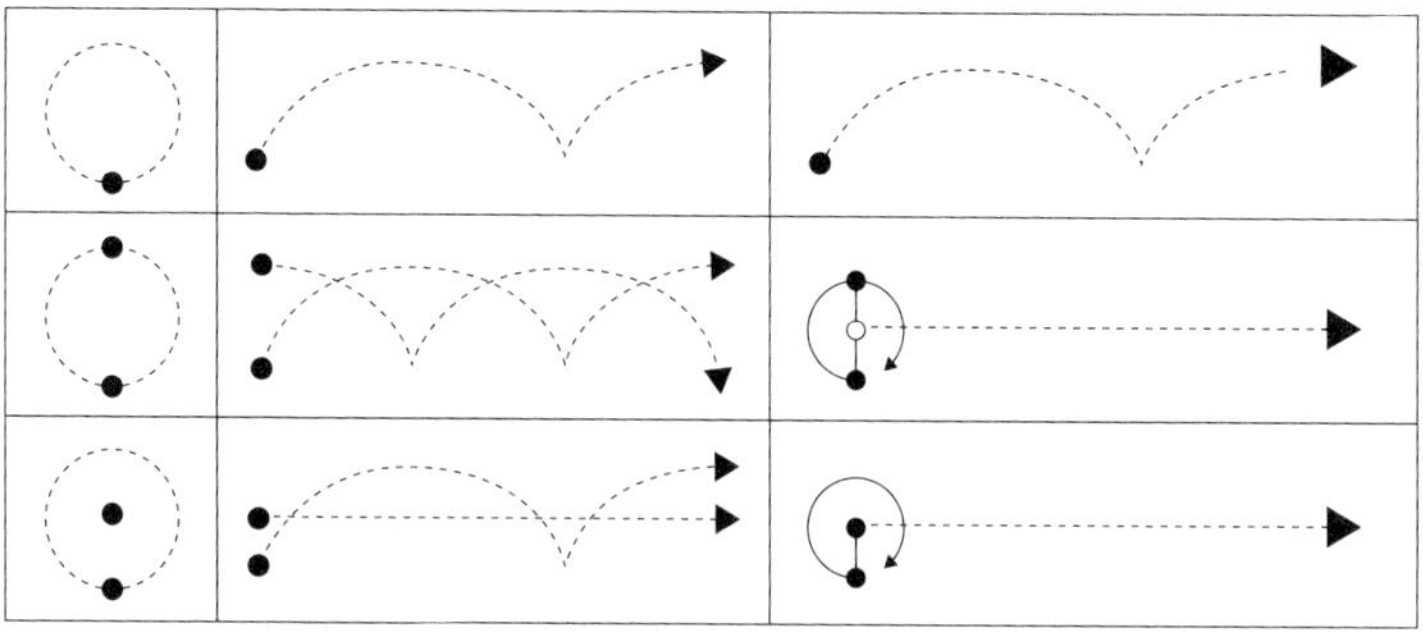

図 6.3　回転車輪問題．左：仮想的な車輪（破線）上に配置された光点（黒）．中：仮想車輪が回転した場合の各光点の軌跡．右：知覚される運動．点線が共通運動，実線が相対運動．

という共通運動最小化ルールと、代表点の周囲を回る各光点の相対的な運動ベクトルの和が最小となるように代表点が決まるという相対運動最小化ルールが併存するとしました。更に、どちらのルールが用いられるかは二光点の仮想車輪上での配置に依存する、つまり、図6・3下段の場合には共通運動最小化ルールが、図6・3中段等それ以外の場合には相対運動最小化ルールが働くとしました。要するに、拘束条件が状況により変わるということなのです。

しかし、このままでは機械等で実行できる計算モデルは構築できません。共通運動・相対運動分解が代表点に依存して決まるということは、代表点ないしはルールを決めながら運動分解をするということだからです。つまり、どのルールがふさわしいか都合がよいかを判断する一つ上のルールを明らかにする必要があるのです。

拘束条件を創りながら問題を解く

私達の脳が日々解かねばならない問題には、その場で外界から与えられた手掛かりのみでは答えが出ない、いわゆる不良設定問題がたくさんあります。そのような問題を解くには、暗黙の仮定としての拘束条件が必要です。しかも任意であろうとなかろうと、つまり意識の力で自在にできようとできまいと（これ自体、重要かつ興味深い問題ですが）、拘束条件は状況により変わりえます。それが、ここまで述べてきたことでした。

このことは、状況に応じて拘束条件を決める機構が存在することを強く示唆しています。もちろん、顔認識における些細な視覚手掛かりの配置を顔に見立てようとする生得的で状況の変化に対し頑強な拘束条件のようなものも少なからず存在します（心霊写真はまさにこの問題です）。しかしながら、創造性の脳内機構を真に追究するならば、与えられた拘束条件のもとで時空間パタンを生成する単なる複雑系・自己組織系と違い、拘束条件すら脳は創り出さねばならないのではないでしょうか？　むしろ、その能力こそが、時々刻々変化する外界に柔軟に対応する上で重要なのではないでしょうか？　あたかも、時代の変化に合わせて、マニュアルというルール・拘束条件を常に更新しつつ日々の業務をこなしている組織がたくさんあるように。

この拘束条件の生成の問題こそ大問題です。以下、その機構、実装法について、筆者の考える一つの方向性を示していきます。

さまざまに呼ばれる「拘束条件」

答えを一意に決めることができない不良設定問題を解くのに必要な暗黙の仮定、暗黙の前提としての拘束条件という言葉は、その他いくつかの重要な言葉と、用いられる場面やニュアンスこそ違え、本質的な共通性があります。それらの共通性は後ほど理解してもらうとして、本書に関連する範囲をいくつか列挙しておきます。

拘束条件は暗黙の仮定なのだから、仮説と言ってもいいかもしれません。仮に設けると書き、仮設としたほうが、不良設定問題を解くのにその場で生成した印象がより強いでしょう。

筆者の恩師・清水博先生は、西田幾多郎哲学の用語である場や場所という言葉を用います。もちろん今現在、より深遠な議論をなさっていますが、先生がそれらの言葉を用いられるようになったのは、紛れもなく拘束条件の生成を考え始めたときでした。

概念やカテゴリがそうだと言われても、ピンとこないかもしれませんが、拘束条件がランダムドット・ステレオグラムの点をまとめて面にするように、この世界を構成するさまざまなもののごとのうちある一団をひとまとめにするという点で非常に似ています。個々の事物が属する確率が論じられるような場合には、事前確率という言葉が用いられる場合があります。

以上、かなり独断的かつ乱暴に一括りにしてしまいましたが、本書では、以下、特別な場合を除き、ここまで拘束条件と呼んできたものを仮設、その生成を仮設生成で統一します。

二　思考の型と仮設

思考の型①――演繹

我々の思考の仕方にはいくつかタイプがあります。第一に挙げるべきは、演繹でしょう。少し、荒っぽいですが、演繹では、以下のような形式で思考します。いわゆる三段論法はこれです。

（1）pという性質は、元来、集団Mに属するものすべてが持つ
（2）標本Sに属するものは、すべて集団Mに属する
（3）よって、pという性質は、標本Sに属するものすべてが持つ

（1）は大前提です。暗黙の仮定、仮設と言ってもいい。たとえば、万有引力の法則、つまり万有引力という性質はすべての物体が持つ、といったものです。（2）は小前提です。たとえば、地球もリンゴも物体である（に属する）、といったものです。標本とは、具体的に観察できる有限個のものやことです。（1）と（2）が正しいとすると、当然、結論（3）が得られます。たとえば、「（万有引力の法則が正しい以上）地球とリンゴは引き合う、つまりリンゴは地面に落下するに違いない」という結論が得られます。

思考の型②――帰納

二番目に挙げるべきは、帰納でしょう。帰納では、

（1）pという性質は、元来、集団Mに属するものすべてが持つ（と思われる）

（2）pという性質は、集団Mに属しているはずの標本Sに属するものすべてが持っていた

（3）よって、pという性質は、集団Mに属するものすべてが持つのは確からしい

となります。注意してほしいのは、ここでも（1）大前提、たとえば、つまり万有引力という性質はすべての物体が持つ、という暗黙の仮定が必要だということです。その上で、（2）、つまり具体的に観察できる有限個のものやことが、大前提が正しければ当然持つであろうpという性質を持つことを認めます。たとえば、万有引力の法則が正しければ当然生じるであろう、リンゴに限らず他の物体も落下するという事象を、事実として受け入れるのです。その結果、（3）、大前提は確からしい、という結論を得ます。たとえば、「観察できる個数は有限個ながら、物体がどれも落下するし、惑星が太陽の周りを公転する以上、万有引力の法則は確からしい」と考えるわけです。

繰り返しになりますが、帰納でも、大前提は予め仮に設定されており、それ自身はどこから出てくるかはここでは不問に付されていることを強調しておきたいと思います。

思考の型③——仮設生成（アブダクション）

演繹、帰納に対し、アメリカの哲学者、C・S・パースが提唱した第三の思考の型は、仮設生成ないしはアブダクションと呼ばれます。これは、発見の論理学とも言えるもので、大前提、暗黙の仮定としての仮設を生みだす思考の型です。

（1）集団Mに属する標本Sのすべてから（驚くべき事実）Cが観測された
（2）（しかしながら）pという性質を集団Mに属するものすべてが持つなら、標本Sのすべてから C が観測されたのは起きるべくして起きる事実である
（3）（したがって）pという性質は集団Mに属するものすべてが持つ（と考える理由がある）

となるでしょうか。（1）は、リンゴが落下するという事象や、惑星が太陽の周りを公転するという事象を（驚きをもって）認めるということです。（2）は、もしすべての物体が引き合うという性質を持つなら、当然リンゴは落下するだろうし、惑星は太陽の周りを回るだろうということです。だから、（3）引き合うという性質はすべての物体に当てはまる法則と呼んで良いだろう、となります。けれども、（1）と（2）からは、（3）は作れません。そもそも（2）は既に「大前提」を前提としているからです。すべての物体が落下するなら、万有引力の法則は確からしいでしょうが、万有引力の法則には飛躍があります。物体が落下する、惑星が太陽の周りを回るからといって「す

べての物体が引き合う」とするのは、考えてみると、いささか言い過ぎの感があります。しかし単純な法則ながら、それがさまざまな事象をすっきり説明してしまうわけです。確かに、（2）と（3）は似ていますし、パース自身もかなり混乱したそうですが、明らかに違います。（2）は、科学実験における仮説の検証のごとく、前提の尤もらしさについてのものですが、（3）は、実験事実から次の科学的な仮説を思いつくように、前提そのものを創り出すことなのです。

仮説生成は、このように暗黙の仮定を創るという点で、与えられた条件だけでは答えを一意に決定できない不良設定問題を解くのに必要な拘束条件そのものを創ることと同じであると言えます。よって拘束条件生成の問題を、以下では仮設生成と呼び、議論していくこととします。

さて、ニュートンの万有引力の法則を思いつくなどと言ってしまうと、仮設生成は人類史上でめったにあることではない大発見の過程で、我々の日常とはあまり縁のないもののように思う読者もいるかと思いますが、そんなことはありません。最終章で詳しく述べますが、たとえば部分的にしか見えない見慣れないものを大筋で正しく推測する、つまりその物体についての仮設を生成する、といった現在のパタン認識マシンでは困難な芸当を、誰しも日々いとも簡単に行うことができているのです。

確率的パタン認識と思考型

演繹、帰納、仮設生成という思考の型を見てきましたが、現実世界には不確かさが伴うので、これらと確率的なパタン認識の議論、つまり、ある事象xが観測されたときそれがカテゴリMに属するかどうかを確率的に判断せねばならない場合との対応を確認しておきましょう。たとえば、あるサイズxの魚を見たとき、それがヤマメかどうかを判断せねばならないような場合です。

あるカテゴリMとある観測xが得られる確率、たとえば、そのポイントにヤマメがいて、かつ、それを釣ることができる確率は、$p(M, x)$と書き表すことができますが、このとき、確率の分解の仕方には以下の二通りがあります。

$$p(M, x) = p(x)p(M|x) = p(M)p(x|M)$$

最初の式の$p(x)$は、サイズxの魚が釣れる確率です。たとえば、50センチメートルの魚が釣れる確率です。一方、$p(M|x)$は、観測xを得たとき、それがカテゴリMに属す確率で、事後確率と呼ばれます。50センチメートルの魚がヤマメである確率は極めて低いです。一方、二番目の式は、事前確率$p(M)$と、Mであるときxが観測される確率（条件付き確率または尤度）$p(x|M)$との積になっています。

思考の型との対応を考えるため、便宜上、すべての確率を1としましょう。

演繹は、$p(M)$と$p(M|x)$から$p(x|M)$を得る作業に対応するでしょう。たとえば大前提（1）は、そのポイントにはヤマメが確実にいるし、それしかいない（事前確率$p(M)$は1）という無

根拠な確信です。小前提（2）は、xセンチメートルの魚がいた場合、それは確実にヤマメである（事後確率$p(M|x)$も1）となります。よって結論（3）は、xセンチメートルのヤマメが今釣れて続けている（つまり$p(x)$は1）以上、ヤマメがいるならそのサイズは常にそれはxセンチメートルである（生じやすさとしての尤度$p(x|M)$は1である）とできるわけです。

有名なベイズの公式は、先ほどの式を変形して、$p(M|x) = p(x|M)p(M) / p(x)$と書くことができますが、これは帰納に対応するでしょう。ヤマメをよく知らない人が、（1）そのポイントにヤマメは確実に存在するという無根拠な確信（事前確率$p(M)$は1）をもって、そのポイントにキャスティングしたところ、（2）何回キャストしてもヤマメの標準サイズと呼ばれるxセンチメートルの魚が釣れる（つまり$p(x)$も$p(x|M)$も1）。となると、（3）やっぱりそのポイントにはヤマメしかいない（事後確率$p(M|x)$も1）と確信を深めるのです。

一方、事前確率$p(M)$はどう得ればよいか甚だ不明です。教科書の説明によりますと、事前確率とは、たとえば、「ヤマメとイワナがそれぞれどのくらい釣れそうかという先験的知識を反映する」「それは季節やポイントの選択に依存する（一部改変）」とありますが、とても曖昧です。根拠はないけど、それがないと何も始まらない。その意味で事前確率は、まさに仮設と言えます。

仮設に備わるいくつかの性質

思考や問題を解くのに必要な暗黙の仮定としての仮設を生成するのは、どう実現すればよいのか皆目わからないという状態ですが、仮設にはいくつかの備えるべき性質があります。渡辺慧は、

（1）仮設自体、直接には観測できない
（2）不完全な情報より得られる
（3）仮設があるといろいろと予測が可能
（4）仮設自体は単純で美しくなければならない

ということを挙げています。

先に挙げた万有引力の法則は、まさにこれに当てはまります。万有引力の法則自体は直接観測できません（1）。望遠鏡で夜空を眺めてもどこかに「万有引力の法則」が書いてあるわけではありません。また、ニュートンは、この世の森羅万象を観察し終えてから万有引力の法則に至ったわけではないという意味では、万有引力の法則は不完全な情報より得られた（2）と言えます。しかしながら、万有引力の法則を含む古典力学は現在でも大変有用で、さまざまな予測をもたらします（3）。また多くの現象を説明しながら、法則自体はきわめて単純で数学的な美しさを備えています（4）。

このように暗黙の仮定としての仮設の性質を明確に意識すると、概念やカテゴリというものも、仮設と言ってよいことが理解できます。たとえば、魚屋に図6・4のような魚があったとき、上がスズキで下がサケであることは容易にわかるでしょう。しかしながら、我々が目にしているのは、あくまでこれら銀色の魚という個物です。サケやスズキという概念自体を直接観測できているわけではありません（1）。そうかと言って、サケやスズキという概念を得るのにこの世のすべてのサケやスズキを観察する必要はありません。その意味で、サケやスズキという概念は不完全な情報より得られた（2）と言えます。しかしながら、その概念やそれに伴う経験や知識を用いれば、たとえばサケの場合、「切ってみると身はピンクだろうなあ」等といろんな予測ができます（3）。また、「サケ」と短く単純に一言言いさえすれば、他者とそれについて便利に情報を交換することができます（4）。いちいち、「秋になったら川に遡上して来る身がピンクで皮が銀色の魚」等と述べる必要はないのです。

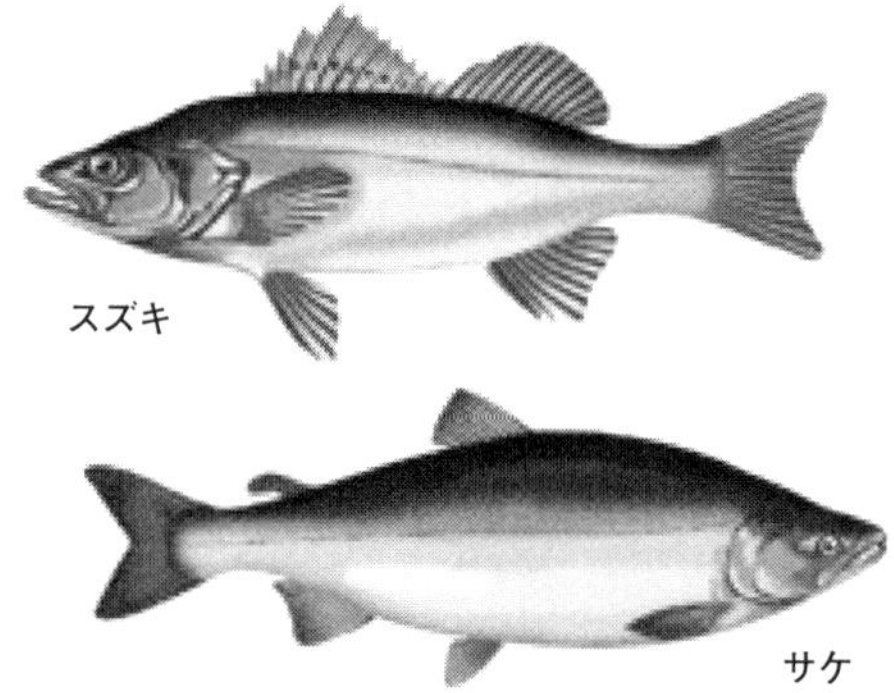

図 6.4　似たようなサイズの銀色の魚（http://www.homemate.co.jp/useful/fishing_zukan/seasons/）.

仮設は外からは与えられない

仮設、つまり、さまざまな個物を一括りにする概念・カテゴリや、右眼像のある点と左眼像のある点を一括りに対応させ立体像を浮かび上がらせる拘束条件や、リンゴの落下から惑星の公転までさまざまな現象を一括して説明する物理法則等は、外界からは与えられないことを証明した定理が、渡辺慧の醜いアヒルの子の定理です。

通常、似ているとされる二つの個物は、共通する特徴、つまり共に一括りにされるカテゴリを数多く持ちます。たとえば一卵性の双子は、見た目から行動まで数多くの共通性があります。ただ、どんなに似ていようと、体は別々ですから、向かって右側にいるか左側にいるか等で区別できるという点には気をつけねばなりません。

図6・5の三羽の鳥を見てください。右側の二羽がアヒルで左側が白鳥の雛です。アンデルセンの童話では、白鳥の雛は他と似ていないことでいじめられました。しかしながら、一羽の白鳥の雛と一羽のアヒルを区別するカテゴリの数と、二羽のアヒルを区別するカテゴリの数は同じ、つまり類似度は形式的にはまったく同じである、これが醜いアヒルの子の定理です。

簡単のため、カテゴリは二つに限定しましょう。一つはいじめの原因になった「羽が灰色」、これをAとしましょう。もう一つは「向かって右側」、これをBとします。二羽のアヒルは存在として区別できるのですから、こういうカテゴリだってあってよいです。

鳥の下にある囲みを見てください。囲みはカテゴリを意味しています。二羽のアヒルを一括りにするカテゴリは、領域a_2とa_4の和集合（領域a_2と領域a_4を合わせた領域）、a_2とa_4とa_1の和集合、a_2とa_4とa_3の和集合、a_2とa_4とa_1とa_3の和集合（つまり全集合U）の四つです。一方、アヒルと白鳥の雛はどうでしょう。アヒル①と白鳥の雛を一括りにするカテゴリは、a_2とa_3の和集合、a_2とa_3とa_1の和集合、a_2とa_3とa_4の和集合、全集合の四つ、アヒル②と白鳥の雛の場合も（省略しますが）四つです。つまり類似度、すなわち区別するカテゴリの数において、白鳥の雛はアヒルとまったく同じなのです。

　このことは、述語が増えて下図のような線で囲われた領域の数がn個の場合も同様です。つまり、どんな二つのものも、それが何らかの区別がなされている以上、その二つを一括りにするカテゴリの数は2^{n-2}と一定になるのです。この定理の提案者・渡辺慧は、定理はカテゴリの実在性を根底から否定するものだと断じます。さまざまな個物や個々の現象を一括りにする仮説は、決して外界からは与えられない、あくまで外界を見る私達側の都合により、私達が創ったものなのです。

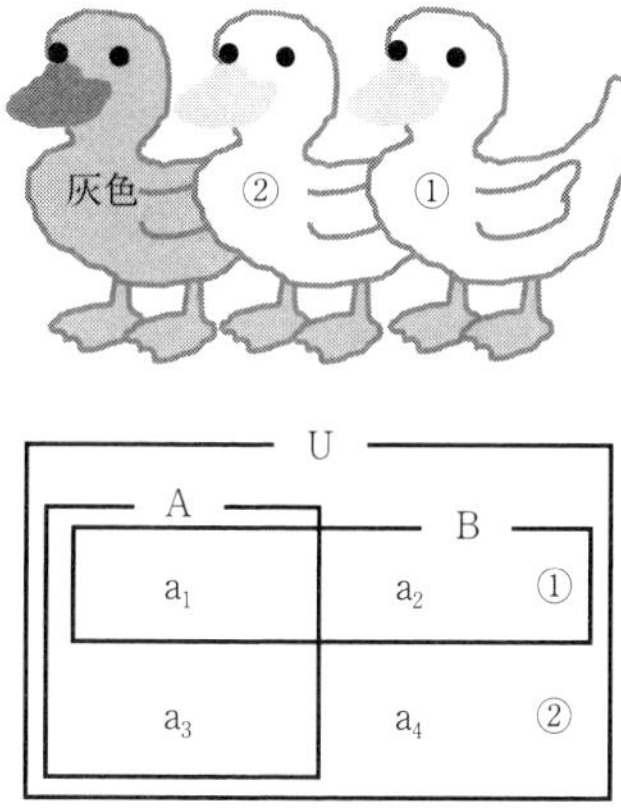

図 6.5　醜いアヒルの子の定理.

三　仮設生成――配線で投票する

精緻な構造を持つ脳の配線

一個の神経細胞は、他の多くの神経細胞から入力を受け（収束）、多くの細胞に出力を送ります（拡散）。脳の神経回路は、神経細胞の配線（投射）の拡散・収束構造により成り立っているのです。その配線構造は、極めて複雑な構造であり、また実験的に調べる方法もまだまだ限られているため、ある脳の領野（大脳皮質等の機能的にまとまった部分）や神経核（神経細胞が塊状に集まったところ）が、どのような配線構造を持っているか、つまり配線に何か規則性があるのかや、配線によってどのような計算がなされているのかについては、まだまだ多くのことがわかっていません。そのような何も指針や方針のない状況で神経回路をモデル化しようとすると、ある神経細胞群と別の神経細胞群の間に恣意性がなく理論化しやすい配線、つまりランダムな配線、ないしはその対極で、全結合を仮定するといったことについついなってしまいます。

しかしながら、次のＢＯＸに示したように、大脳皮質で最もよく調べられてきた第一次視覚野（Ｖ１野）の機能構造を見ると、とてもランダム結合や全結合といったあまり意味のなさそうな配線構造をとっているとは思えません。また、このような構造がＶ１野に特別なものとは思えません。脳は、その精緻な配線構造により、洗練された計算を行っていると考えられます。

BOX　視覚野のカラム構造

本書でしばしば登場する大脳皮質の第一次視覚野（V1 野）は，網膜に映った視覚情報の大脳皮質への入り口と言っても過言ではありません．それと，大脳皮質の後頭葉の表面に広がっている部分が多い，つまり，比較的実験しやすい位置にある，という 2 つの理由で，大脳皮質で最も調べられている場所（領野）の 1 つです．

調べ方はさまざまです．たとえば左図は，片眼のみに視覚刺激を与え続けた直後に脳標本を取り出し特殊な方法で染めたものです．大脳皮質は細胞の分布から 6 層の水平構造をしていることが知られていますが，この染色で推定されることは，右眼と左眼の情報は層構造に垂直に規則正しく櫛状に入力・処理されているということです．このような大脳皮質の縦方向にまとまったある機能単位をカラム構造と呼びます．

V1 野の細胞は，受容野と呼ばれる空間範囲に提示された特定の向きの線分刺激に応答することが知られていますが，その分布もまた垂直方向に似た性質のものが集まっていると考えられています．

これらをまとめると右図のような機能構造模型が考えられます．このような精緻な構造は，神経回路間の精緻な配線構造により成り立っていると考えられます．

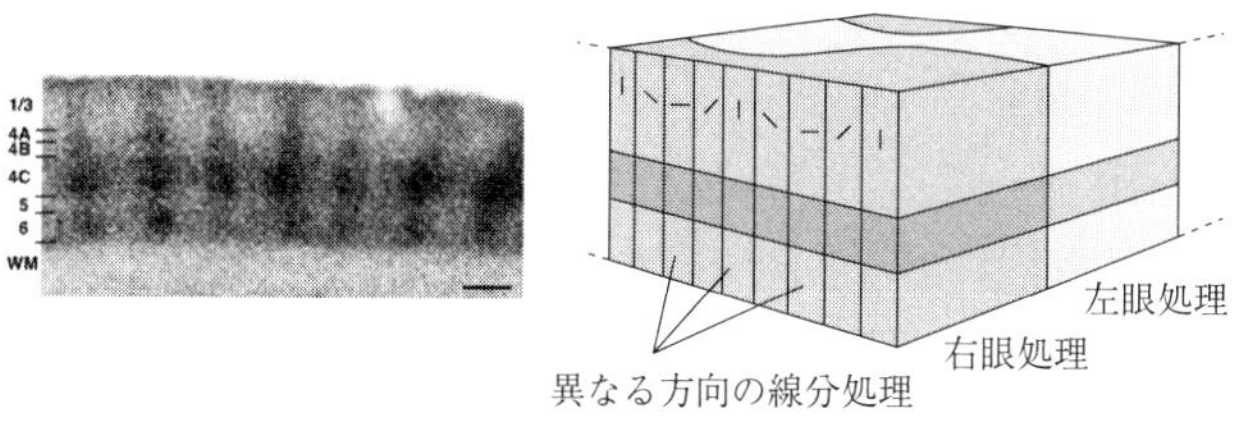

図　左：2-deoxy-glucose 染色によるサル V1 野の眼優位性カラム構造（文献(7)より）．左の数字は，大脳皮質の層の番号．WM は白質．右：V1 野のカラム構造の模型（文献(8)より）．層構造の垂直方向に 1 つの機能ユニットがあると考えられている．

配線の計算能力

神経回路モデルにもいろいろありますが、特定の計算機能の実現を目的とせず、むしろ回路そのものが持つ性質を調べようとする場合、細胞間の配線はランダムや全結合等、理論化しやすいものを仮定することが多いです。しかしながら実際の神経回路は、常に何らかの計算をしているはずですし、配線はその計算目的を達成するのに資する必要があります。それどころか、たとえば大脳皮質の神経細胞には、背後に極めて高度な情報変換をする配線があるとしか思えない、前段階の神経細胞応答からは想像し難いほど複雑な応答を示すものが存在します。

たとえば、筒井健一郎博士らの発見した頭頂葉のＣＩＰ野と呼ばれる視覚関連の領野には、面の３次元方位（面がどの方向に傾いているか）を符号化する細胞があります。この細胞は驚くことに、両眼視差（右眼像と左眼像のずれ）のみならず単眼性の遠近法手掛かり（片眼で見た像でも遠いものは小さく近いものは大きく見えること）から推定される面方位にも強い応答を示します（図６・６）。しかしながらＣＩＰ野への主な投射元で、視覚処理において前段階を担うと考えられるＶ３Ａ野と呼ばれる領野には、今のところ、このような複雑な細胞応答は報告されていません。両眼視差に応答する細胞は存在するものの、単眼刺激に対する応答では方位選択性、つまり受容野（神経細胞が応答する視野中の範囲）に提示された特定方位の線分等へ応答する神経細胞が多く存在するといった報告がなされているにとどまっています。

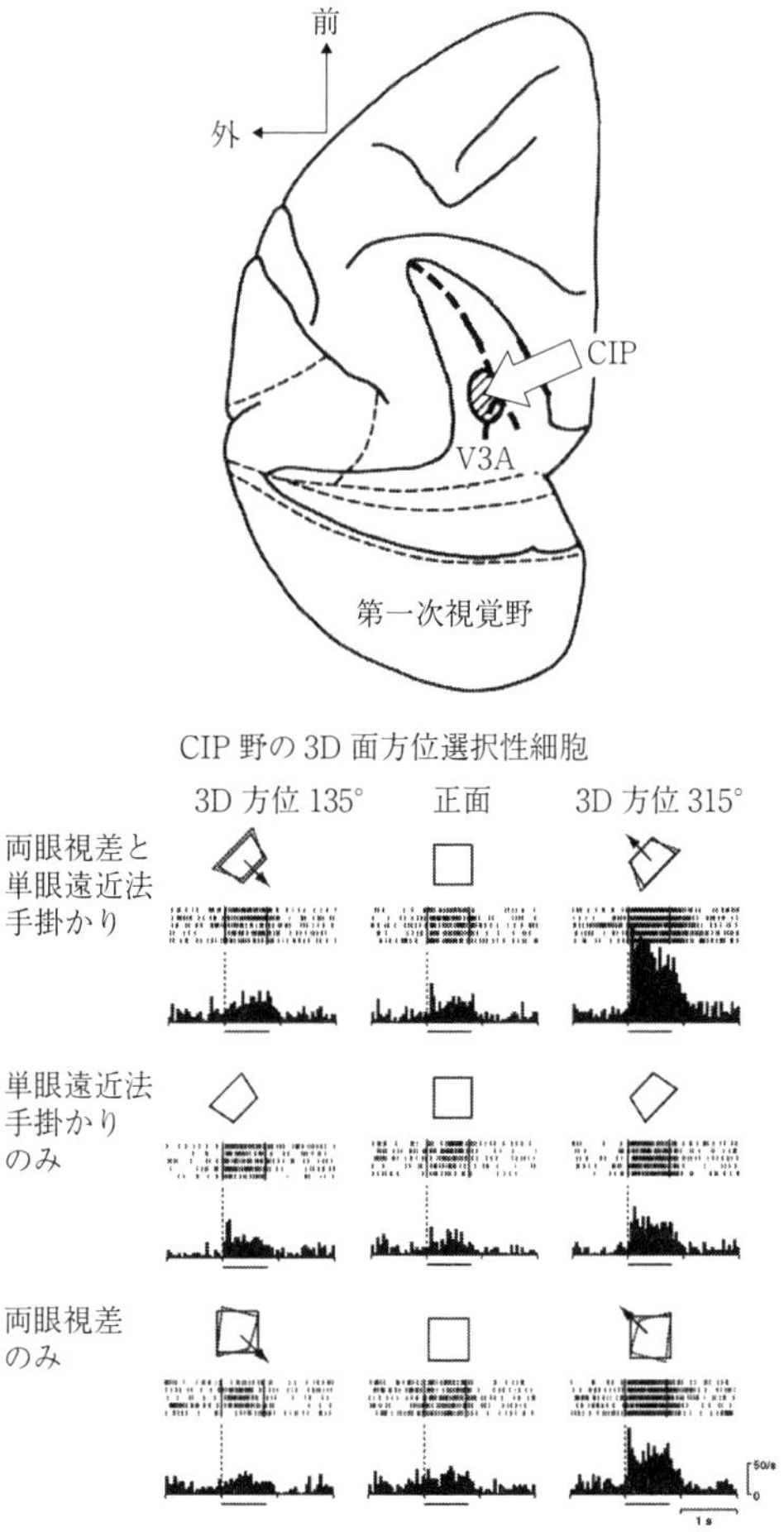

図 6.6 CIP 野の位置（上）と CIP 野神経細胞の面の 3 次元方位に対する応答（下）（文献(9)より）．上：サル大脳皮質を上から見た絵．ただし頭頂間溝と月状溝を開いてある．下：細胞は，315° 方向の 3 次元面方位に対してよく応答．両眼視差と単眼遠近法手掛かりの両方が刺激に含まれていると最も応答するが，それぞれの手掛かり単独でも応答する．

ハフ変換——パラメータ空間への投票

神経の配線構造は決してランダムなものではなく、むしろ、パラメータ空間への投票と呼ばれる幾何学的変換であると見なすことで、川上進博士らのグループは動く物体を検出する神経回路モデルを構築しました。そのモデルの核の一つである、ハフ変換と呼ばれる直線検出法を例に、パラメータ空間への投票を説明しましょう。

ハフ変換は、途切れた直線の検出を容易にします。ニュートリノ等の粒子を観測するための泡箱と呼ばれる装置の中の粒子の軌跡を自動検出するのに用いられたのが最初のようです。

画像中の点Aを x- y座標（デカルト座標）を用いて（x_A, y_A）と表すことにしましょう。点Aを通る直線に原点から垂線を下ろし、その長さをρ_A、角度をθ_Aとします（図6・7左）。そのとき、（ρ_A, θ_A）と（x_A, y_A）には、

$$\rho_A = x_A \sin\theta_A + y_A \cos\theta_A$$

という関係が成り立ちます。

もちろん、点Aを通る直線は無限に存在します。つまり（ρ_A, θ_A）も無限に存在します。しかしながら、それは点（x_A, y_A）を通るという制約を受けます。今、新たにρ座標とθ座標からなる新たなパラメータ空間と呼ばれる空間を考えてみますと、（x_A, y_A）を通る直線は、ρ-θパラメータ空間では、θ軸方向に正弦波を描きます（図6・7右のA~Aの曲線）。つまり点（x_A, y_A）を通りうる直線全体でρ-θ空間上に曲線を描くことになり、これを点（x_A, y_A）からρ-θパラメータ空間

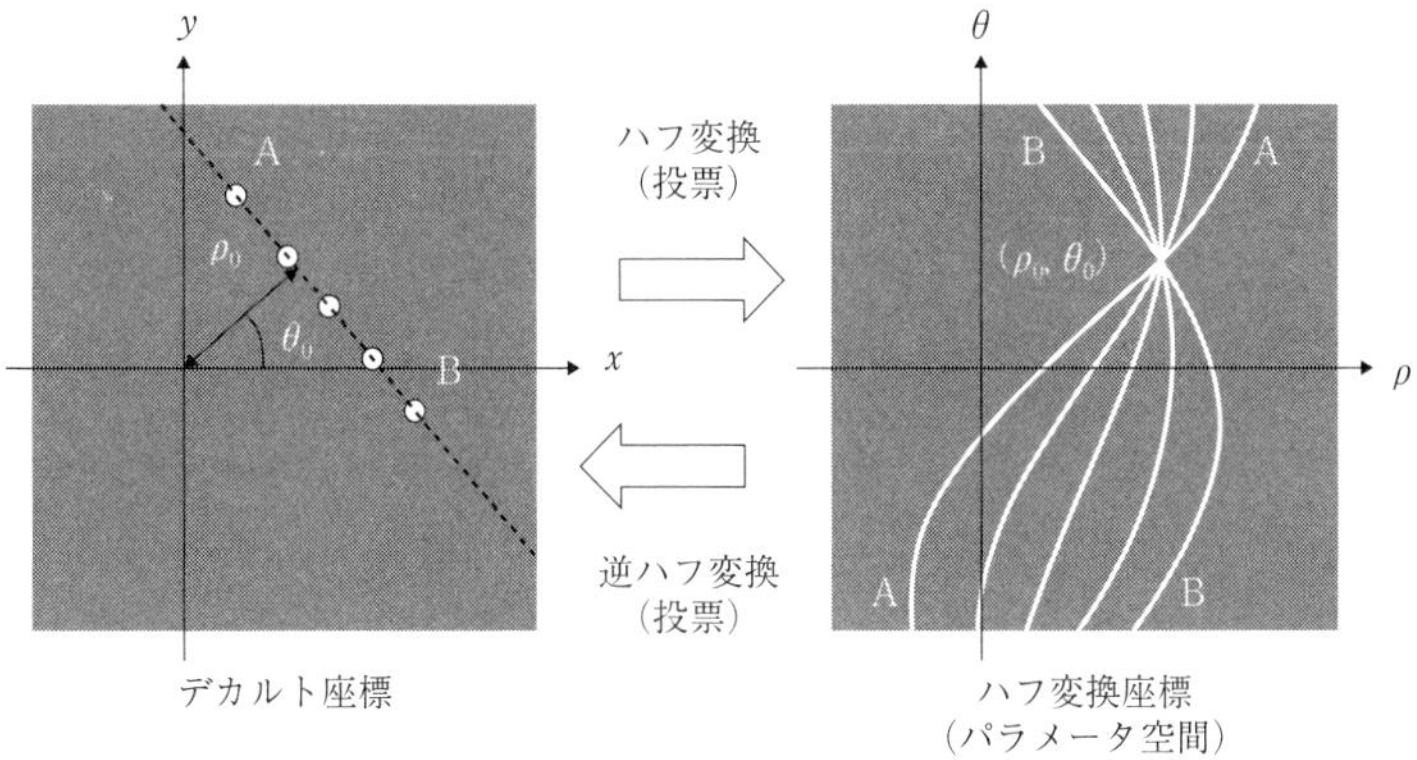

図 6.7 パラメータ空間への投票の代表例，ハフ変換．本文では述べていないが，逆ハフ変換，つまり，ハフ変換座標（ρ-θ空間）の１点からデカルト座標への変換も拡散的投票である．

への「投票」と呼びます。同様に図6・7左の点Bは、ρ-θ空間に図6・7右のB~Bに投票します。

図6・7左のように、我々から見て点が直線状に並んでいる場合、その直線はρ-θ空間上で容易に検出することができます。つまり、これらのすべての点を通る直線を表す（ρ_0, θ_0）は、各点からの投票により描かれた曲線の交点として検出できるのです（図6・7右）。

逆に、ρ-θ空間からx-y空間への変換、これを逆ハフ変換と呼びますが、これもパラメータ空間の投票です。点（ρ_0, θ_0）はx-y座標系における右図の点線で示した直線に投票します。

方位選択性細胞をハフ変換と見なす

川上進博士らは神経回路モデルを作るにあたり、神経回路の拡散・収束構造をパラメータ空間への投票と見なす、たとえば第一次視覚野（Ｖ1野）の方位選択性単純細胞は、ある空間範囲において前項で述べたハフ変換をしていると見なしました。

我々の視覚認識において、輪郭は重要な手掛かりです。それに対応するように、大脳皮質で最初に眼からの信号を受け取るＶ1野の神経細胞は輪郭断片、つまり局所線分を検出します。Ｖ1野の方位選択性単純細胞の受容野（神経細胞が何らかの応答を示す空間範囲）に、その細胞の好む方位の線分が提示されれば、その細胞はよく応答します（図6・8A）。方位選択性単純細胞においては、受容野のどの位置に線分が提示されるかによって応答が異なります。受容野中央に線分が提示された場合によく応答する細胞もあれば、受容野の端に提示された場合によく応答する細胞もあります。このような性質を、ここでは空間位相特性と呼んでおきます。

一方、この方位選択性単純細胞に投射してくる視覚処理の前段階の細胞、つまり外側膝状体と呼ばれる網膜からの中継核の細胞には方位選択性はなく、各細胞は、受容野内の光点に応答するのみです。

方位選択性単純細胞のような応答が、外側膝状体の細胞から生じるためには、外側膝状体からＶ1野への投射構造、つまり外側膝状体細胞が拡散的にＶ1野に投射し、Ｖ1野の一個の神経細胞には外側膝状体からの入力が収束する構造は、極めてよく組織立ったもので（図6・8B）、決して

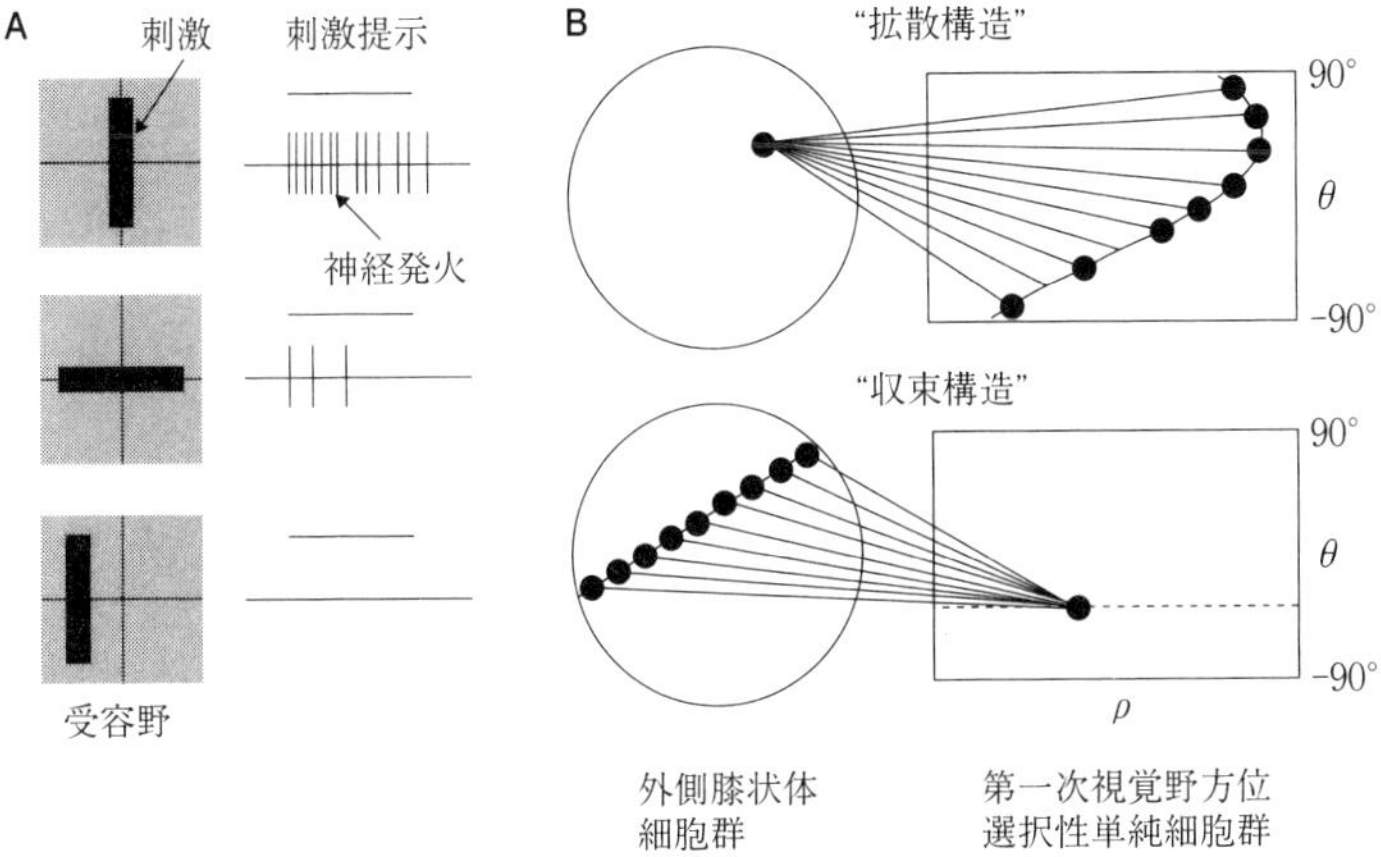

図 6.8 第一次視覚野（V1 野）の方位選択性単純細胞はある空間範囲でハフ変換をしていると見なせる．A. V1 野の方位選択性単純細胞応答の模式図．この細胞は受容野中央に提示された垂直線分，つまり，$\theta = 0°$，$\rho = 0$ に応答．異なる方位，異なる空間位相では応答低下．B. A のような応答特性は外側膝状体細胞からの組織立った拡散—収束投射構造により実現．右：共通する受容野範囲を持つ V1 野の細胞群．ρ-θ 空間上の各点は各細胞の応答特性を示す．左：右の ρ-θ 空間に投射する外側膝状体細胞の範囲，各点は 1 つの細胞を示す．

単なるランダム構造ではないことは容易に想像がつくでしょう。

川上氏らは、同じ空間範囲に受容野を持ち異なる方位選択性と空間位相特性を持つ細胞群が、局所ハフ変換座標を構成していると考えました。つまり、方位選択性を θ、空間位相特性を ρ と見なしたのです。

ハフ変換と仮設との類似性

以上、神経配線の拡散・収束構造を用いてハフ変換に代表されるパラメータ空間への投票が可能であることを述べました。よくよく考えてみると、ハフ変換の結果がもつ性質と、暗黙の前提として得られる仮設が備える性質には、非常に対応するところがあるように思えてなりません。

（1）仮設自体、直接には観測できない

ハフ変換では、直接観測できるのはあくまで個々の点でしかありません。

（2）不完全な情報より得られる

ハフ変換では、ごく少数の点の集まりから、直線は推定されます。

（3）仮設があるといろいろと予測が可能

ハフ変換の結果、点のない部分も直線の一部であろうと予測できます。

（4）仮設自体は単純で美しくなければならない

単なる点の集まりでは、たとえば、それぞれをデカルト座標系で表現すると、(x_1, y_1)、(x_2, y_2)、(x_3, y_3)、(x_4, y_4)、(x_5, y_5) となりますが、ハフ変換の結果、それらが統合され、(ρ_0, θ_0) とすっきり圧縮された単純表現にできます。

これらの極めてよい対応関係を考慮すると、ハフ変換で得られる直線は直線についての仮設であると言いたくなります。

仮設生成の実装──「部分」と「全体」逆転

では仮設生成一般は、神経配線の拡散・収束構造を用いて実装可能でしょうか？　そのことを考えるために、逆になぜ仮設生成の実装が困難であるのかを考察してみましょう。

仮設の取り扱いがなぜ困難であったかを振り返ってみると、仮設とは「全体」の調和的な関係についてのものである場合が多いからだと思われます。たとえば、万有引力の法則やニュートン力学は、まさに森羅万象という「全体」についてのものですし、前出のハフ変換の例も、得られた（ρ_0, θ_0）は五つの点「全体」についてのものです。しかしながら、「全体」とは、曖昧模糊としてつかみどころがありません。したがって、側抑制（隣の神経細胞を抑制すること）など局所の処理が得意な神経回路モデル等で実装するには、一見、不向きであるように思われます。

では、神経回路モデル等で実装しやすくするために全体についての処理を局所化できないでしょうか？　これこそが、ハフ変換を神経配線の拡散・収束構造で実装した川上氏らの神経回路モデルが行ったことのように思われます。ハフ変換においては、デカルト座標平面上で「部分」である点はハフ変換平面では曲線になり、デカルト座標平面上の「全体」である直線はハフ変換平面では点になってしまうのです（これを線と点の双対性（duality）と呼びます）。つまり、デカルト座標平面上とハフ変換平面上では全体と部分が逆転してしまうのです（ここに気付くのが矢野雅文先生の天才的なところ）。この逆転関係を用いれば「全体」についてのものである仮設の生成を、神経回路の局所処理で実現できるのではないかと期待されます。

投票による仮設生成には問題もある

神経配線の拡散・収束構造を用いると、「部分」と「全体」の逆転構造を作ることができ、それにより、「全体」についての暗黙の仮定である仮設を創ることができるのではないか？ という試論について述べました。同様のことはカテゴリと個物についても言えるかもしれません。すなわち、カテゴリと個物は、どちらが部分でどちらが全体か、つまり、どちらがどちらを包含するかが自明ではなく、むしろ互いに他を包含する逆転構造の中にあるように思えます。

たとえば、前出のサケを例にとると、魚屋で眼前にある銀色の個物は、誰が見てもサケ、つまり確かにサケというカテゴリに含まれます。逆に言うと、サケという概念は、あの銀色の魚についての経験や知識全体についてのものです。一方で、眼前の個物は、サケ性ないしはサケらしさを包含しつつ、同時に「安い」とか「新鮮だ」とか、サケらしさに限定されない性質も含んでいます。

ただ、ハフ変換等のパラメータ空間への投票を、本当に仮設生成機構の足掛かりにしてよいかについては、極めて慎重である必要があります。パラメータ空間への投票には、ベイズ推定と共通する側面もあるのです。ハフ変換は、いくつかの光点という観測量が得られたとき、どういう（ρ, θ）で表される直線が尤もらしいかを推定するものです。これはある意味、ベイズ推定そのものです。つまり、ある直線（ρ_0, θ_0）は、事前確率のごとく、どこからか与えられているのです。

しかしながら、ハフ変換には、単なるベイズ推定とは異なる重要な点もあります。一つは、パラメータ空間への投票では「事前確率」の間に空間関係があるということが挙げられるかと思われます。ハフ変換で言うと、(ρ_0, θ_0) の近傍の直線は (ρ_0, θ_0) と似ているということです。それゆえ、「事前確率」間に相互作用を持たせることも可能です。前に少し言及した川上氏の神経回路モデルには、(ρ, θ) 空間の点の間の相互抑制を通じて、より多くの投票を得た点が勝つ機構が備わっていました。「事前確率」間に自己組織的な相互作用を導入すると、今までなかった「事前確率」「カテゴリ」が生成できるかもしれません。

また、こういう議論をすると、経験とカテゴリは相互作用しているじゃないか、本書で仮設そのものは決して経験から直接得られないと述べていたことと相容れないじゃないか、と思われるかもしれません。ここで確認しておきたいのは、カテゴリや仮設は決して絵空事ではないし、経験と相互作用しないわけではないということです。仮設が直接経験から得られないというのは、たとえば、夜空を望遠鏡で眺めても万有引力の法則が書いてあるわけではないし、秋に川を遡る銀色の魚をどんなに捕獲してもサケという概念が直接捕まるわけではないということです。仮設は、あくまで自分のために自分が創ったものなのです。それがあることによって、情報の表現や処理のコストが下がったり、更には予測ができたり等、あくまで自身のために有用なのです。

しかしながら、仮設生成といった非常に抽象的なことの神経機構に少しでも肉薄するには、より説得力のある事例で具体的に研究する必要があると筆者らは考えました。次章では、遮蔽補完問題と呼ばれる問題を取り上げ、議論を掘り下げます。

[参考文献]

（1） Milner B. Effect of different brain lesions on card sorting. *Arch. Neurol.*, 9: 90–100（1963）
（2） Cutting JE, Proffitt DR. he minimum principle and the perception of absolute, common, and relative motions. *Cogn. Psychol.*, 14: 211–246（1982）
（3） 米盛裕二『アブダクション——仮説と発見の論理』勁草書房（二〇〇七）
（4） 柳生孝昭「設計から見たアブダクション」（田浦他編『技術知の本質』）一三五—一五八頁、東京大学出版会（一九九七）
（5） R. Duda, P. Hart, D. Stork『パターン識別　2版』（尾上監訳）新技術コミュニケーションズ（二〇〇一）
（6） 渡辺慧『認識とパタン』岩波新書（一九七八）
（7） Lund JS, Angelucci A, Bressloff PC. Anatomical substrates for functional columns in macaque monkey primary visual cortex, *Cereb. Cortex* 12: 15–24（2003）
（8） Delcomyn F. *Foundation of Neurobiology*. Freeman（1998）
（9） Tsutsui KI, *et al.* Integration of perspective and disparity cues in surface-orientation- selective neurons of area CIP. *J. Neurophysiol.*, 86: 2856–2867（2001）
（10） Nakamura H, *et al.* From three-dimensional vision to prehensile hand movements: The intraparietal area links the area V3A and the anterior intraparietal area in macaques. *J. Neurosci.*, 21: 8174–8187（2001）
（11） Kawakami, S., Okamoto, H. A cell model for the detection of local image motion on the magnocellular pathway of the visual cortex. *Vision Res.*, 36: 117–147（1996）
（12） Hough PVC. Methods and means for recognizing complex patterns. U.S. Patent 3069654（1962）

第七章　隠れた部分を推定する——遮蔽補完と仮設生成

脳が解かなければならない問題には、与えられた情報だけでは答えを決められない不良設定問題が多くあります。そのような問題を解くには前章で仮設と呼んだ拘束条件が必要です。しかしながら、脳が真に自律的システムであるなら、その仮設すら自ら創らねばならないでしょう。けれども、仮設生成＝アブダクションの問題を解決することは、全然たやすいことではありません。

前章では、解決の糸口として、神経回路の配線の拡散・収束構造を用いたハフ変換と呼ばれる直線検出法の神経回路による実現や、状況によって見かけの拘束条件が変化するような例を述べました。

本章では、仮設生成がより明示的に問題となる身近な例として遮蔽補完問題を取り上げます。この問題に対し、筆者と東北大学の旧矢野雅文研究室の大学院生だった熊田太一氏らは、曲線も検出できるようハフ変換を拡張した手法を含む計算モデルを作成しました。モデルは更に重要な機構を有します。入力画像を高次元の特徴空間に投票し表現した後、特定次元方向に表現を圧縮するという機構です。圧縮方向は入力画像に依存し変化します。これにより、見かけの拘束条件が変化することを実現します。本モデルは、脳の生理学的知見にヒントを得ているだけでなく、ゲシュタルト心理学におけるプレグナンツの法則を実装したものとも言えます。本モデルの設計思想と第Ⅰ部で述べた複雑系の機構が合わさるとき、創造性の脳内メカニズムの理解が一歩進むと筆者は考えます。

一　仮設生成は具体的に研究できる

身の回りには補完問題があふれている

我々の身の回りは、遮蔽物であふれています。周囲を見回してみてください。他の物に一部遮られて見えるものがたくさんあることでしょう。それにもかかわらず、遮蔽されている部分がどんな形をしているか、それなりに推定できるはずです。それがたとえ見慣れない物体であったとしても、推定できます。たとえば、遺跡や化石の発掘現場では、予想外の物が出土することもしばしばです。しかしながら専門家でなくても、土から顔を出した状態で、それが単なる石ころなのかそうでないかの判断ができるのです。我々の視覚系には、任意の視覚対象について、遮蔽されていない部分の手掛かりをもとに、遮蔽されている部分の形を補完する能力があるのです。

そのような能力がなかったら、日常生活は大変です。洗濯物の山からシャツを取り出せないでしょう。冷蔵庫の奥からジャムの瓶を取り出せないでしょう。これから期待される家事ロボットや介護ロボットにとって任意物体の遮蔽補完能力は必須の能力と言っても過言ではありません。いやロボットの記憶と照合し、それに基づいて推定すればよいじゃないか、と思う人もいるかもしれませんが、我々の日常環境には、我々が意識する以上に、遺跡や化石を発掘現場同様、見慣れない物、記憶にはない物が多いのです。

遮蔽補完図形を考える

任意の物体について、遮蔽されていない部分の形状手掛かりから、遮蔽されている部分の形を補完する能力、つまり遮蔽補完能力が、脳の視覚系でどのように実現されているかを、いきなり洗濯物の山や冷蔵庫の中を題材に行うことはできません。自然画像にはさまざまな要因が含まれており、どの要因がどのように補完処理に影響するかを明確に分離することができないからです。

そこで研究では、図7・1のような抽象的な図形を用います。ここで示した図形は、東北大学の旧矢野雅文研究室の大学院生だった加藤学氏が、遮蔽補完がどのような要因に影響されるのかを探索するため、大量に作成した図形のごく一部です。加藤氏と筆者はこれらの図形をしげしげと眺め、遮蔽補完問題への理解を深めていきました。その結果、灰色の領域と白い領域がどのように接しているか、形状の輪郭が局所に滑らかか、見えている部分の形状が線対称や回転対称の一部になっているか等が、重要な要因であることを理解するようになってきました。

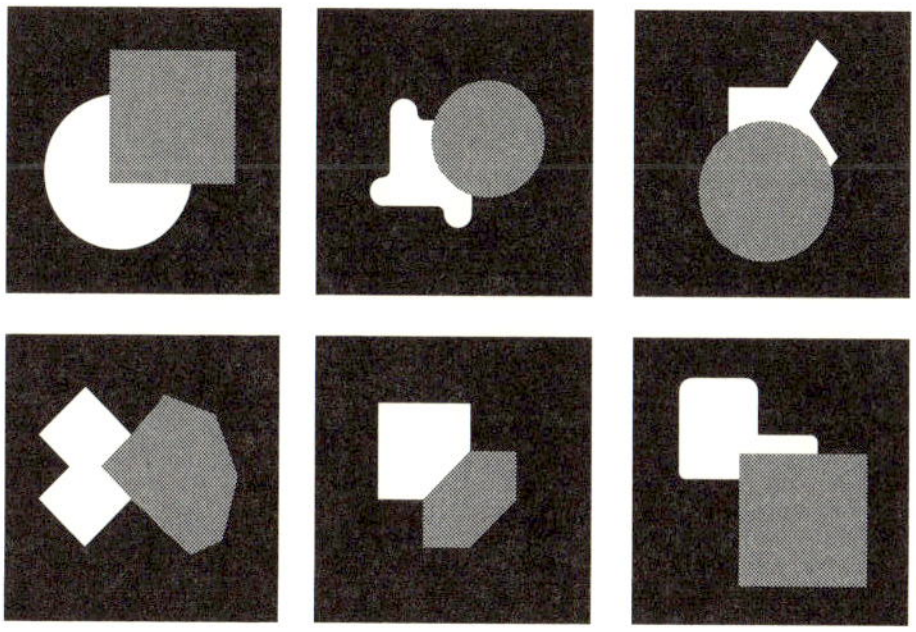

図 7.1　遮蔽補完図形の例.

一意には決まらない遮蔽補完

図形が重なり合ったように見える図形を遮蔽図形と言います。この図形をどう理解するかは、与えられた図形からは一意に決まりません。その意味で、遮蔽図形の理解は不良設定問題です。遮蔽図形の不良設定性、つまり理解の多義性は二つに大別できます。

一つは、どちらの領域がもう一方を遮蔽するように見えるか、つまり遮蔽関係の多義性です（図7・2中段）。これには二つの領域が重ならず、モザイクのように接している場合も含みます（図7・2中段右から二番目）。もちろん、二つの領域ないしは物体ではなく、一つの塊である（図7・2中段右端）という理解をしてもかまいません。理論的にはどのように理解しようとかまわないのですが、この図形の場合、ほとんどの読者には灰色の円が手前、白い領域が奥というふうに見えることでしょう（図7・2中段左端）。

灰色の円が手前で白い領域が奥に見えたとしても、もう一つの多義性があります。それは、補完の多義性です。補完しないことも含め（図7・2下段右から二番目）、補完の仕方には無限の可能性があります。図7・2下段右端のような補完だって理論的に可能なのです。しかしながら実際には、左の二つのどちらかに感じられるでしょう。一番左は、遮蔽されていない部分の全体的な性質、具体的にはこの場合、部分的な回転対称性を利用して補完した場合です。左から二番目は、それとは対照的に、遮蔽されている箇所付近の輪郭が、局所で連続になるように、この場合はまっすぐ延長して補完した場合です。

この図形の場合、どちらかというと全体的な性質、すなわち全体の対称性に基づく補完（左端）のほうが、輪郭の局所連続に基づく補完（左から二番目）より、妥当な見えに感じる方が多いと思います。しかしながら図形によっては、局所輪郭の連続性に基づく補完が優勢な図形もあります。図７・１の上段右は、線対称に基づく補完（対称軸は横）もありえますが、筆者には局所輪郭の連続性に基づく補完が自然に感じられます。

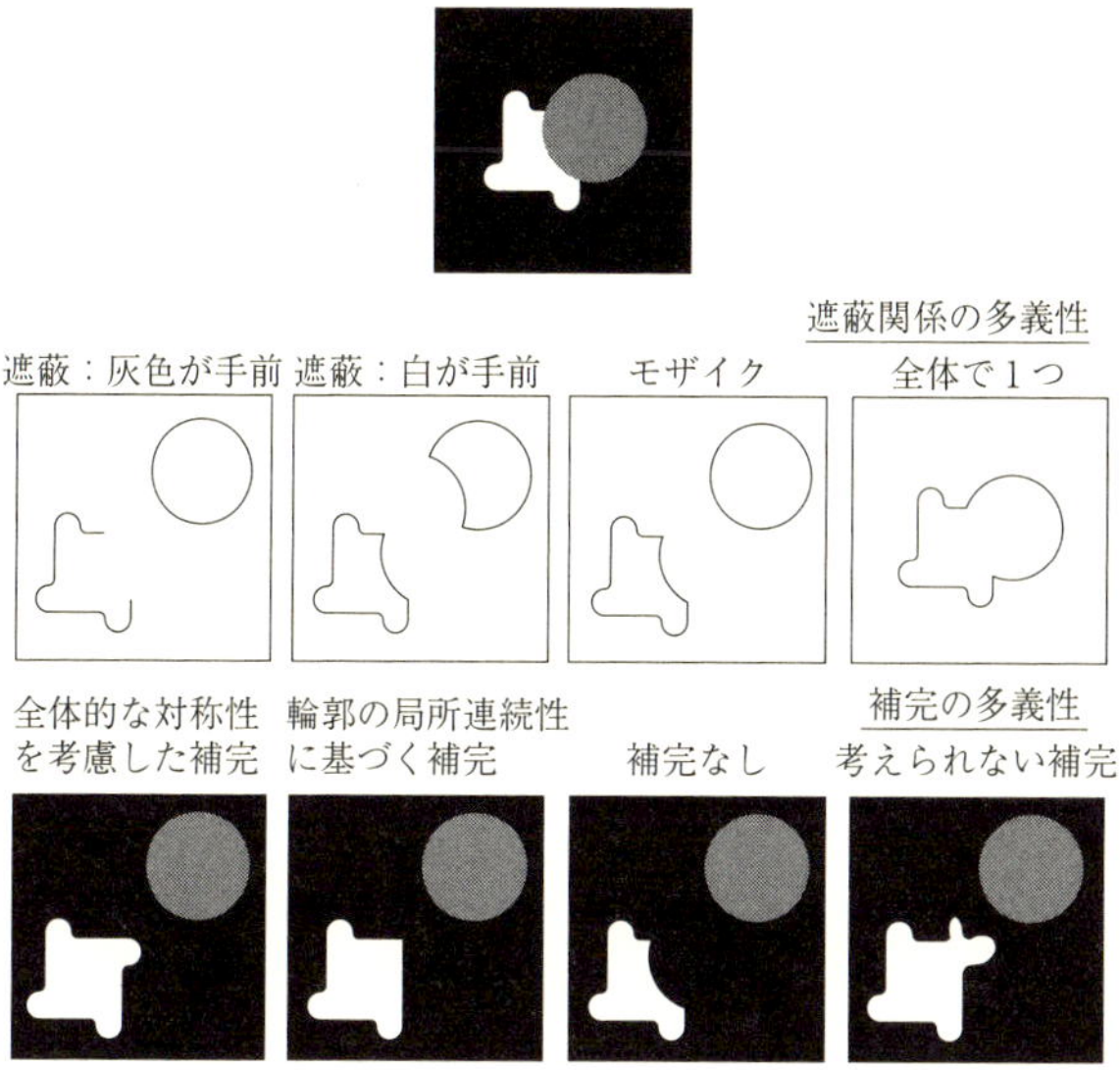

図 7.2　遮蔽補完図形の多義性（文献(1)より）．上の図形に対して，どちらの領域が手前に来るか（中）も，後ろにきた領域がどのように補完されるか（下）も一意に決まらない．

　これらの観察は、遮蔽補完という不良設定問題を解くために見かけ上必要なルール（拘束条件）は、図形により動的に変化することを物語ります。

遮蔽補完は仮設生成の好例

重なり合った形の見えない部分の形状を推定する遮蔽補完問題は、どう補完するかが与えられた図形から一意に決まらないという意味で、不良設定問題です。不良設定問題を解くには、もっともらしい暗黙の前提としての拘束条件が必要です。

しかしながら、遮蔽補完問題は、単なる不良設定問題にとどまらない側面、仮設生成のよい具体例とも言える側面があるように思われます。

渡辺慧の挙げた仮設の備えるべき性質を再度振り返り、それと遮蔽補完の問題を照らし合わせてみましょう。

（1）仮設自体、直接には観測できない

補完された形が直接、観測できるわけではありません。

（2）不完全な情報より得られる

補完された形は、非遮蔽領域という不完全な情報からの推定です。

（3）仮設があるといろいろと予測が可能

遮蔽されている領域は、こんな形だろうと予測しています。

（4）仮設自体は単純で美しくなければならない

補完の仕方は無限にありますが、次項以降で見るように、すっきり単純で美しい形が好まれます。

実際、多くの遮蔽補完図形を観察した結果、補完のための仮設・拘束条件は、大きく二つ挙げることができます。

一つは、輪郭の局所連続拘束条件です。つまり、遮蔽されていない部分の輪郭と滑らかに接続されるように遮蔽部分の輪郭を得ようとする条件です。これは遮蔽領域の近傍の見えている輪郭の局所曲率（線の曲がり具合を表す量）に基づいて行うことが可能で、神経回路モデルも提案されています。

もう一つは、対称性に基づく補完です。すなわち、遮蔽されていない部分の輪郭が持つ不完全な対称性、つまり遮蔽されていない部分の形状が線対称図形、ないしは回転対称図形の一部と見なしうることを用いた補完です。これは形全体を考慮した拘束条件と言えます。

問題は、これら二つの拘束条件が必ずしも並び立たないことです。遮蔽されている図形が円や正方形の場合は競合しませんが、多くの図形では競合し、図形によりどちらかが優勢になります。ということは、これら二つの拘束条件の上位には、少なくともどちらが今ふさわしいのかを決定する機構が存在するということです。その機構こそ、今我々が求める仮設生成の機構と関係すると思われます。そして、それは「仮設自体は単純で美しくなければならない」という仮設の性質と関係することでしょう。

「単純で美しい」ということ

我々の視覚は、形の一部が隠されていても、見えている部分から見えない部分を推定・補完することができます。この補完された図形そのものの正誤は（ぺろんとめくることができるのでなければ）答えを知ることは決してできません。その意味で、補完された図形はあくまで「仮設」です。では、どういう仮設が好まれるかというと、「単純で美しい」仮設であるのは間違いありません。単純で美しいとは、ゲシュタルト心理学と呼ばれる二〇世紀初頭にドイツで盛んであった心理学における重要な法則として、プレグナンツ（日本語では「簡潔さ」といった意味）の法則というものが知られていますが、それと相通ずるものもあります。でも「単純で美しい」では科学になじみません。

その点で筆者が評価しているのは、ヴァン・リアらのアプローチです（図7・3）。彼らは遮蔽補完問題において、図形の特徴を記号化し、形を記号表現してみました。対称性がある場合は、それを利用し、表現を短く圧縮しました。更に彼らは心理実験を行い、補完された被遮蔽図形について、形全体の対称性に基づく補完と輪郭の局所連続に基づく補完のどちらが優勢か被験者の回答を比較検討したところ、およそ、より少ない表現量の補完が好まれると結論付けました。つまり彼らは、単純で美しいという科学では扱いにくいことを、表現量という具体的なものに置き換えたのです。

残念ながらヴァン・リアらのアプローチでも、まだまだ機械で実行できるものとは言えません。

なぜかと言うと、特徴の切り出し方が手動なのです。つまり角や辺に研究者自身が記号を割り振るのです。また扱う図形も直線から構成されるものばかりでした。曲線も含む形の画像から機械で自動的に行えるやり方（これをボトム・アップ的と呼びます）で、主だった特徴を捉えるようなスキームにはなっていません。

そこで我々は第二節以降で述べるように、いくつかの生理学的な知見と、前章で述べたハフ変換のやり方を発展させ、画像中の遮蔽図形の輪郭からボトム・アップ的に直線だけでなく曲線の特徴を取り出し、部分対称性に基づく補完候補も局所連続に基づく補完候補も生成する計算モデルを構築しました。補完候補については形全体の表現量を計算しました。対称性がある場合は表現を圧縮した後、（補完しないも含め）補完候補間の表現量を比較しました。これら候補はすべて出力されますが、表現量が少ないものをより強い見えとし、優先順位をつけました。

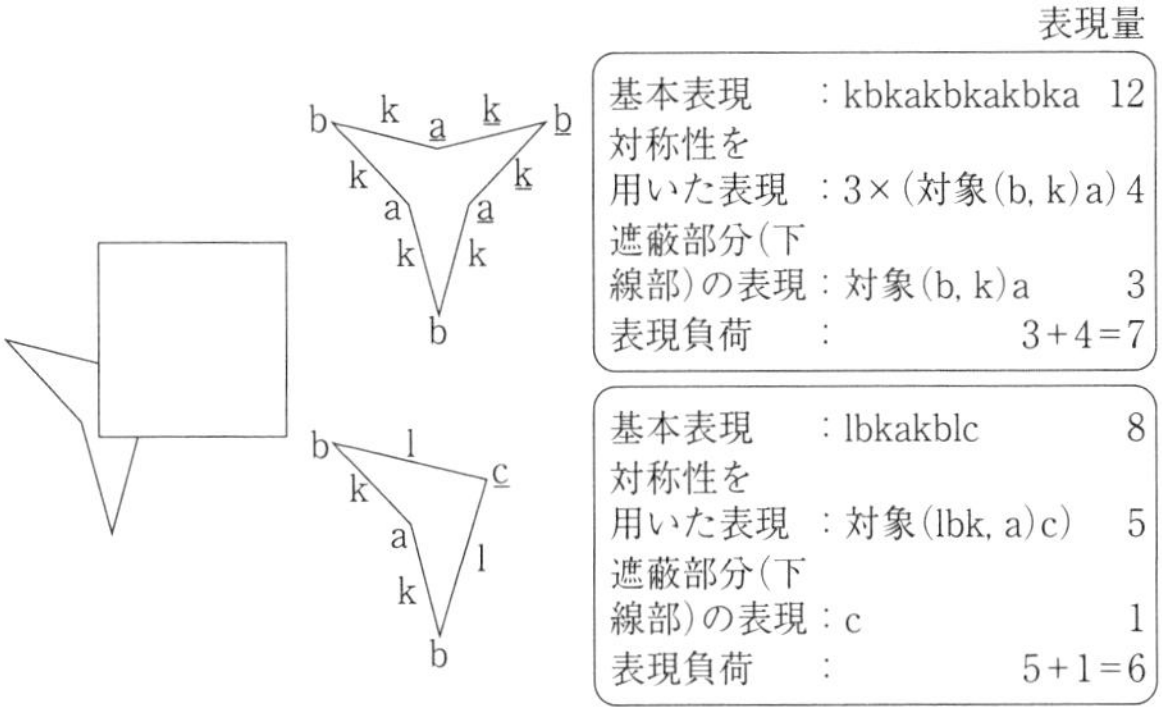

図 7.3　遮蔽補完図形と形の表現量（文献(3)をもとに作成）．左図の遮蔽された図形の解釈は主に２通り（中央）．辺と角を記号表現し，回転対称や線対称に基づき表現量を圧縮．ただし遮蔽部分（下線部）が複雑な見えは好まれないことを考慮し，トータルの表現負荷を見積もる．

遮蔽補完モデルでは「単純で美しい」を明示的に扱う

第Ⅱ部に入り、仮設生成、ハフ変換、投票、遮蔽補完など、いろいろな事柄が出てきたので、具体的な計算モデルに入る前に、復習も兼ね、ここで一度それらの関係を整理しておきましょう。

仮設とは、異なるものをひとまとめにする暗黙の仮定と言っていいでしょう。両眼立体視など、脳が直面する多くの不良設定問題（与えられた条件だけでは答えが一つに決まらない問題）を解くには、異なる要素・要因の間に整合的な関係をつける何らかの仮定（拘束条件）が必要ですが、仮設はそれに相当します。確率的なパタン認識では、個々の観測がどういうカテゴリに属するかを確率的に論じますが、そこでも事前確率という暗黙の仮定は不可欠です。限られた経験や不完全な情報から仮設を得ることを仮設生成（アブダクション）と言います。仮設は直接には観測できませんが、それ自体は単純で美しく、さまざまな予測を可能にします。しかしながら、仮設をどのように創ればいいのかという問題は、あまりにも大きく漠然としています。したがって、その基本原理を考えるためには、問題が限定されていいので、より具体的な問題を考える必要があります。

ハフ変換は、少々途切れがあっても、頑強に直線を検出するために考案された著名なアルゴリズムです。直線は、基準点から直線に下ろした垂線の足までの距離と角度の二つのパラメータで表されます。一つの点を通る直線は無限にありますが、その直線を表す二つのパラメータの間には、一定の関係があります。そこで、ある点を通りうるすべての直線のパラメータに可能性のあるパラメータとしてタグをつける、つまり「投票」を行います。もし、直線的に並んだ点があったなら、各点からの投票が集まった点こそ、並んだ点が形成する直線ということになります。不完全な情報、すなわち点の列から得られ、得られた「直線」はたった二つのパラメータで単純に表現される、直線自体は直接観測できないものの、点のないところもおそらく直接の一部だろうと予測できるなど、仮設の持つ性質を、ハフ変換により検出された「直線」は備えています。したがって、つまり仮設生成の具体的方法として「投票」より具体的には、神経細胞の拡散的配線を考えようというわけです。しかしながら、ハフ変換には上で述べたように帰納ないしはベイズ推定と通ずるところもあります。また、ハフ変換では表現の単純さはあまり表立った問題とはなりません。そこで、我々は遮蔽補完問題に着目しました。

遮蔽補完問題は、遮蔽された形を推定するという問題です。遮蔽されていない部分、つまり不完全な輪郭から、決して直接観測できない遮蔽された部分を予測するが、その際、単純で美しい形を好むという意味で、遮蔽補完問題は仮設生成問題の優れた例題です。以下で述べるとおり、筆者らが提案する遮蔽補完の計算モデルは、ヴァン・リアらが手動で行った大域的な特徴の取り出しにおいて、ハフ変換を曲線検出できるよう拡張した投票を用います。また、ハフ変換の場合と異なり、表現の単純さの問題を明示的に取り扱わなければなりません。そのために、抽出した特徴を高次元空間にプロットし、表現を圧縮できる部分次元を探すということを行います。詳細を次節以降、見ていきましょう。

二　Ｖ４野の曲率細胞でモデル構築

Ｖ４野の曲率細胞

形の一部が隠されていても、見えている部分から見えない部分を推定・補完する遮蔽補完問題を解く計算モデルを構築しよう、特に、線対称や回転対称といった対称性に基づく補完が可能な計算モデルを構築しようとする場合、遮蔽されていない部分の形状の大まかな特徴を、与えられた画像からボトム・アップ的に計算できる必要があります。図形の輪郭が直線のみから構成されている場合は直線部分や角を容易に検出・定義できますが、曲線を含む場合はどうしたらよいのでしょう？ここで我々が注目したのが、大脳皮質のＶ４野と呼ばれる領野の神経活動です。

Ｖ４野は、大脳皮質の視覚物体・形状認識経路の半ばにあります（ＢＯＸ）。Ｖ４野での輪郭形状の中間処理を示唆するものとして、我々はパスパシーとコナーの実験に着目しました。視覚野の神経細胞には、細胞を興奮させたり抑制したりする視野上の範囲「受容野」があります。細胞は受容野に入った視覚刺激に対して何でも応答するかというと、そういうことはありません。パスパシーとコナーは、まずＶ４野の細胞は、ある向き・ある曲率（線の曲がり具合を表す量）の曲線が受容野内に提示された場合によく応答すること（これを、その刺激に対し選択性がある、または、選択的に応答すると言います）を示しました。Ｖ４野の細胞は、ある向きのある曲率に選択性に応答

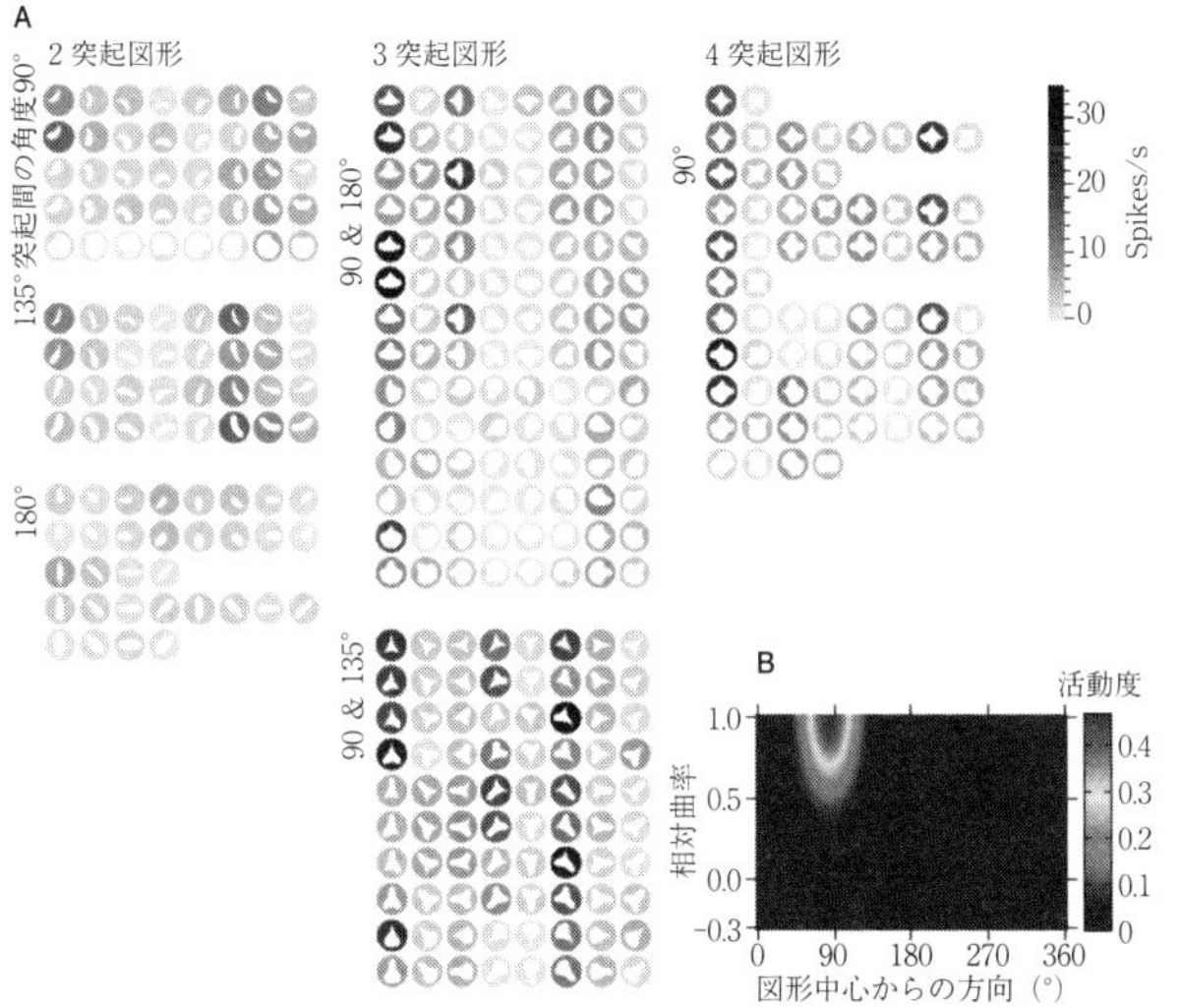

図 7.4　V4 野曲率細胞の例（文献(4)より）．A：各円内の形は受容野に提示された刺激を，白黒濃淡は各刺激に対する応答の強さを示す．この細胞は，形の上のほうに高い曲率の特徴（突起）がある場合を好む（B）．

するのです。

　この神経活動の意義は、図形を提示したときに、より鮮明になります。パスパシーとコナーは、次にV4野細胞の受容野にさまざまな曲率特徴を持つ形を提示しました（図7・4）。するとV4野の細胞は、あたかも形状如何にかかわらず、形全体の特定の方向（つまり、上とか右とか）の特定の曲率（尖っているとか凹んでいるとか）に選択性があるかのような活動を示したのでした。

　パスパシーとコナーも試みていることですが、異なる方向、異なる曲率を符号化する細胞が集まると、それらの細胞群の活動により曲線も含む形状の大まかな特徴を検出・表現できそうです。

BOX　後頭葉→側頭葉で形処理

網膜に投影された視覚情報は，視床の外側膝状体という中継核を経て，大脳皮質の第一次視覚野（V1 野）に入ってきます．V1 野ではその後の高度な処理のためのさまざまな下準備がなされます．形，特に，その輪郭形状という観点で言うと，受容野と呼ばれるある視野の微小な領域（中心視付近で視野の 0.2 ～ 0.5 度）に提示された線分の向きによって活動が変化する神経細胞が存在します．この細胞は，本書で繰り返し述べたとおり，方位選択性細胞と呼ばれます．方位選択性細胞はその活動によって受容野内のある向き（方位）の線分を符号化・表現する，という言い方をします．

V1 野は，高次の領野に直接情報を送ります．その中で，V1 に隣接した V2 野は，V1 野からの強い入力を受け，V1 野の次の段階の処理をしています．輪郭処理では，V2 野の神経細胞は，V1 野の方位選択性細胞が符号化している情報を統合し，V1 より少し広い受容野に提示された 2 つの線分のある角度での組み合わせに応答します（図 1）．この応答は，輪郭の局所曲率の表現に関係していると思われます．

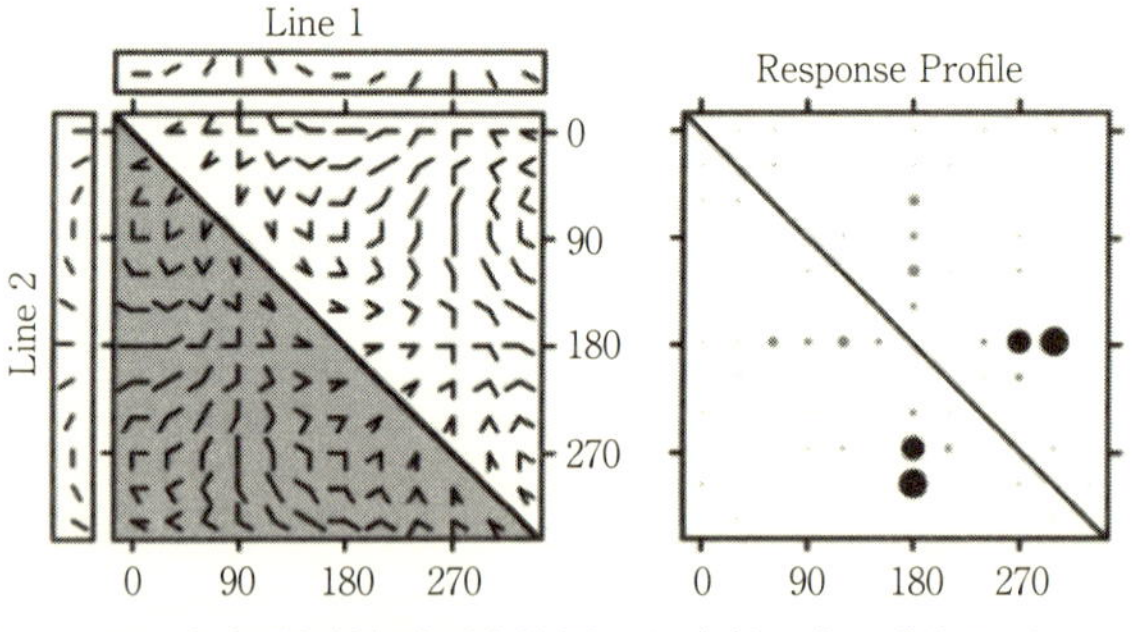

図 1　V2 野の角度選択性細胞（文献(6)より改変）．左：受容野に提示した 2 つの線分（Line 1, 2）の角度関係．右：ある V2 野角度選択性細胞の各刺激に対する応答．黒円のサイズが細胞の応答の強さ．

V4 野は，V2 野から多くの入力を受け，より高次の処理をします．

本文で述べたように，形処理に関しては，細胞は，V2野より更に広い受容野を持ち，基本的には，受容野に提示された形の中のある向きに（たとえば上方向）ある曲率の特徴が存在した場合によく応答します．この処理結果は，IT（inferior temporal, 下側頭）野に送られます．

IT野とひと口に言ってもいくつかの領野に分かれますが，神経細胞は，より複雑で特別な特徴を持つ刺激に対して活動します（図2A）．受容野は，視野の広範，十数度から数十度にまで広がります．また，細胞の好む刺激を受容野内のどの位置に提示しても，大小さまざまなサイズで提示しても細胞は応答します（図2B）．これらをそれぞれ，応答の位置不変性，サイズ不変性と呼びます．

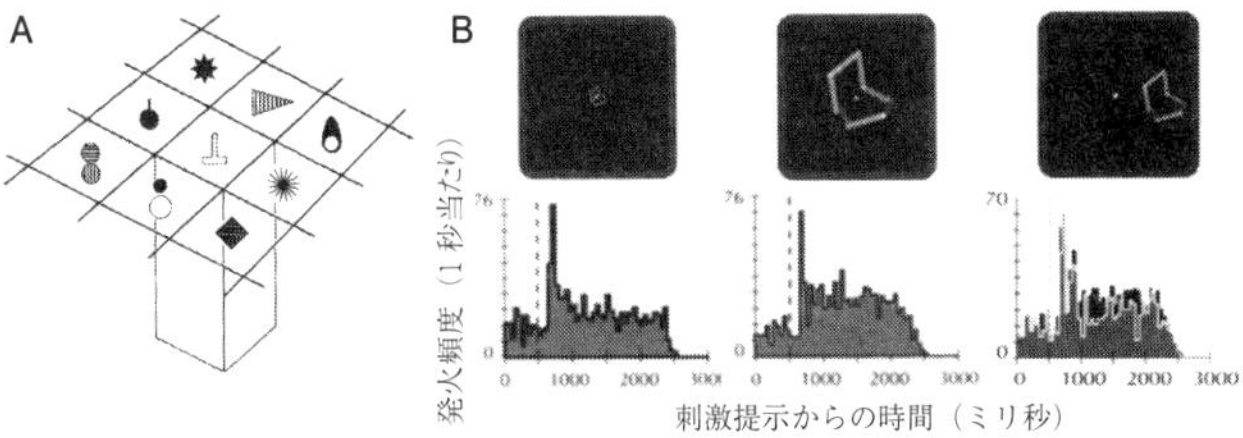

図2 IT野の細胞応答特性．A：IT野の各部位（格子の1マス）にある細胞は，それぞれ好みの複雑な図形を持つことを表した模式図（文献(7)より）．大脳皮質層構造の縦方向に存在する細胞の性質は類似している．B：細胞応答例（文献(8)より）．好みの図形（上段．白点は固視点）ならサイズや位置に依存せずよく応答．右図黒塗りは，同図形が中央にあった場合の応答．

復習しますと，後頭葉→側頭葉と形の視覚処理が進むにつれて，細胞が応答する特徴は単純な線分から複雑なものへと変化します．一方で，細胞の応答する視野の範囲，いわゆる受容野はどんどん広くなり，IT野に至るとその細胞がよく応答する刺激が視野のさまざまな場所に提示されても応答します．

BOX　大脳皮質 V2 野と物体中心座標系

視覚における特徴の物体中心座標系表現とは，物体やその形の部分が形全体のどの位置にあるかに基づき表現されていることです．たとえば，下図 A, B を見てみましょう．長方形は視野全体で，そこに白い正方形が存在している状況を考えてください．A の図では正方形が視野中心の右側，B の図では左側にあります．今，灰色の破線で囲った（白｜黒）の輪郭線を表現するということを考えましょう．それを，視野を基準に表現する場合（これを視野中心座標系に基づく表現と言います），すごく大ざっぱには，A は（横方向，縦方向）=（右，中），B は（中，中）とでもなるでしょうか（実際には，もっと精密な座標に基づく表現になります）．眼に像が投影された直後の網膜等では，必然的に視野中心座標系で像の各部が表現されることになります．

しかしながら眼は絶え間なく動きます．それに伴い網膜像もめまぐるしく変化します．一方で，物体はじっとしている場合が多いです．それを考えると物体の特徴は，物体の中心からの方向に基づき表現されているほうが便利です．「そこにある上側が欠けた茶碗を取ってくれる？」といった表現ができるのです．前出の BOX で述べたように，形は位置不変に，つまり視野上の空間位置に関係ない表現が望ましいですが，形の中の特徴の空間位置は保存されるべきでしょう．欠けた茶碗といっても，上側が欠けているのか，下側が欠けているのかは区別される必要があるのです．特徴を物体の中心など基準点からの位置に基づき表現しておくことには，大きなメリットがあるのです．

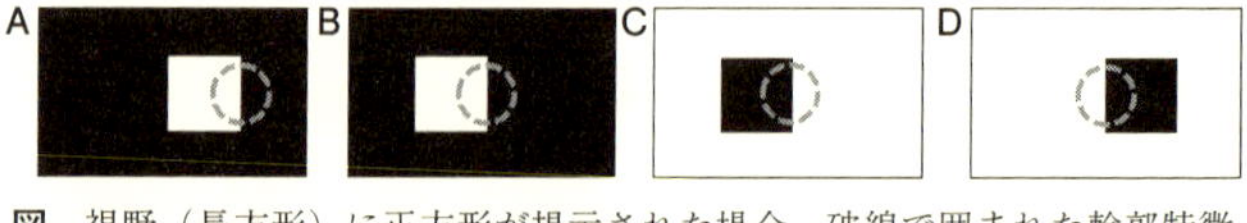

図　視野（長方形）に正方形が提示された場合，破線で囲まれた輪郭特徴をどう表現するか？　A と B は円の視野中の位置が，B, C では円内の白黒向きが，C, D では正方形の位置が異なる．

ではこのような物体中心座標系に基づく特徴表現は，脳のどの段階から見られるのでしょうか？　少なくとも，第二次視覚野（V2 野）には，その端緒が見られます．ゾウとフォン・デア・ハイトは，V2 野にボーダー・オーナーシップ細胞（境界所有権細胞，以下 BO 細胞）と呼ぶ細胞を発見しました．V2 野は大脳皮質の視覚処理の第二段階を担うと言ってもいい箇所ですので，まだまだ視野中に小さな受容野（細胞の活動が引き起こされる空間範囲）を持つという意味では，まだまだ視野中心座標に基づく刺激の表現です．しかしながら，BO 細胞は，自らの受容野に提示されている視覚刺激が形のどういう方向に存在しているかを知っているかのように活動します．図 B, C, D の破線で囲った部分を今度はある BO 細胞の受容野と考えましょう．V2 野の前段階，V1 野の細胞なら，たとえば受容野に同じ刺激が提示されれば活動する，たとえば，B と D の（白|黒）刺激では活動するが C では活動しないということになります．一方，BO 細胞では，B,C では活動するが D では活動しないのです．つまり，（白|黒）か（黒|白）かではなく，受容野に入った輪郭が四角形の右側にあるか左側にあるかで活動を変えるようになるのです．あたかも“部分が全体を知っている”かのように．

筆者と東北大・矢野雅文研究室の大学院生だった千葉直樹氏は，この V2 野の BO 細胞の性質を，V1 野の細胞の性質から計算するモデルを提案しました．そこでは本書に繰り返し出てくる V1 野の方位選択性細胞の活動が，受容野の外だけど近傍に方位刺激が提示された場合，変調を受けることに着目しました．

輪郭の曲率の検出

我々は、形の輪郭をある特徴ごとに分解することを目指します。しかも、曲線を含む輪郭も取り扱います。たとえば、図7・5Aを図7・5Bのように輪郭を大まかな特徴（ここでは一定曲率部分）に分解したいのです。更に、これを与えられた画像から自動的に得なければなりません。

まず、輪郭の一定曲率κの部分を検出することを考えましょう。一定曲率κの部分とは、図7・6Aに示したように、点cを中心とした半径1／κの円の一部を言います。ここで、この一定曲率の輪郭上の各点から半径1／κの円を描くと、すべての円は点cで交わることに留意しましょう（図7・6B）。交わる円の数は、一定曲率の部分の長さが長いほど増えます。

逆に、任意の曲率の部分を検出したいなら、輪郭上の各点からさまざまな長さの半径の円を描けばよいでしょう（図7・7A）。もし、ある一定曲率の部分が存在したとするなら、それは、ある同じ半径の円が複数交わった点として検出できます（図7・7B）。円を投票と考えるなら、この交点は投票の集まった点と見なせます。それ以外のサイズの円は三つ以上交わりません（図7・7C）。これなら、画像から機械的に一定曲率の部分を検出できます。

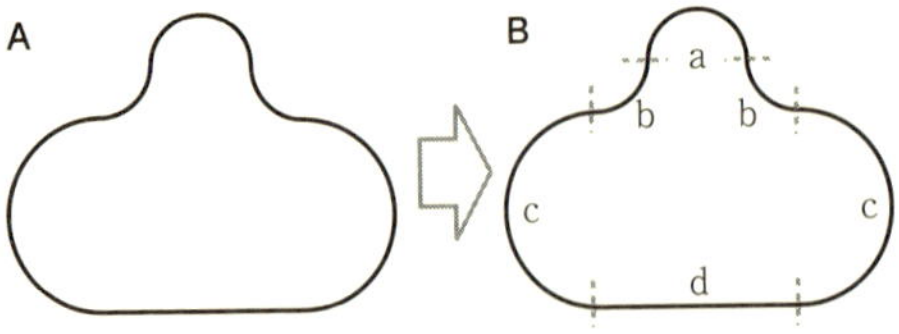

図 7.5 曲線含みの輪郭（A）をおおまかな特徴に分割（B）したい.

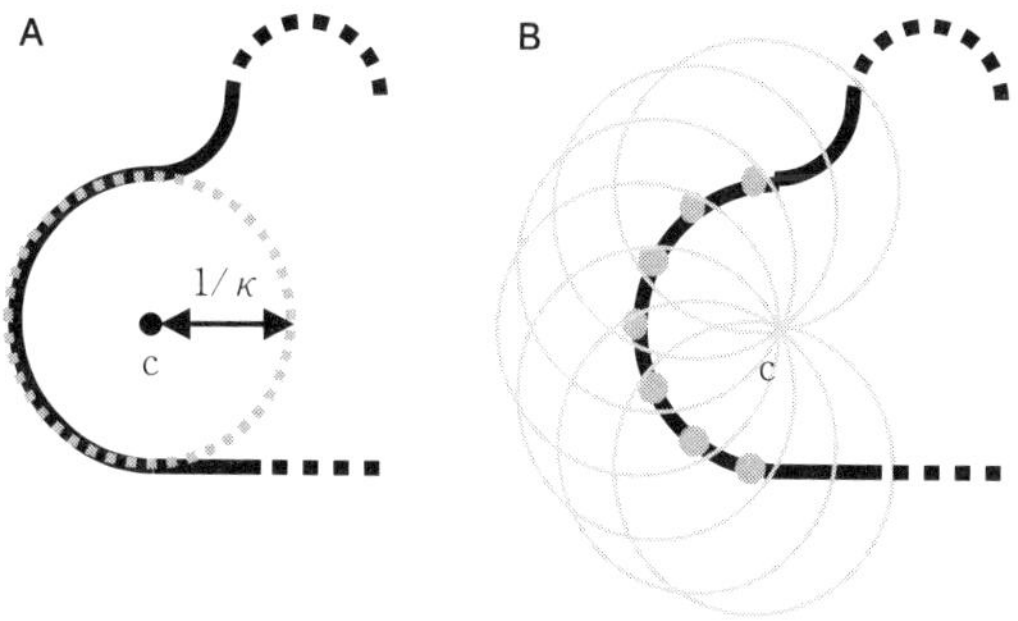

図 7.6　一定曲率 κ の輪郭（A）上の点から半径 $1/\kappa$ の円を描くと，それらは1点 c で交わる（B）.

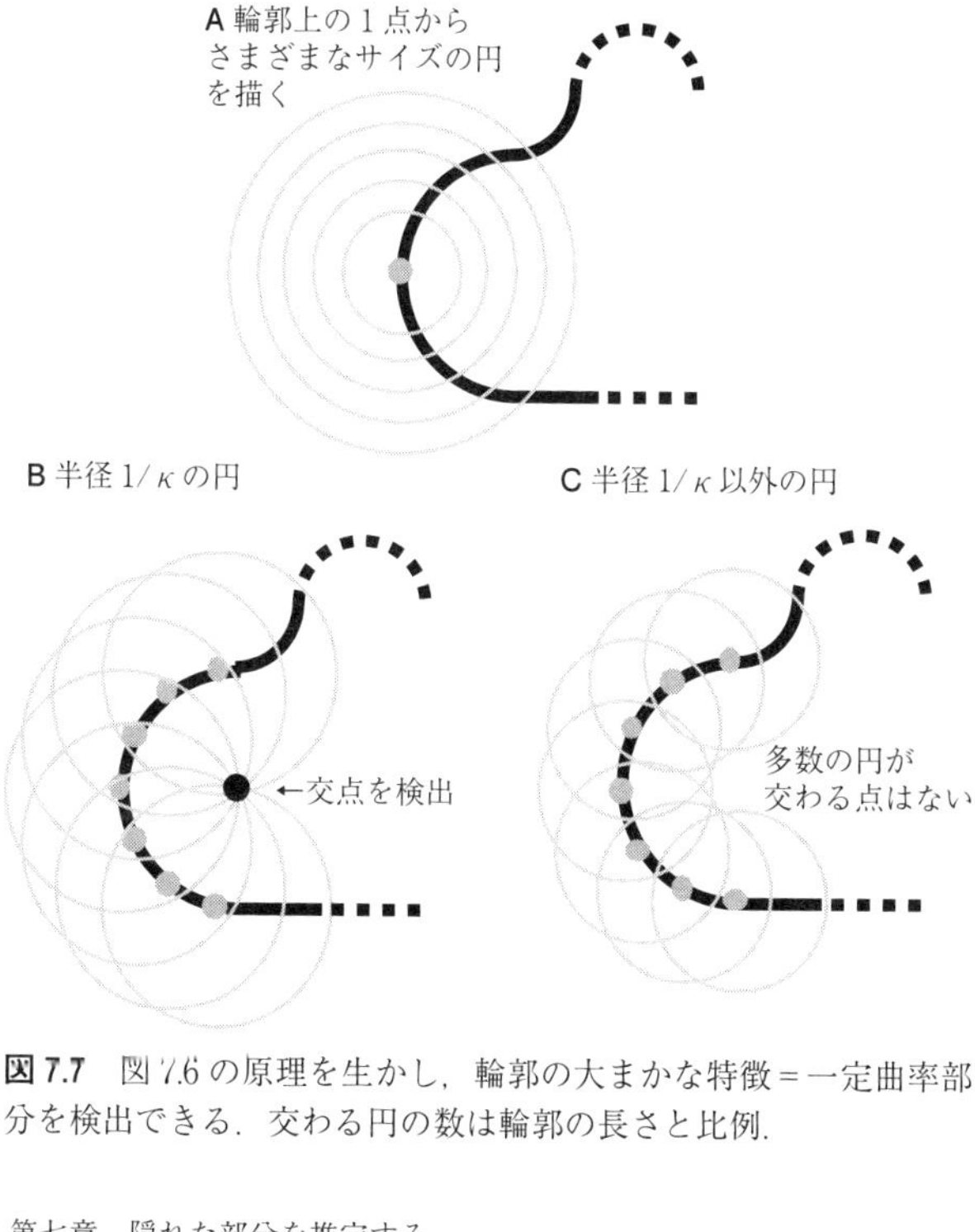

図 7.7　図 7.6 の原理を生かし，輪郭の大まかな特徴＝一定曲率部分を検出できる．交わる円の数は輪郭の長さと比例.

直線と曲線を統一して扱う球面幾何学

前項では、輪郭の一定曲率部分の検出に、輪郭上の各点からさまざまなサイズの円を描くという方法を述べました。この方法を用いると、輪郭上に一定曲率 κ の部分があったなら、その輪郭上の点から描いた半径 $1/\kappa$ の円が一点で交わります（これを投票が集まったと言います）。この点を検出すれば、輪郭にどういった曲率の部分が存在するかがわかります。円を描いた元の点の位置の情報を使うと、どの位置にどういう長さの一定曲率部分がどの向きに存在するかの情報を得ることもできます。

では、輪郭に直線部分、言い換えれば曲率ゼロの部分が存在する場合、どうすればいいでしょう。直線の場合だけ前に述べたハフ変換を用いてもいいかもしれませんが、あまりエレガントではありません。できれば、曲線と統一的な手法で検出したいものです。そこで我々は球の性質に着目しました。つまり、平面上では直線に接する円の半径は無限大になってしまいますが、球面上に描かれた直線に接する円の半径は有限であることを用いるのです。

球上の一点には、対応する大円、つまり、その一点を中心として球を真二つに切断できる円が存在します（図7・8A）。この一点を（大円に対する）極と呼びます。次に、球上の二点を極とし、それぞれから大円を描けば、二つの大円は、必ず二点で交わります（図7・8B左）。この交点（どちらでもいい）を今度は極として大円を描けば、その大円は、必ず元の二つの極を結びます（図7・8B右）。

今度は、球体上に線分が描かれている場合を考えます。その線分上の各点から大円を描くと、それらは球上の二点で交わります。交点で交わる大円の数、つまり集まる投票数は線分の長さに比例します（図7・8C左）。逆に、その交点から大円を描くと、元の線分を通ります（図7・8C右）。つまり、球上の直線に接する円は大円なのです。

この原理を使えば、輪郭の直線部分も曲線部分と統一した手法で検出できます。

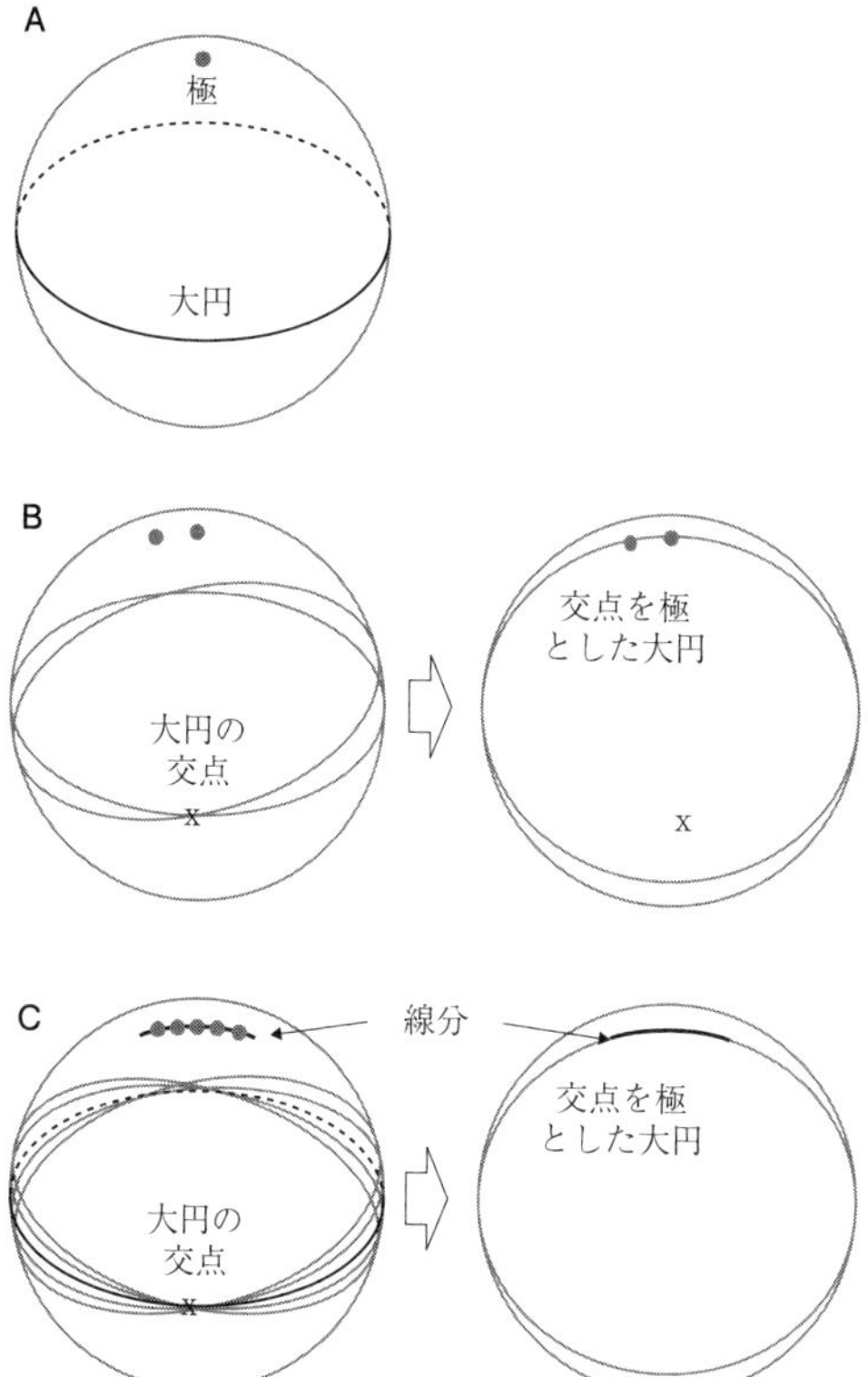

図 7.8　極と大円の関係を用いて，球に投影された線分を検出する．A：球上の１点（極）には対応する大円が存在する．B：2つの極から描いた大円は２点で交わり（左），その交点を極として描いた大円は，元の２点を通過する（右）．C：球に投影された線分（黒線）上の各点から大円を描くと，球上の２点で交わる（左）．その点を極として大円を描くと，投影された線分を通る．

大円・小円変換による輪郭の分割

形の輪郭の大まかな特徴、具体的には、直線も含めた一定曲率部分（以下、曲率セグメント）に分割する方法について、これまで述べたことをまとめましょう。まず、図形の輪郭を図形より十分に大きな球に投影します。輪郭上の各点から、大円も含めさまざまな半径の円を描きます。そして同じサイズの円が多く交わる交点を検出します。交わる円の数、つまり投票数は、対応する曲率を持つ輪郭の長さに対応します。このような方法を我々は大円・小円変換と呼びました（実際のモデルでは、脳らしく、第一次視覚野の方位選択性細胞で検出された輪郭の局所線分を利用することで、神経回路の配線、実際のプログラムではメモリを節約しました。ＢＯＸで述べた、第二次視覚野の異なる方位の組み合わせを表現する細胞を利用して、更に配線やメモリを節約することも可能です）。

また、輪郭上のどの点から描かれた円かについての情報を保持しておけば、検出された交点が、輪郭のどの部分と対応するかもわかります。これを利用して、曲率セグメントを代表する点を、大円ないしは小円が交わった点から、曲率セグメントの中点に移します（図７・９Ａ）。同じ曲率でも、凹んだ部分は負の曲

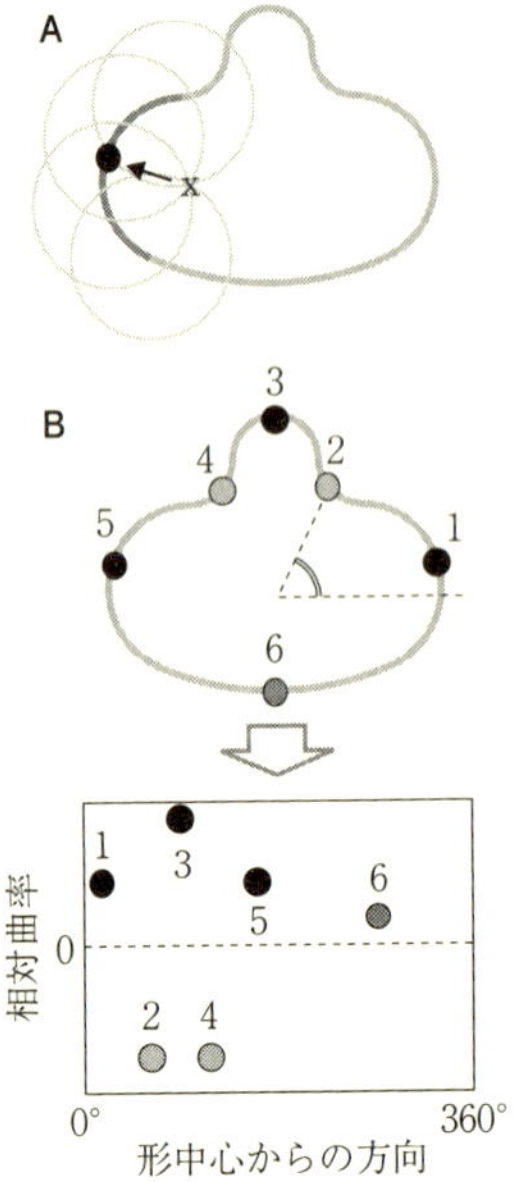

図 7.9　検出された曲率セグメントを輪郭の中心からの方向でプロット.

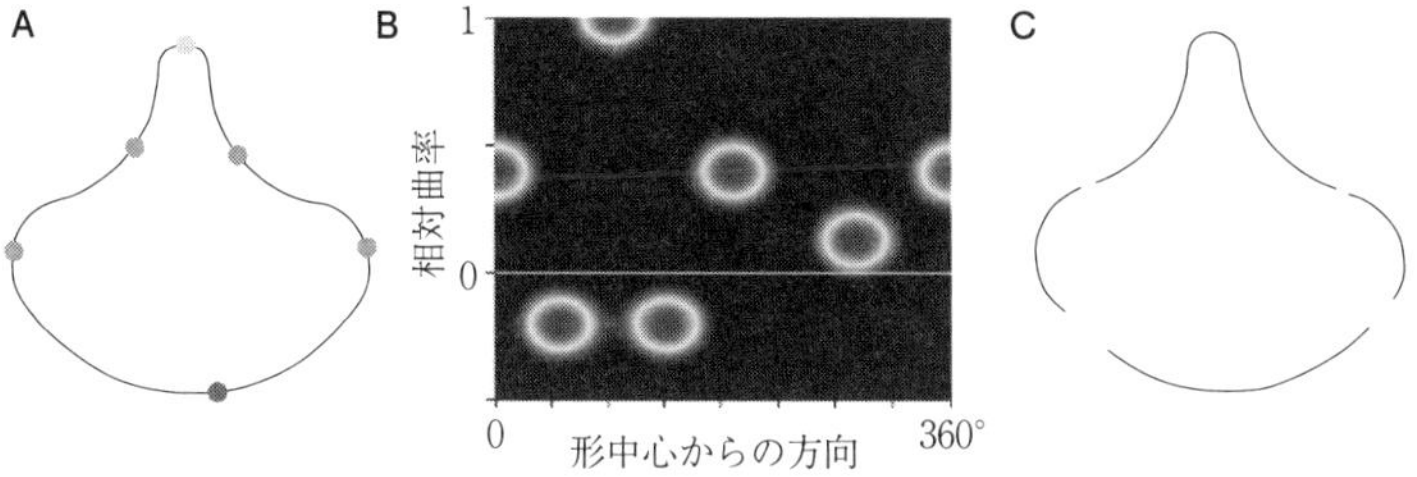

図 7.10　筆者らの V4 野モデル（文献(1)より改変）．A：入力図形（黒線）と分割された曲率セグメントの代表点（大円 / 小円の交わった数を濃淡で表現）．B：輪郭全体の重心から方向（横軸）と曲率（縦軸）で表現された各曲率セグメントの代表点．C：検出された各曲率セグメントの情報から復元された入力図形．

率とする必要がありますが、それも円の交点と代表点の位置関係で決定することができます。また、交わった円の数（を曲率ごとに規格化した量）を点の濃淡で表しました。これら曲率セグメントの代表点は、パスパシーらの表記法に模して、形全体の中心（ここでは重心）からの方向に基づいてプロットし直しました（図7・9B）。

モデルは、生理実験によるV４野の神経細胞応答の性質をよく再現しました。また、細胞群全体で大まかな曲率特徴を表現し、その細胞表現から元図形を復元できました（図7・10）。更に、パスパシーらの生理実験では試されなかった、輪郭にノイズがある正方形、途切れた円等、さまざまな入力図形に対しても大まかな特徴を検出することができました。

Ｖ４野の性質を用いた対称性の評価

ここまで、生理学的知見に基づき、形の輪郭の大まかな特徴を捉える、具体的には輪郭を一定曲率の部分ごとに分割することができました。では、遮蔽された図形の補完に必要な、形の対称性の評価はどうすればよいでしょうか？　そのヒントもパスパシーらの実験から得ることができました。パスパシーらは、大脳皮質Ｖ４野の細胞が、形中のある方向に存在する特定の曲率に対して応答することを発見した、ということは既に述べました。たとえばある細胞は、細胞が応答する視野の範囲（受容野）に提示された図形が（どんな図形であれ）右側に緩やかな曲線を持つ場合に応答する、といった具合です。彼女らは、そのＶ４野神経細胞の性質を更に詳細に調べました。その結果、非常に興味深い発見をしました。

彼らは、確かに各細胞は好みの向きと曲率を持っているが活動の程度はそれだけに影響されない、ということを見出しました。たとえば図７・11の細胞は、提示された形の左側に高い曲率（つまり突起）を第一に好みますが、最も活動するのは、その好みの特徴の反時計回り側の隣に緩やかな負の曲率（つまり、凹み）の大まかな特徴が存在する場合なのです（図７・11A）。他の曲率ではだめだし、時計回り側の隣の特徴には影響されません。更に驚くべきことに、彼らは、細胞は時計回り側の隣の特徴に影響されるタイプと反時計回り側の特徴に影響されるタイプに分かれると、明言するのです。

このＶ４野神経細胞の性質を、対称性の評価に用いてよいのでしょうか？　佐々木らは、ヒトお

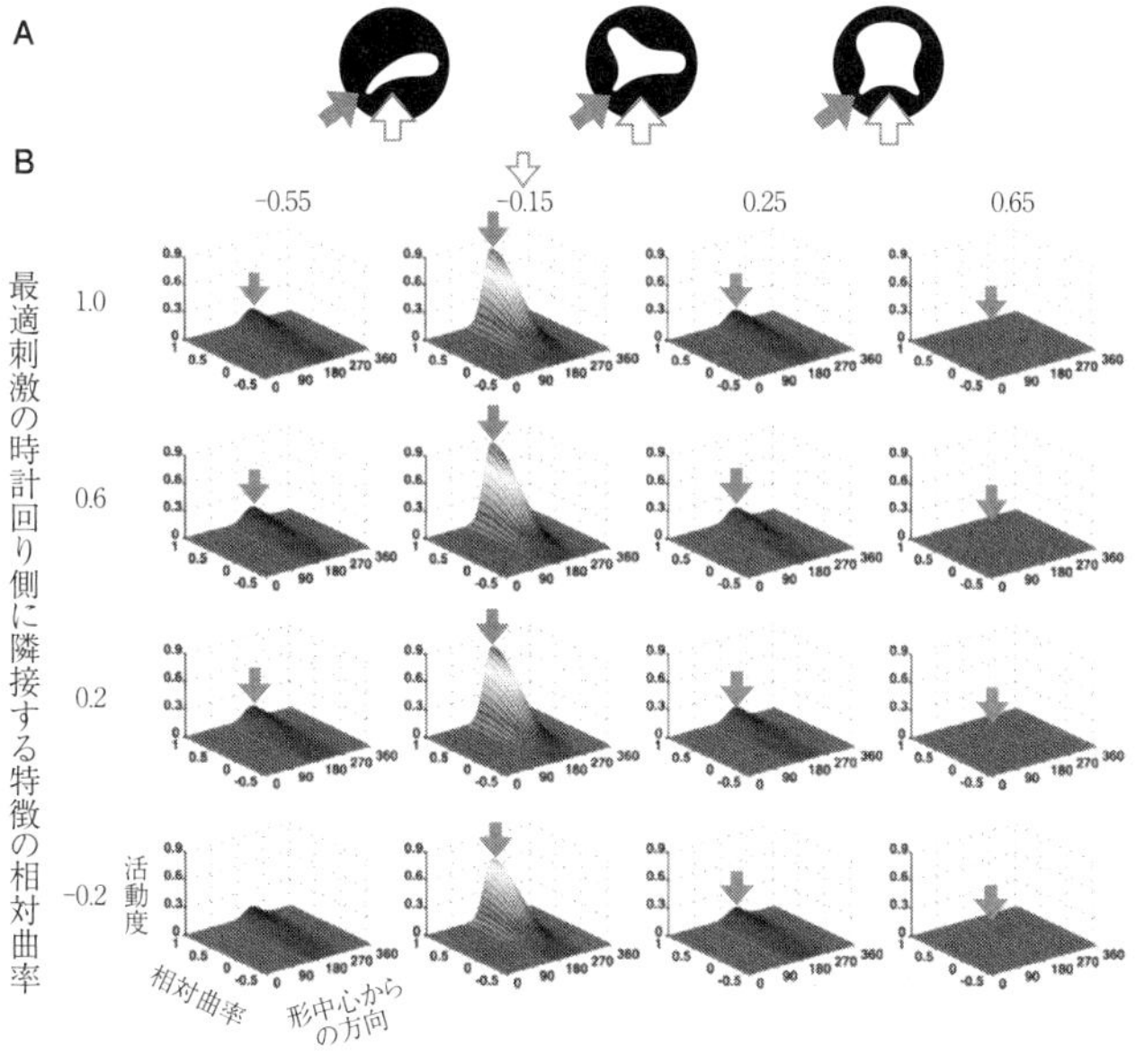

図 7.11　V4 野神経細胞の活動は“好み”の方向・曲率だけでなく，隣接曲率にも影響される例（文献(5)より改変）．A：この細胞がよく応答する刺激．（→）で示した特徴に応ずるが，（⇒）の特徴が共存する場合に最も応答する．B：その性質をグラフ化．各グラフは図形中の特徴の方向，曲率，細胞の活動度．この細胞は，230° 方向に高い曲率（1.0）がある場合に応答するが，反時計回り側の隣に緩やかな負の曲率（−0.15）が存在する場合に最も反応．時計回り側の隣の特徴には影響されない．

よびサルに対称性のある視覚刺激を提示し、脳のどこが活動するかをｆＭＲＩで計測しました。その結果、Ｖ４野付近が最も活動することを見出しました。これを受け、我々は、上述のＶ４野細胞の性質を線対称や回転対称を評価することに用いることができないかを検討することにしました。

第一のアイディア——圧縮による回転対称の検出

前項では、大脳皮質の視覚野の一つV4野の神経細胞が、その神経活動で、提示された形の中のある方向に存在する特定の曲率（曲線の鋭さの程度）を符号化するだけでなく、その活動は、その隣（時計回り側ないしは反時計回り側）の曲率の特徴が何であるかによって変調されることを述べました。一方、我々は大円・小円変換という変換によって、輪郭中の一定曲率部分（これを曲率セグメントと呼びました）を検出・表現することができました。これらを組み合わせて、うまく部分的な線対称や回転対称を評価し、それら対称性に基づく不完全な形の補完推定をすることは、どうすれば可能なのでしょうか？

ある方向・ある曲率の特徴に対する神経細胞応答が隣の特徴にも影響されるということは、曲率セグメントの特徴が、少なくとも、（形を中心とした座標の）方向、その細胞が主に好む曲率（主曲率）、および時計回り側ないしは反時計回り側の隣接曲率、の3次元空間に表現されていることを示しています。この3次元のうち、方向次元を押し潰し、主曲率—隣接曲率の2次元に圧縮することで、図形が回転対称性を持つかどうかを判定できないか？ それが、我々の第一のアイディアです。

今、図に示した回転対称性を持つ図形を考えてみましょう（図7・12A）。この図形の輪郭を、ある特定の曲率部分、つまり曲率セグメントに分割し、それら曲率特徴にα, γ, ……といった具合にラベルを付けておきます（図7・12B）。これらを、方向—主曲率—隣接曲率からなる3次元空間

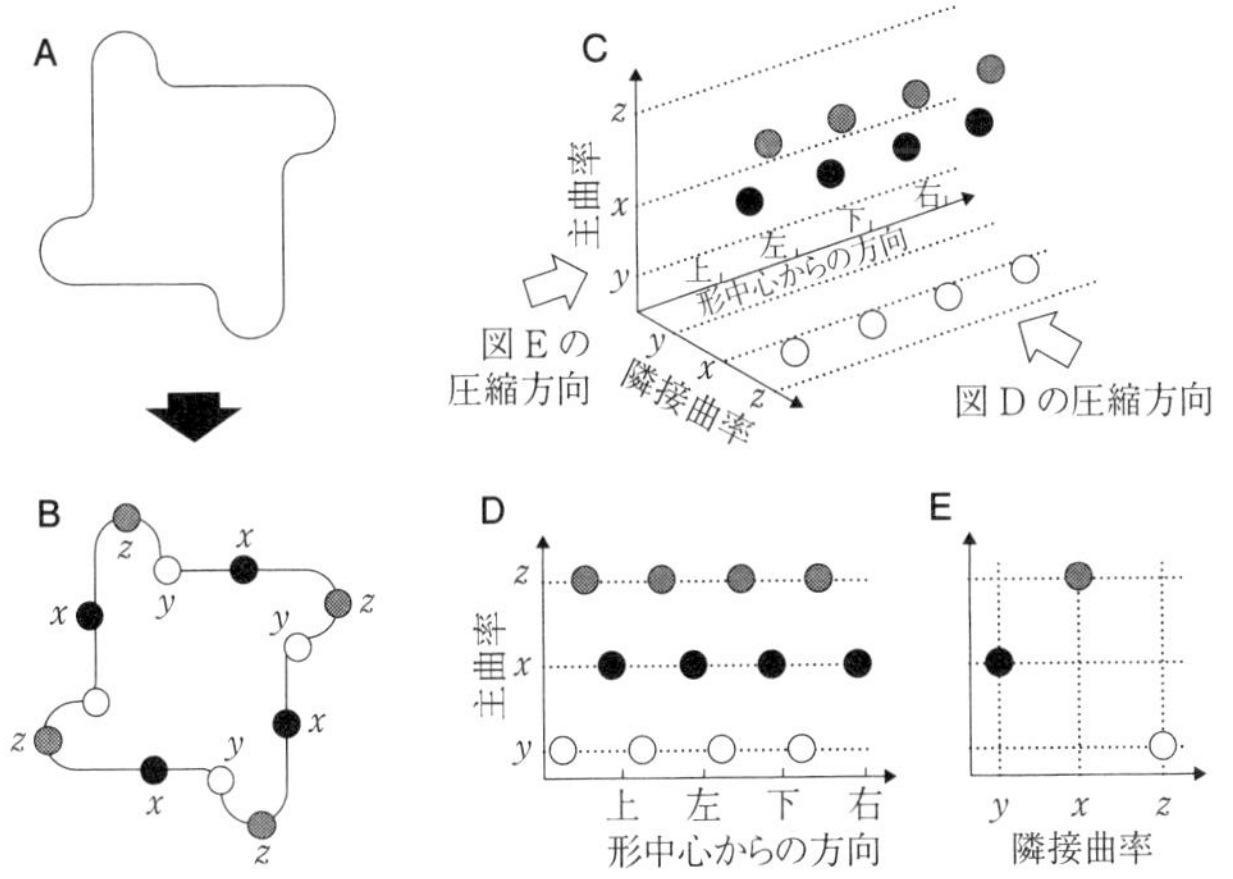

図 7.12 回転対称性の評価．A：元図形．B：曲率セグメントに分割．C：形中心からの方向—主曲率—隣接曲率の3次元空間に表された回転対称図形に含まれる曲率特徴．特徴の数は12．D：隣接曲率方向を圧縮しても特徴の数は12．E：形中心からの方向を圧縮すると特徴数は3.

にプロットします（図7・12C）。

この図形の輪郭上の曲率セグメントは、全部で一二個あります。この数は、3次元空間の隣接曲率次元を圧縮し、特徴を形中心からの方向と主曲率の2次元にプロットしても変わりません（図7・12D）。ところが、図形に回転対称性がある場合、3次元空間の形中心からの方向次元を圧縮し、特徴を主曲率—隣接曲率空間に表現すると、特徴の数は図に示した通り、三つになってしまいます（図7・12E）。

我々は、このどの次元を圧縮するかによる特徴数の違いを、部分回転対称性の評価、つまり、前述のヴァン・リア風の圧縮による形の「よさ」の評価に用いることにしました。

第二のアイディア——反時計・時計回りによる線対称の評価

一方、線対称性の評価は、どうすればよいでしょう？　図7・13の絵には、特徴が一〇個あります。これらの特徴を主曲率―隣接曲率空間で表現したところで、回転対称の場合と違い、特徴の数は減りません。けれども今一度、大脳皮質V4野の細胞活動は隣の曲率特徴の影響を受けるが、その隣には「時計回り」と「反時計回り」があることを思い出しましょう。このことは、主曲率―隣接曲率空間は二つある。つまり時計回り空間と、反時計回り空間があることを示しています。このことは何を意味しているのでしょうか？

図7・13には、図形の特徴を「時計回りタイプ」と「反時計回りタイプ」の2次元空間で表現したものを示しました。我々は、線対称図形の特徴配置のパタンが、この二つの空間で同一になることに気づきました。これを利用して、遮蔽図形の部分線対称性を評価する、これが第二のアイディアです。

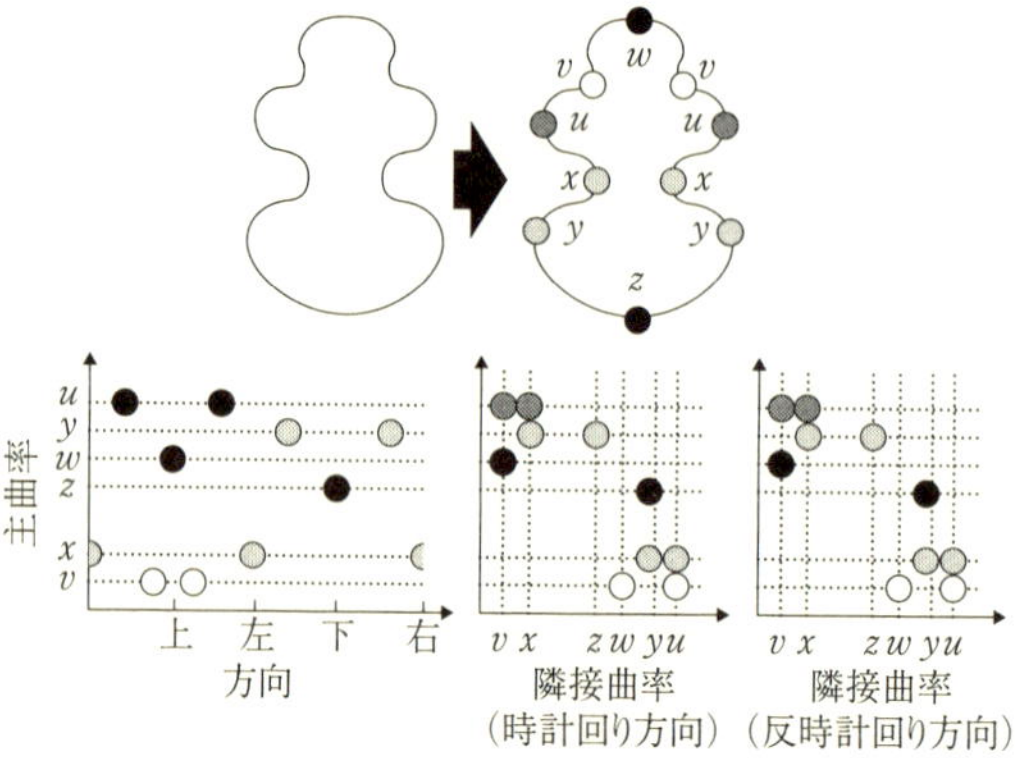

図 7.13　線対称図形に含まれる曲率特徴を主曲率—隣接曲率空間で表現すると，“隣接”が時計回り方向でも反時計回り方向でもパタンが同じになる．

部分対称性を評価して補完する

今現在の計算モデルでは、輪郭の局所連続に基づく補完しかできていません。我々は上に述べたアイディアに基づき、形全体の対称性に基づく補完も可能となるような計算モデルを構築しました。処理の流れは、図7・14の通りです。詳細は省きますが、入力画像から、まず輪郭が抽出されます。次に、Tージャンクション（輪郭のT字路特徴）を手掛かりに、すべての可能な輪郭の分節化を行います（図7・14のようにI、j、kと分け、$i+j$や$j+k$といった可能な組み合わせをすべて得る）。その後、前に述べた大円・小円変換で輪郭の一定曲率部分、曲率セグメントを検出します。検出された曲率セグメントは、図7・14ではスペースの都合で単純に描かれていますが、実際には、上で述べたように、形中心からの方向、主曲率、隣接曲率（もちろん、時計回りと反時計回りの二種類）の次元を含む高次元空間に表現され、次項で述べる判定のもと、補完されます。

図 7.14 遮蔽補完の計算処理の流れ．ステップ 4 の灰色は補完された特徴．

多義的な解釈を可能にする計算モデル

図形の輪郭が一部欠けていても、その部分対称性を評価して、補完する。それを可能とする計算モデルを構築することが、我々の目標です。そのために、輪郭を一定曲率の部分に分割します。曲率セグメントと呼ぶそれら大まかな特徴を、その曲率（主曲率）、それが形全体のどの方向にあるのか（方向）、その隣の曲率セグメントの曲率は何か（隣接曲率。隣は、時計回り反時計回りの二通り）の3次元を含む表現で表現しました。

計算モデルでは、一部欠けた輪郭に回転対称の繰り返しが二回以上存在する場合、図形は部分回転対称性を持つとしました。図7・15Aの例では、与えられた不完全な輪郭から一〇個の曲率セグメントが検出されましたが、曲率―隣接曲率空間では、その数が三個に見えます。ということは、与えられた不完全な輪郭の中に回転対称の繰り返しが三回以上存在することを意味します。これを基に、輪郭がとじるよう欠けた部分が補完されるのです。

部分線対称性は、時計回りタイプの主曲率―隣接曲率空間と反時計回りタイプのそれとの論理積（AND）をとり、少しでも重なりがあれば、部分線対称性があると判定しました。補完結果も、今度は二つの論理和（OR）をとると比較的簡単に得ることができました（図7・15B）。

一方、輪郭の局所連続に基づく補完も、輪郭の途切れがあるところの曲率セグメントをそのまま輪郭が閉じるまで延長することで得ました（図7・15C）。

輪郭の対称性に基づく補完と局所連続に基づく補完のどちらが強く見えるかは、図形に依存します。一方が極めて優勢な場合もあれば、優劣つけがたい場合もあります。我々のモデルでは、両方とも出力します。それらの相対的な見えの強さは、以前に述べたヴァン・リアらの手法に基づきます。つまり、補完された図形の各曲率セグメントに記号を付与し、図形全体を記号表現します。対称性があれば記号表現を圧縮します。この記号表現が短いほど、図形が単純に表現されたことになり、相対的に単純な補完図形の方が優勢となります。この計算を我々のモデルは自動的に行えるのです。

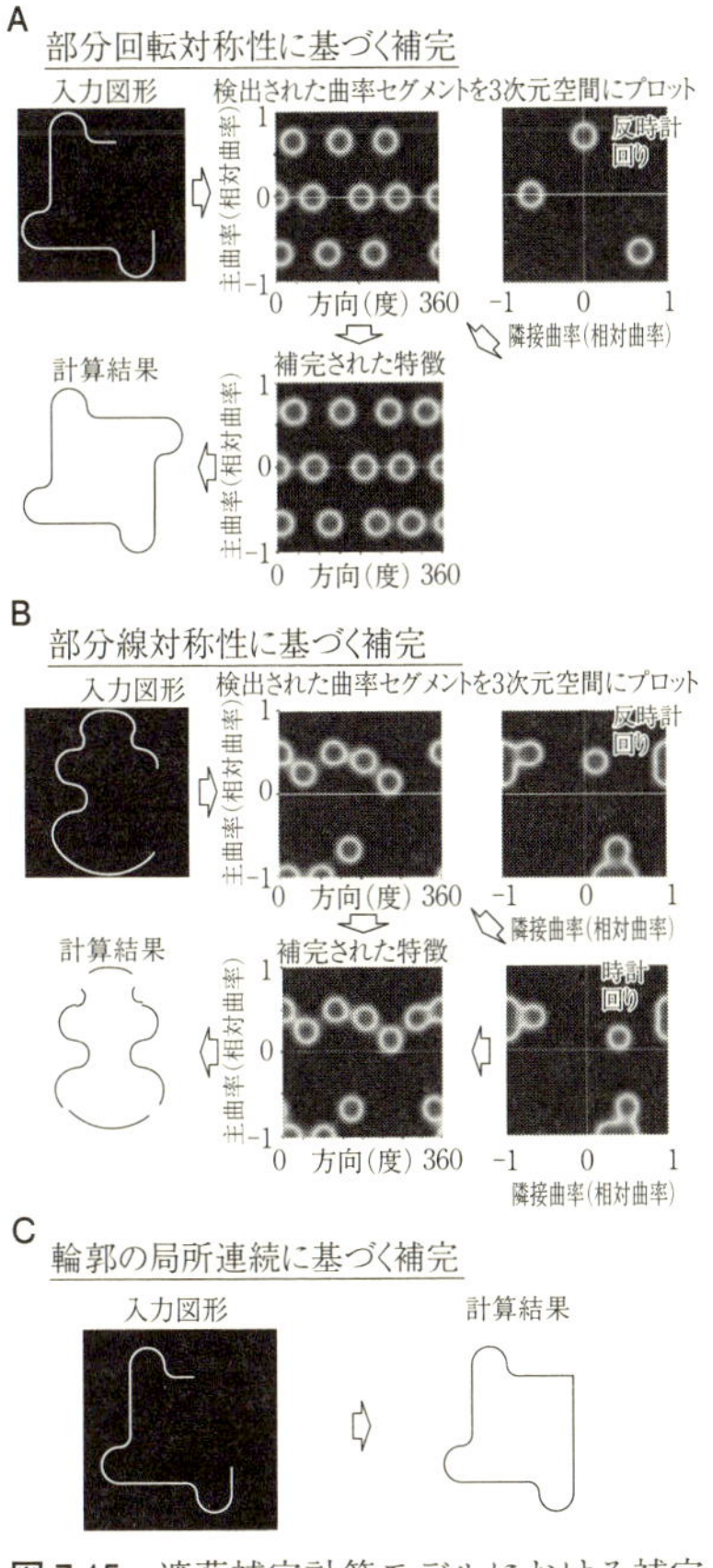

図 7.15 遮蔽補完計算モデルにおける補完の具体例（文献(1)より改変）．ここでは，主曲率―方向―隣接曲率の3次元空間に表現された曲率セグメントを各2次元で示してある．主曲率―隣接曲率プロットにおいて，Aでは，曲率セグメントの数が減っていること，Bでは，“時計回り”と“反時計回り”で重なりがあることに注意．

三　遮蔽補完の計算モデルは何を語るか

創造の糸口は多角的な見方から

本章では、形の一部が遮蔽されていても、それを遮蔽されていない部分から推定・補完する、遮蔽補完問題を解く計算モデルについて述べてきました。①パラメータ空間への投票法の一種を用いて、見えている輪郭の中の大まかな特徴、つまり曲率（曲がり具合）が一定の部分（曲率セグメント）を検出しました。②曲率セグメントを、そのセグメントの持つ曲率（主曲率）、方向（そのセグメントが形のどの方向にあるか）、隣接曲率（隣にあるセグメントの曲率）の3次元を持つ空間で表現しました。③その高次元空間を、特定の部分空間（ここでは2次元）に投影したとき、投票の集まったセグメントの重なりがあると、輪郭に部分対称性が存在すると見なすことができ、それに限って対称性に基づく補完を行いました（局所輪郭連続補完は常に行う）。

オリオン座の三つ星は、洋の東西を問わず古くから認識されており、誰でも気づきやすいパタンです。でも、夜空の膨大な星の中のたった三個の星なのに、どうして目立つのでしょう？　オリオン座三つ星は一等星ではない二等星なので、明るさだけで目立っているわけではありません。具体的に考えるため、星座の知識なしで、三つ星を捉える機械を想像してみることにします。

筆者は、図7・16に示した三つの次元を考えてみました。任意の二つの星の間の、輝度関係、距離関係、二つの星を結んだ線分の方位の3次元です。オリオン座の三つ星の、右側二つと左側二つの関係は、この3次元空間の極めて近い場所にプロットされるはずです。個々の次元なら、似たような位置にプロットされる二星間関係はたくさんあります。でも、次元が増えると、たった二点が重なることですら稀になります。一方、北斗七星を考えてみると、それを構成する星の関係は、方位関係ではそう一定ではないですが、輝度関係、距離関係の部分空間ではプロットがかなり近場に集まり、その点を利用するとよいでしょう。この星座検出機械は、あくまで筆者の思考実験ですが、高次元空間に表現し重なるところを見つけるという点で、遮蔽補完の計算モデルと似ています。

ものごとを多くの軸で判断し、いろんな角度で眺めてみると、思わぬところに一致があったり、スッキリ表現できるところがあったりする。それが、思いもかけない発想や創造の糸口になるというのは、人生、経験を経るにつれ身に染みるところです。また、判断の軸をどのように増やすのかについての一つの王道は関係を考えること、具体的には変化や連続を考えるというのも、振り返るともっともなことで、本章で紹介した遮蔽補完の計算モデルは、我々のそういう知的側面を厳密に具現化したものと言えるでしょう。

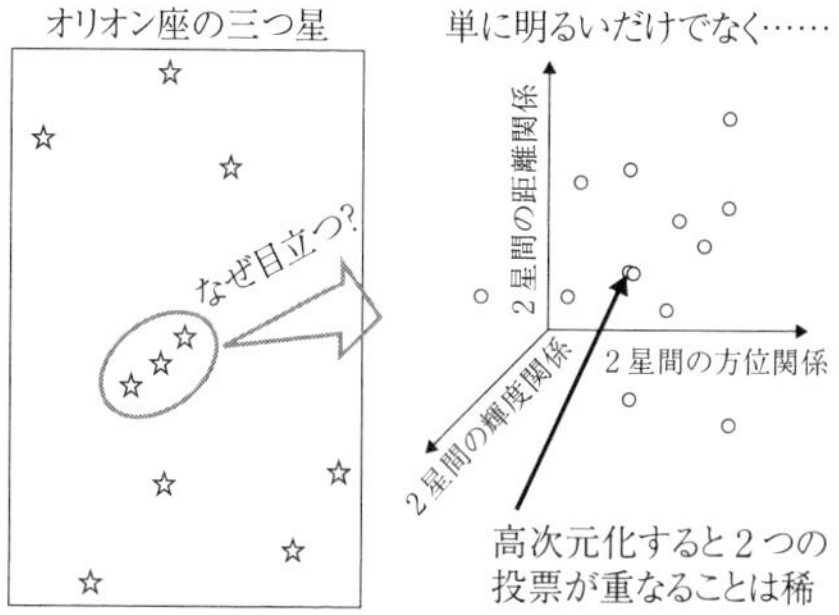

オリオン座の三つ星
なぜ目立つ?
単に明るいだけでなく……
2星間の距離関係
2星間の方位関係
2星間の輝度関係
高次元化すると2つの投票が重なることは稀

図 7.16　オリオン座の三つ星を検出するには？

遮蔽補完モデルは仮設生成か

仮設は直接観測できないにもかかわらず、いろいろな予測を可能にします。また、仮設に相当するものは、不完全な情報から「美しさ」「よさ」「単純さ」等を基準として得られると考えられます。我々の遮蔽補完の計算モデルでも、補完された図形は、直接観測できない、不完全な輪郭から得られたもので、補完部分はあくまで予測です。どう補完するかは、図形の単純さを判断基準としました。

一方、遮蔽補完は、与えられた条件からは答えを一意に決定できない不良設定問題です。これを解くには、どのように補完すべきかについて、解く側に前提（拘束条件）がないといけません。

ここで、補完の結果得られた形が仮設なのか、それとも補完のための拘束条件が仮設なのかがわかりにくくなっているので、整理しておきましょう。補完された形はルールなのです。提示された図形の中に検出された特徴間に整合的な関係をつけるため、その場で設《しつら》えられた拘束条件なのです。その場その場で設えることをもって、アブダクション（仮設生成）としています。

その場その場で設えることを可能にする基礎として、我々のモデルでは検出された特徴を高次元空間に表現しました。高次元空間の中で、単純な表現を得られる次元を見つけ、それに従い補完することで、提示図形に依存して見かけ上変わってくる拘束条件、つまり輪郭の局所連続に基づく補完と全体の対称性の評価による補完を整合的に説明しました。

前項でも述べたことですが、このようなやり方は、状況による柔軟な処理を可能にするでしょう。

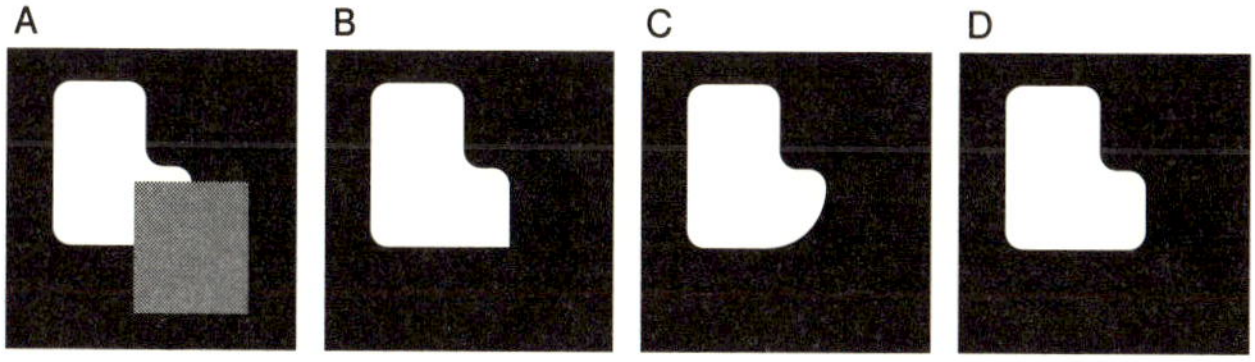

図 7.17 加藤-坂本遮蔽図形．A：白い領域が背後に見える．B-D：白い領域の補完の仕方．B：直線による補完．C：逆に隠されている部分の曲率は滑らかで一定．D：補完された角は他の角と同じ曲率を持つ．

高次元空間で表現しておくと、思わぬ次元に単純さを見出す可能性があるからです。たとえば、筆者が加藤学氏と考えた図形（図7・17 A）には、別に対称性はありません。でも、見えている輪郭に存在しない角や曲線が補完された部分にできてしまうBやCの補完より、Dの補完の仕方のほうがもっともらしく見えます。輪郭の局所連続拘束条件を安直に適用してしまうと、BやCのような補完結果が出てきてしまいますが、Dではありうる曲率の種類も考慮していることが、自然な見えにつながっているのでしょう。今現在の我々のモデルではできていませんが、このような補完は、工夫次第で十分達成可能だと思います。

我々の遮蔽補完モデルで実装した、特徴の高次元空間による表現と表現を圧縮できる次元の発見というアーキテクチャはまた、ルールあるいは拘束条件は階層的であることも意味しています。つまり、補完された形というその場で設えられた拘束条件の上位には、ゲシュタルト心理学のプレグナンツの法則に比せられる特定のモダリティによらない「単純さ」拘束条件（メタルールと言ってもいい）が存在することを示しているのです。

遮蔽補完モデルと複雑系の融合

本章で議論した遮蔽された形を推測・復元する計算モデルにも、前章で多く議論したハフ変換を用いた直線検出モデルにも、第I部や付録で多く論じた複雑系のダイナミクスのダの字も入っていません。では、第II部で論じた議論と複雑系科学の議論をどう統合すればよいのでしょう？　たとえば、筆者らの遮蔽補完の計算モデルに非線形振動子を用いるとするなら（残念ながら力不足で、そこまで至っていませんが）、どういう用い方になるでしょう？

非線形振動子とは、線形ではない微分方程式で記述される振動子の総称です。ある条件下では、異なる周期・位相（周期の内の位置）で振動している振動子が、相互作用を通じて同期することがあります。これは、いわゆる引き込み現象という自己組織（無秩序ではなく、秩序だった方向に変化する）現象として知られています。この現象を脳の計算モデルに用いる利点は、どういうところにあるかと振り返ってみましょう。

筆者は、位相を用いることに利点があると考えます。今、ある量の安定・不安定をビー玉に喩えて考えてみます。ビー玉が谷底にあれば、そのビー玉に何か外から作用が加わっても、作用の影響はやがて打ち消され、ビー玉は谷底で静止します。この意味で、ビー玉が谷底にある状態は安定ですが、外からの作用には鈍感です。一方、ビー玉が平らな面に置かれた場合、外からの作用には敏感ですが、平面上をさまよい、安定とは言えません。では今度は、完全に平らな星の上にビー玉を置くことを考えてみましょう。できれば2次元世界の環状のものとしての星を。ここでビー玉に外から作用が加わると、谷はないので、ある方向にずっと転がっていってしまいます。しかしながら、今度は、環状の星の上なので、ビー玉は星の上を巡り、元の場所に戻ります。外からの作用には敏感ですが、星の上からは逃れられないという意味で、ある意味安定です。

非線形振動子間の相互作用が、このような環の上で行われているとすると、ある条件では、それぞれが無意味な谷にとらわれることなく、また無限の彼方に行ってしまうことなく、全体的にほどよい位相関係に落ち着くと期待されます。無論、実際の計算ではそう希望通りにはいきませんが、少なくとも他にはない振動子の利点を用いようとしているわけです。

我々の作った遮蔽された形を補完する計算モデルには、形の輪郭を一定曲率（曲がり具合）からなる大まかな特徴に分けて捉え、その曲率セグメントと呼んだ部分をその曲率、形中心からの方向、隣の特徴の曲率という3次元の空間で表現しました。しかしながら実際の計算で難しかったのは、曲率セグメントの間の、曲率が連続的に変化する部分でした。セグメント間を滑らかにつなごうとすると、我々の当時の力では曲率セグメント（の代表点）間の距離や方向、曲率セグメント自身の向きとサイズといった次元を明示的に用いざるをえませんでした。非線形振動子を上手に用いることができれば、これらの次元の量を明示的に表現することなく、曲率セグメント間を滑らかにつなぎ、全体が整合的になるように形を再構成できるのではと考えます。

創造性のメカニズムはどのようなものか

脳科学のちょっと変わった一般向けの本としての本書は、ここでひとまず区切りを迎えます。私達は、決して予め決められたことだけを行う存在ではありません。程度の差こそあれ、未知のものを含む状況（これを本書では、無限定環境と呼びました）に直面した際、「そうだ！」とか「よし！」とか、大なり小なり創造的な思いつきをもって、それに対処し、何とか生きています。ヒトや生き物の持つ創造性に、どのくらい肉薄できるのか、それが本書の目的でした。果たして本書は、創造性の脳のメカニズムの尻尾をほんのわずかでも捕まえることができたのでしょうか？

筆者は、小学一年生のとき、低い身分から大出世し、戦国乱世を収めた豊臣秀吉が大好きでした。なぜ好きだったかと振り返ると、いろんな難しい問題を他人が思いもよらない知恵で解決したところだったように思います。たとえば、墨俣の一夜城。隣国・美濃を攻めるには前線基地が必要。でも、前線基地にふさわしい場所は常に敵の攻撃に晒される。その難問に対し、半ば組み立てた建築資材を川の上流から流し、現場では一気に建てる。現代のプレハブ工法の先駆けとも言える発想で難題を解決したエピソード等は、子供ながら痛快に感じたものでした。

これに限らず、よい問題解決法は、創造性の産物の好例と言っていいでしょう。問題解決の場面では、たいてい満たさなくてはならないけれど、一見、相容れない要件があります。前線基地を立てる必要があるが、立てようとすると攻撃される、といった具合に。よい解決法は、要件間に全体としてすっきりとした関係性を与えます。プレハブを現場に流し一気に建てるという解決法は、前線基地を立てるという要件と敵に攻撃されないという要件を両立させるものでした。

筆者はこれまで、この大問題に対し、複雑系科学の観点で脳研究を行ってきました。複雑系科学は、自己組織論とも呼ばれ、時空間パタン等の秩序だった状態がどのように自律的に生成するかを取り扱います。その観点で脳や脳が解いている諸問題を考えると、「そうだ！」とか「よし！」とか、目下の問題の解決法が自律的に脳内に生成するメカニズムの一端を捉えることができないだろうか、そう考えたわけです。

もう少し具体的に述べますと、脳が解いている問題には、不良設定問題、つまり網膜像という2次元画像から3次元世界をどう理解するかという問題のように、外から与えられた手掛かりだけでは認識や行動を決定するのに情報が足りないという問題が数多く存在します。この足りない情報を、複雑系としての脳・神経系が自ら生成するメカニズムを考える、本書で述べてきたことはこの一点に尽きます。非線形振動子の引き込みと呼ばれる複雑系の現象は、その機構として考えられたものの一例です。その現象を通じて、当座の要件の間にすっきり整合的な関係性が創出されるのでは、と期待されたわけです。

実際に、非線形振動子やその他の素子を用いて自己組織的に不足する情報を補うには、振動子等の間に望ましい関係を導くルール、拘束条件（仮設とも呼びました）が必要です。ところが、この拘束条件について考えると、深刻な問題が出てきます。

まず、局所ルールでよいのかという問題があります。本章で扱った、見えない形を補う遮蔽補完の問題を振り返ってみましょう。仮に、輪郭の局所断片を担当・符号化する素子と隣り合った素子間では、担当する輪郭断片の向きが滑らかで連続的に変化するのが望ましいというルールを考えることにします。確かにさまざまな図形を眺めますと、実際このルール・拘束条件が有効である、つまり形全体ぐるっと一周滑らかにつながるように補完される場合もたくさんあります。でも、対称性に基づく補完が優勢な場合もまた、数多く存在するのです。対称性といったものは、形全体を俯瞰して初めてわかるものです。よい例かどうかわかりませんが、函館の五稜郭が対称な形をしているのを城の周囲をこつこつ測量して知るのは大変なことですが、航空写真で見ればすぐわかります。このことは、要件間の整合的な関係とは、局面・局面のよい関係の蓄積だけではないということを示唆しています。全体を俯瞰した拘束条件が、本質的に求められているのです。我々の構築した遮蔽補完の計算モデルでは、部分と全体が逆転するパラメータ空間への投票という方法を用いたことが、多少なりともうまくいった一因だと考えています。

もっと深刻な問題は、本来、拘束条件そのものも創り出さねばならないのではないか、という問題でした。確かにそれを裏付けるように、状況によって拘束条件が変化する不良設定問題は多々あります。本章で扱った遮蔽補完問題も、表面的に大別されるだけでも、輪郭の局所連続、回転対称、線対称に基づく補完ルールがあり、それらの優位性が一見、図形依存的に変わりました。日常体験を振り返ってみても、全体的にすっきり整合的で秩序立った関係といったものはいろいろありえます。しかしながら悩んでいるときは、それがどこにあるか五里霧中です。創造的なひらめきとは、それがどこにあるか発見することなのかもしれません。我々の遮蔽補完モデルでは、大まかな特徴・曲率セグメントを、高次元の特徴空間にプロットし、繰り返し構造等、形全体をすっきり圧縮表現できる部分次元を評価することが、対称性に基づく補完を可能にしました。

我々のモデルでは、どの部分空間を評価すれば対称性が評価できるか予めわかっていたので、予め決まった処理にしましたが、もし、この高次元空間中の意外なところに隠れた構造を自律的に浮かび上がらせるメカニズムがあれば、それは創造性のメカニズムの大事な一端となるでしょう。

以上、本書で議論してきたことを総合して、筆者がイメージする創造性の神経回路メカニズムを、極めて粗暴ですが、模式化してみました（図7・18）。

創造性の脳のメカニズムについて筆者が科学者として責任を持って述べることができるのは、ここまでです。でも、まだ何か大事なことが欠けているように感じます。その点につき、以下、科学者という立場を超え、一人の人間としての筆者が思うところ、今のところ科学論文としてはなじまない議論を、最終章では展開したいと思います。

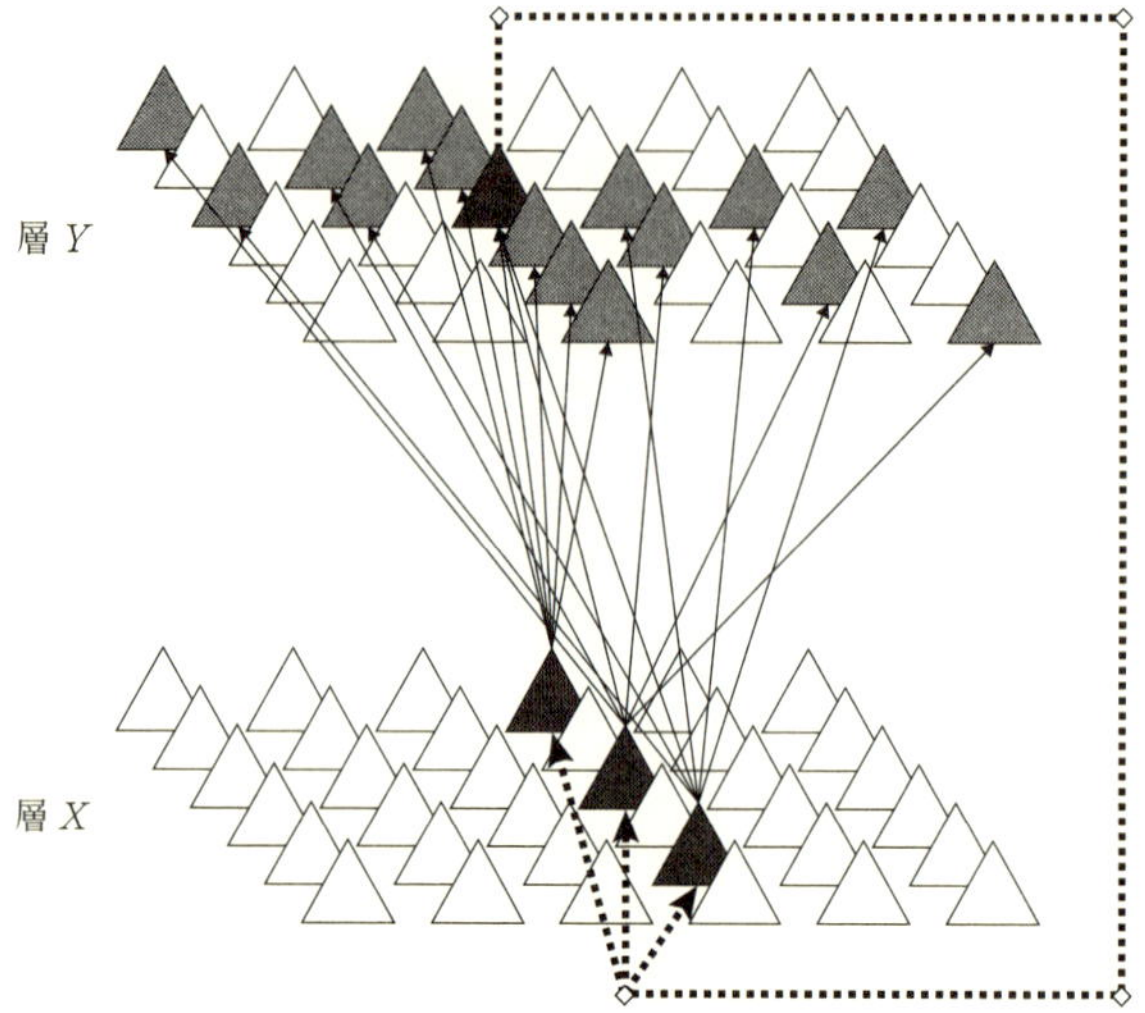

図 7.18　最も単純な創造性の神経回路メカニズムのイメージ.

三角形は神経細胞のような素子．素子間の配線は模式図を見やすくするため省略した．各素子は，本書で取り上げた前頭前野や V4 野の神経細胞のように，異なる情報・高次元の情報を符号化している．

素子は，必要なときに振動状態をとり，引き込み同期能力を備える．引き込みを通じて，各素子が符号化した情報間の整合的関係が，偽の局所安定に捕捉されることなく追求される．結果，遮蔽補完問題で議論したように，高次元空間で符号化された情報が，低次元空間で，あるいは単純に表現される．また，この過程で，あまり情報を符号化していない素子も活性化されるか，引き込みクラスタに取り込まれ，これにより不足した情報が補われる．素子は同期しつつも位相勾配を持つこともあるかもしれない．その場合，各素子は，真正粘菌の場合のように，同期クラスタ全体の中での自らの位置を「知る」ことができる．

層 X の素子から層 Y への配線は，パラメータ空間への投票になっている．層 X で符号化された情報と層 Y で符号化された情報には，部分と全体の逆転関係がある．投票の集まった層 Y の素子は，層 X に投票し返す．X-Y 間のループを介して，表現された情報における部分と全体の整合性がより高いレベルで追求される．ループ構造自体が振動子として振る舞い，個々のループ間に引き込みが生じることもあるかもしれない．Y から X への投票でも「部分と全体の逆転」が存在する．結果，層 X と Y は，互いに他の拘束条件となる．

BOX　IT 野の鏡像混同細胞は V4 野の性質で説明できる？

筆者らが構築した形の遮蔽補完の計算モデルでは，大脳皮質 V4 野の神経細胞の性質に基づき，輪郭の大まかな特徴・曲率セグメント（曲線具合が一定の部分）を，曲率—方向—隣接曲率，つまり，各セグメントの曲率，そのセグメントが形全体のどの方向にあるのか，隣のセグメントの曲率の 3 次元に表現しました．神経細胞には時計回り側の隣接曲率に影響されるタイプと反時計回り側の隣接曲率に影響されるタイプがあり，それに基づき我々のモデルでは，時計回りと反時計回りの 2 種類の曲率—方向—隣接曲率空間を用意しました．線対称性の評価には，輪郭の持つ曲率セグメント表現がこの 2 つの空間でどのように一致するかを用いました．この一致を見る脳内過程では，2 つの表現が何らかの統合がなされていると思われます．

ところで，子供は文字の読み書きでしばしば鏡像混同（mirror-image confusion）を起こします．たとえば，“b” と “d” を混同するといった具合に．サル V4 野より高次側にある下側頭野（inferotemporal area, IT 野）には，この鏡像混同を反映するような応答を示す神経細胞が存在します．このような応答は，時計回りタイプと反時計回りタイプの 2 種類の曲率—方向—隣接曲率空間内で表現された形の大まかな特徴が，誤統合された結果ではないでしょうか．

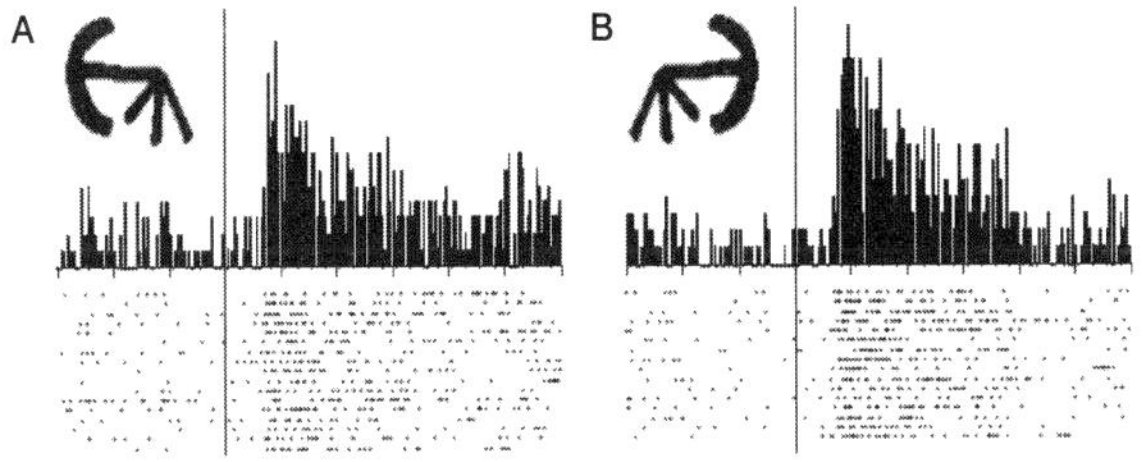

図　IT 野・鏡像混同細胞の例（文献(12)より改変）．A, B それぞれの左上にそれぞれの場合の提示図形を，下の各行は各試行を，その中のドットは神経細胞の発火を示している．それらの上にはヒストグラムが示してある．縦線は図形提示タイミングを，横軸メモリは 200 ms.

BOX　大脳皮質の3次元構造に高次元の情報をどう詰め込むか？

本章で紹介した筆者らの計算モデルでは，形の輪郭の大まかな特徴として曲率（曲線の曲がり具合）セグメントと我々が呼んだものを曲率，方向，隣接曲率，更に計算の都合上，もう数種類の量を各次元とする高次元の空間に表現しました．しかしながら，大脳皮質という3次元構造に，そのような高次元を詰め込むことはできるのでしょうか．

大脳皮質の機能構造の詳細な研究は実はあまり進んでいませんが，その中で，よく調べられているのが，第一次視覚野（V1野）です．イメージング技術の発達により，V1野がどのような刺激に応答するのか，その空間構造の詳細が，だいぶ明らかになっています．電極を用いて神経細胞の方位選択性（どういう向きの線刺激を好むか）を調べるという方法では，せいぜい，V1野の水平方向には，受容野（細胞が応答する視野の範囲）は近いが方位選択性が少しずつ異なる細胞が並んでいることぐらいしかわかりませんでしたが，イメージングを行うと，方位選択性細胞が皮質水平方向にどう配置されているか一目瞭然です．しかしながら，V1野の神経細胞が異なる応答をするのは，方位だけではありません．よく知られている限りでも，どちらの眼の刺激か（眼優位性），光の特定の波長に応答するかどうか（波長選択性），どういう空間周波数（格子の繰返し周期）に応答するか（空間周波数選択性）等が挙げられます．もちろん，刺激の視野上の2次元位置もあります．このような高次元の特徴表現が，大脳皮質の3次元構造の中に，巧みに埋め込まれているのです．

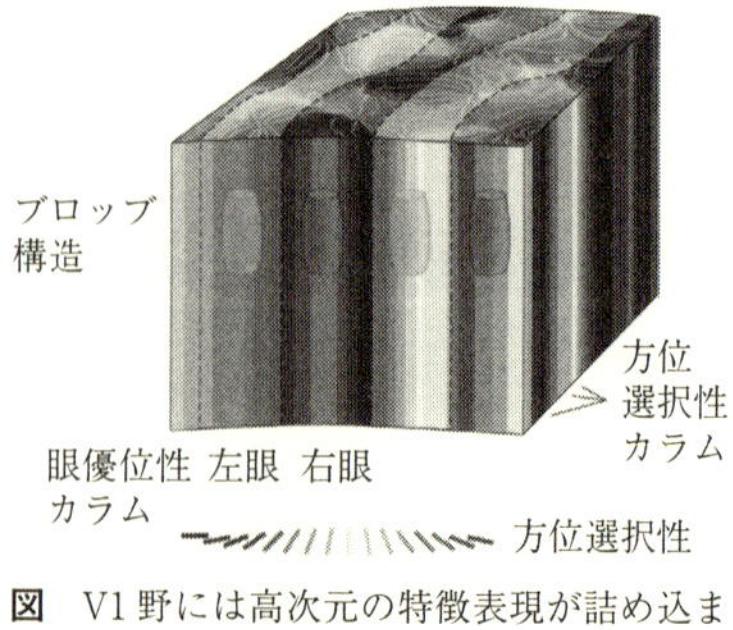

図　V1野には高次元の特徴表現が詰め込まれている（文献(13)より）．

[参考文献]

(1) Sakamoto K, Kumada T, Yano M. A computational model that enables global amodal completion based on V4 neurons. *Lecture Notes Comput. Sci.*, 6443: 9–16 (2010)

(2) Fukushima K. Neural network model for completing occluded contours. *Neural Networks* 23: 528–540 (2010)

(3) Van Lier R, Van der Helm, P, Leeuwenberg E. Competing global and local completions in visual occlusion. *J. Exp. Psychol.*, 21: 571–583 (1995)

(4) Pasupathy A, Connor CE. Population coding of shape in area V4. *Nat. Neurosci.*, 5: 1332–1338 (2002)

(5) Pasupathy A, Connor CE. Shape representation in area V4: position-specific tuning for boundary conformation. *J. Neurophysiol.*, 86: 2505–2519 (2001)

(6) Ito M, Komatsu H. Representation of angles embedded within contour stimuli in area V2 of macaque monkeys. *J. Neurosci.*, 3313–3324 (2004)

(7) Kobatake E, Tanaka K. Neuronal selectivities to complex object features in the ventral visual pathways of the macaque cerebral cortex. *J. Neurophysiol.*, 71: 856–867 (1994)

(8) Logothetis MK, Pauls J, Poggio T. Shape representation in the inferior temporal cortex of monkeys. *Curr. Biol.*, 5: 552–563 (1995)

(9) Zhou H, Friedman H, von der Heydt R. Coding of border ownership in monkey visual cortex. *J. Neurosci.*, 20: 6594–6611 (2000)

(10) 坂本一寛・千葉直樹・矢野雅文、視覚野のボトムアップ型——物体中心座標系表現の生理モデル、日本神経回路学会第15回全国大会論文集、九五—九六頁(二〇〇五)

(11) Sasaki Y *et al.* Symmetry activates extrastriate visual cortex in human and nonhuman primates. *Proc. Natl. Acad. Sci. USA*, 102: 3159–3163 (2005)

(12) Rollenhagen JE, Olson CR. Mirror-image confusion in single neurons of the macaque inferotempral cortex.

Science, 287: 1506–1508（2000）
（13） Kandel ER *et al. Principals of Neural Science*（*5th*） McGraw-Hill（2012）

最終章　創造性の更なる源を求めて

以上、複雑系生命システム論の観点で、脳の情報処理における創発的・創造的な側面を概観しました。複雑な環境下で少ない手掛かりから認知や行動を決定するのは、簡単ではありません。多くの場合、不良設定問題、つまり答えが一意に得られない問題なのです。そこに複雑系生命システム論が関わる余地があります。複雑系ではパタン等秩序立った状態が自律的に生成される場合があり、これを脳の情報処理に適用すると、不良設定問題において足りないものを創り出す新しい技術になる可能性があります。実際に創り出される必要があるものは、多くの場合、関わるものごとの間の整合的な関係です。整合的な関係は、現象としては共時的な秩序として立ち現れます。本書では、粘菌のような単純な生き物からサル前頭前野における行動計画の策定まで、何かが生成されるときに共時的秩序としての同期現象が出現することを紹介しました。しかしながら整合的な関係はさまざまです。どういう側面の整合性かについての縛りが必要です。これを拘束条件と呼びました。拘束条件にはさまざまなレベルや階層がありますが、生命システムの真の自律性を考える場合、上位の拘束条件に従い、下位の拘束条件を生成する機構を考えねばなりません。視覚の遮蔽補完の計算モデルは初歩的ながら、この問題を志向しました。最終章では、最上位の拘束条件や規範（メタルールと言ってもいいかもしれない）はどのようなものかについて、科学者の立場を超え議論します。

人類に反旗を翻す究極のロボット

その昔、「新造人間キャシャーン」というヒーローアニメがありました。キャシャーンの父は、ものすごいロボット博士でした。ある晩のこと、自宅兼研究所に雷が落ち、ほとんど完成していたロボットが誤起動してしまいます。ロボットは、むくっと起き上がり、研究室から博士等の寝室にやってきます。博士が、「さあ、戻りなさい！」と命令すると、ロボットは、冷徹に口答えをします。「オレは、人間の命令には従わない。お前たち人間は、機械を作り出しては使ってきた。だが今度は、違うぞ。今度はオレたちが、お前たちを使ってやる。人間どもを支配してやるのだ！」

このロボットはすごいロボットで、軍隊が大砲をぶっ放しても壊れません。逆に、ビームで軍隊を一瞬にしてせん滅してしまいます。それどころか、自らをブライキング・ボスと名乗り、自分の部下となるロボットを作成し、アンドロ軍団という軍団まで組織してしまいます。そして、その軍団で人類征服に乗り出します。キャシャーンはアンドロ軍団を倒すため、父に志願し、自らアンドロイドとなる、ストーリーはこのように始まります。

このロボットは、ある意味、究極のロボットです。認識や運動制御、記憶等、現在の技術では遠く及ばない能力を当然のごとく多く備えています。では、何を間違ったのでしょうか。

ブライキング・ボスは、人類征服を企てるほどに怒りや不満を感じているのは間違いありません。極めて自律的に振る舞うロボットですから、彼が彼自身に行動を起こさせる欲求を内部に持っているはずです。一方で彼は、雷がきっかけで誤動作を始めたとは言え、何らかの形で人間社会に役に立つことを求められ、博士に製作されました。どうやら、この人間社会からの要求に応えるための処理、ブライキング・ボス内部の欲求を満たすための処理、またはこれらの間によい折り合いをつけるための処理ないしはルールのいずれかに問題がありそうです。

その後のストーリーを見ても、ブライキング・ボスがだんだん落ち着いてきて、人類に向けた鉾を収めるということはありません。どうやら、社会から求められる要求と内部の欲求の間には、自然に折り合いがつくわけではなさそうです。また彼自身が、人類とよい折り合いをつけようとした形跡もありません。雷で、人間社会からの欲求に応えるための処理や内部欲求についての処理が変調をきたしたとしても、それらによい折り合いをつけようとする上位の規範、メタルールが正常なら、彼自身、何らかの努力をしたかもしれないのですが。

© タツノコプロ

図　ブライキング・ボス.

こんな話は夢物語のように思えるかもしれませんが、最近は自分で充電を始めるお掃除ロボットもあります。将来、バッテリーが切れかけたといって、スーパーで電池を万引きするロボットが出現することだってあるかもしれません。人間社会からの要求とロボット内部の欲求の折り合い問題が顕在化するのは、そんなに遠くないかもしれません。

問題を孕む「ロボット三原則」

生物は、認識や運動において、答えが一意に決まらない不良設定問題に日常多く直面し、それを何らかのルール（拘束条件）を用いて解いています。前項で紹介した人類に反旗を翻した究極のロボットくらいになると、このあたりの不良設定問題は、難なく解けているようです。彼の問題は、この人間社会からの要求に応えるための処理、自身の内部欲求を満たすための処理、またはこれらの間によい折り合いをつけるための処理ないしはルールの問題のようです。

ロボットが備えるべきルールで有名なのは、ＳＦ作家のアシモフが二〇五八年（！）に提唱したロボット三原則でしょう。

①ロボットは人間に危害を加えてはならない。またその危険を看過することによって人間に危害を及ぼしてはならない。

②ロボットは人間に与えられた命令に服従しなければならない。ただし与えられた命令が第一条に反する場合はこの限りでない。

③ロボットは前掲第一条および第二条に反する恐れのないかぎり自己を守らなければならない。

アシモフのロボット三原則は、よくできています。ルールの間に優先順位がついているので、人間社会からの要求とロボット自身の内部欲求の間に相克は起こらなそうです。でも、これら三原則に単に従うのが必ずしも最も望ましいとは言えない場合もありそうです。

たとえば介護ロボットＡが、人間Ｂさんを介護しているとしましょう。ロボットＡが介護しないと、Bさんの健康状態は深刻化し、死ぬかもしれません。ある日、Bさんは病状が悪化したせいか、こともあろうにロボットAを壊そうとし始めます。破壊を止めるには、Bさんにかなり危害を加える必要がある。このような状況下で、ロボットAはどのような判断をするでしょうか。

アシモフのロボット三原則を表層的に適用するなら、ロボットAはBさんのなすがままに壊されるということになるでしょう。なぜなら、ロボット三原則の①に、人間に危害を加えてはいけないとあるので、Bさんの破壊行動を押しとどめることはできません。けれども、原則③を守るためにBさんから逃げるということもありません。なぜならAが逃げてしまうと、Bさんは死ぬかもしれないからです。原則の①はまた、使用者である人間の命が危険にさらされることを看過することを許してはおらず、原則①は③より優先されるのです。

右の例では、もっといい方策があるようにも思えます。しかしルールが固定している以上、この行き詰まりから抜け出すことは容易ではなさそうです。このような行き詰まりは、常に起きえます。どんなに幅広く適用できるルールでも、それが適用できない状況は起こりえます。それは、我々が起きうるすべてのことを予測できないからです。本書では、そのような本質的に予測しえないことを孕む環境を無限定環境と呼んできました。無限定環境にどう向き合えばいいのかについて、「これだ」という決定打はありません。しかしながら、必要なことなら挙げることができます。

無限定環境に向き合うために

本書でたびたび登場する無限定環境という言葉は、我々が生きている実世界は、何が起きるか予め完全には知りえない環境だということを指し示しています。注意して欲しいのは、ここでいう無限定環境とはサイコロの問題とは違うということです。確かに、イカサマサイコロでない限り、どの目が出るかは予測できません。でも、一から六までの目が六分の一の確率で生じることはわかっています。生じうることの全体は把握されているのです。しかし、実世界はそうではありません。我々は、絶えず知識や経験を総動員し、予測しながら行動しています。しかしながら現実世界、実環境では、しばしば思いもしないことも起きるのです。

生命システムはこのような環境の中で生きているのですから、ある時点で有効だった行動や認識のルールではうまくいかなくなることが生じえます。残念ながら今現在「そのときはこうすれば新しいルールが作れる！」と申し上げることはできません。ただ、必要なものを挙げることはできます。たとえば、「何か変だ」と気づく能力。場合によっては、それら固定したルールを破棄する能力。それでいながら、うまく規定できない相手や状況から逃げずに向き合う能力、あるいは、無限定な実世界としっかりつながっている能力といったものが考えられます。

これらの能力を実現する基本原理・メタルールのヒントをどこに求めればよいでしょう？　ここでは、古より人類が深く感じ考えてきた「我―汝」問題と呼ばれる問題にそのヒントを求めたいと思います。

BOX　生物の「何か変だ」能力

近年，人工知能が3度目の注目を集めています．今回のブームは，過去2回のものと違い，実社会に大きなインパクトをもたらしそうです．非常に難しいと言われる囲碁や将棋で名人に勝った等，話題にも事欠きません．そのようなことが可能になった背景には，深層学習等，ソフト面の進歩もありますが，当然，処理速度やメモリ等，ハード面でも大きな進歩があったからでした．それらの計算能力は，ある面では人間をはるかに凌駕しています．しかしながら，情報処理の質という点において，人工知能と生き物には大きな隔たりがあるように強く感じます．本書では，まさにそれを指摘するためにいろいろと書いてきたのですが，その違いは，無限定環境に対する向き合い方に集約されるように思います．

先日の人工知能と囲碁の名人との対局では，名人は何とか一矢報いることができました．筆者は囲碁のことはわかりませんが，名人は奇襲攻撃，つまり，定石的ではない打ち方をしたそうです．相手が人間の名人なら，そういう“異変”に直ちに気づいたことでしょうが，人工知能がそれに“気づいた”のは，かなり遅かったそうです．

筆者は，下手ですが渓流釣りをたしなみます．イワナやヤマメは，とても繊細です．千変万化する自然環境の中で，釣り人のちょっとした気配を敏感に察知します．美しい渓流を遡上していくと，イワナやヤマメに限らず，昆虫も鳥も「何か変だ」という能力が極めて高いように痛感します．彼らの情報処理能力は，ある側面では，現在の人工知能に遠く及ばないでしょう．でも，生物の「何か変だ」能力は，現在の人工知能のそれとは，まったく異次元のもののように感じられます．

このことは，生き物がどう無限定環境と向き合っているかの表れだと思います．人間のように哲学的なことは考えていないでしょうが，常に自分の知りえないことが生じうることを前提とした情報処理をしていることを暗示しているように思われます．

極めて根源的な「我—汝」問題

「我—汝」問題とは聞き慣れない言葉でしょう。これは、世界や環境への向き合い方の問題です。マルティン・ブーバーの著書『我と汝』の書き出しが印象的です。

ひとは世界にたいして二つのことなった態度をとる。それにもとづいて世界は二つとなる。ひとの態度は、そのひとが語る根源語の二つのことなった性質にもとづいて、二つとなる。

つまり、我ないしは主体の世界への向き合い方には二通りあると言うのです。一つは、「我—それ」という向き合い方です。「それ」は、我にとって規定されたものです。科学では、物や概念を定義せねばならないので、（通常の）科学は世界と「我—それ」という向き合い方をしているということになります。

一方、「汝」とは本質的に規定されない存在、ないしは、有限個の属性では表せない存在と言っていいでしょう。本質的に規定されないという意味で、（「それ」としては）決して知りえない存在と言うこともできます。また、有限個の属性で表せないということは、取り替えることができない、かけがえのない存在とも言えます。

有限個の属性で表せる存在は、容易に取り替え可能だと言うことは、筆者自身、近年経験した就職活動で改めて骨身に沁みました。当然なことですが、募集される人材には、いくつかの満たすべき要件があります。博士号を持っているとか、線形代数を教えることができるとか。それら要件・属性をよく満たせば誰でもいいわけです。

それでも、「我」の世界への向き合い方は常に二重なのです。程度の差こそあれ、「我―それ」だけでなく「我―汝」という向き合い方もしています。

筆者の父は、昭和一五年生まれ、左利き、えらが張っている、鼻筋が通っている、目がぎょろっとしている、身長178センチメートルという、世界のホームラン王、王貞治さんとそっくりな属性を持っています。でも、父が筆者にとってかけがえのない存在であることに変わりはないのです。

そのような存在である「汝」は、「我」が呼びかけ問いかけて初めて存在する存在とも言えます。この点については、筆者の高校の恩師、ラベル先生が次のように言われていたのが（うろ覚えですが）思い出されます。「皆さんは、神様なんかいないと思っているでしょう。神様は木星かどこかの洞穴に住んでいる白髭のおじいさん、といった存在ではありません。あなた方が呼びかければ存在するし、呼びかけなければ存在しないのです」。筆者は、なるほどと思いました。そうか、存在のあり方が違うのだと。ブーバーの言葉が筆者にスーッと浸みたのは、ラベル先生のおかげだったのでしょう。

こう考えると「汝」は、無限定環境と似ている感じもしますし、違う感じもします。その微妙な違いを起点とし、「汝」を生命システム論的に議論します。

「汝」に「与える」

生命システムは、何が生じるか確率的にすら予想不可能な事態が生じうる環境に住んでいます。これを本書では無限定環境と呼びました。一方、古くから哲学や宗教で議論されてきた「汝」も本質的に規定できないものであることもここまで述べてきました。以下は、これらの言葉から来る印象にすぎませんが、「汝」にはある種の積極性が感じられます。「汝」にはかけがえのなさが伴います。かけがえがない故に、「我」が積極的に身を挺するエピソードも少なくありません。これは無限定環境と結びつけられて語られることのないことです。無限定環境からは、この言葉に長年触れてきた筆者は、「確かに、何が生じるか予測不可能だけど、できれば、環境を予測可能なものにとどめておきたい。予測不可能な事態が生じて、これまでのやり方を根本から変えなくてはならないのは、手間もコストもかかるし」という少々、消極的なニュアンスを感じます。

規定できないもの、本質的に予測できないものへの働きかけには、見返りが期待できません。見返りが期待できるためには、働きかける対象が規定され予測可能、つまり、「自分がこうしたら、相手はああするだろうな」というものがなければなりません。そのようなことは、働きかける先が本質的に規定できないものである以上、成り立たないのです。よって、規定できない存在への働きかけは、一方的なものになってしまう覚悟が「我」の側には求められる。「我―汝」問題において「与える」ことがしばしば議論になるのは、こういうことです。では、積極性はどこから来るのでしょう?

「愛」――関係から生じる責任

「汝」に与えるものは、「愛」と言い換えることができます。愛という日本語は、使いにくい言葉です。一つには、社会的には、これを語り始めた瞬間にインチキ新興宗教の教義のように聞こえるからでしょう。また、この日本語自体、アガペーとエロスが渾然一体した単語だからでしょう。性的な側面を含めた自然な欲求としての愛は、哲学用語としては、エロスと呼ばれます。ここで問題としたいのは、エロスではなく、アガペーと呼ばれる方です。

愛=「汝」に与える、というだけでは、積極性やかけがえのなさの源の点で、少々物足りない感じがします。この点で、筆者は粟本昭夫神父の著書の以下の部分がとても気に入っています。

『愛とは関係性から生じる自分の義務を果たすこと』です。もちろんこれは愛とはなんであるかの最もいい定義であるという意味ではありません。おおよそ愛とは無縁な味気ない表現ですが……。

このように愛を関係性から生じる自分の義務・責任と捉えると、与えるという行為は、仕方がないから行うのではなく、積極的なものになります。「関係性から生じる」も大事です。「これ、オレに関係ないじゃん」と思うと、行動は出てきません。逆に、「関係性に鑑みると(大変であっても)自分がやって当然」と考えると、行動は積極的になりますし、見返りも期待しません。

ロボットが備えるべきメタルール

生命システムは、多くの不良設定問題＝環境から得られる手掛かりだけでは一意に認識や行動を決定できない問題に多く直面し、それらを解決するには拘束条件を必要とします。拘束条件は階層的で、上位の拘束条件から下位のものが創られます。では、もっとも上位の拘束条件は何だろう？という問いを考える題材として、最終章では、究極のロボットを考えることから始め、よくできたアシモフのロボット三原則ですら、固定されたルールであるが故に行き詰まりうるということを指摘しました。筆者は、それら三原則の上位に来るべきメタルールとして、「汝」に与える「愛」、つまり規定できない存在との関係からくる責任としての見返りを求めず働きかけること、を挙げます。その理由として、このメタルールのもたらすものを以下考えてみます。見返りを求めないことの見返りの議論のようで少々奇異ですが、生き物が長い年月を経てその下地を作り、人類が多くの血と涙の上にその重要性を求めて来たものですから、このような議論があっても悪くはないでしょう。

第一に、固定・規定された関係から脱却するための必要条件となるでしょう。与えること、見返りを求めないことは、人に施したり、自然な欲求の充足を求めなかったりすることより広く捉えて良いでしょう。つまり、ある結果を得ることが期待できなくても何らかの行為や働きかけを行うこと→すべての行為が期待される結果を返さないことがあることを知っていること→本質的に知りえないことがあることを〝知っている〟こと→規定不可能な実世界に「なぜ？」と問いかけ続けること、といった具合に、拡張して良いでしょう。こう考えると、「与える」ことは、状況が変化した場合、世界との固定・規定された関係から脱却できる必要条件をもたらし、問題解決の契機になります。

第二に、無限定環境の中で自律的に判断する能力をもたらすでしょう。どんな生き物も、生きるのに精一杯にならざるをえない厳しい環境の中で生きているのですから、欲求の充足、行為に対する見返り、自らの利害をシビアに追求するものの方が、したたかに生き延びることができそうです。しかしながら、特に人間社会では、逆のケースも多いように思われます。筆者は日本史、特に戦国時代を題材にした小説やドラマが好きです。それらに触れると、戦国時代がいかに苛烈な時代かを思い知らされます。敵の中に内通者を作ろうと、いろんな利をくらわせようとします。しかしながら利に弱い者は、利や見返りを他人に握られることにより、結局は行動の自由や判断の自律性を奪われ、最後にはいいようにあしらわれ、滅んでしまう例も少なくありません。逆に、利ではなく義に殉ずる方がかえって信頼されますし、また不幸にしてその身が亡ぶ場合でも、最期まで自律的・主体的に判断できるのです。ロボットの場合に当てはめれば、ある使命を帯びたロボットが、誰かにエサで釣られない能力ということに、平たく言えばなるでしょう。「与える」ことによってかえって、判断の自律性ひいては本質的な精神の自由が保障されるのです。

前章の最後に、筆者が考える創造性のメカニズムの概要を示しましたが、それを力強く裏打ちするのが、ここで述べた「汝」に与える「愛」だと筆者は考えています。

ニューロ・コーチング

ここまで、決して規定できない「汝」に見返りを求めず働きかけること（としての「愛」）が、生命システム論的にどのように捉えられるかを考察してきました。しかし、「そんなことが、自分の生きている間に問題になるのかなあ」と、怪訝に思われている読者もいることでしょう。確かに、哲学の学会ならいざ知らず、筆者が参加する神経科学等の学会で、このような議論を見聞きしたことはありません。けれども、これらの議論、そしてその議論を深めることで得られるであろう何らかの技術は、我々が想像する以上に潜在的に社会で必要とされていると思います。筆者がニューロ・コーチングと勝手に名付けた新しい学問分野として盛んに研究されるときがすぐそこに来ているように感じます。

ではニューロ・コーチングとは、どのようなものになるでしょう。コーチングとは、ここではコミュニケーションを通じ、コーチング対象（以下、生徒）の成長・発展を促す技術と捉えておきます。コーチングをもっと理論的にしたもの、機械がコーチングできるまで理論化しようとするのが、私のイメージするニューロ・コーチングです。ドラえもんを思い出してください。のび太君の思いもよらない要求や行動に振り回されながら、のび太君を見守り、その成長を促します。ドラえもんの人工脳の中には、間違いなくのび太君を導く神経回路が組み込まれているはずです。

そのような神経回路は、具体的にはどのような機構を備えている必要があるでしょうか。まず現在、生徒が学ぶべき事柄を理解しておかねばならないでしょう。その上で、生徒についてのモデル、つまり生徒が学ぶべきことをどのように理解しているかのモデルを、その行動を通じて構築する必要があるでしょう。また、モデルが生徒の行動を正しく予想できないとき、モデルを訂正・更新する機構も必要です。難しいと思われるのは、生徒がうまく学べないとき別の指導法やサブ目標を生成する機構です。更に難しいのは、生徒が学ぶべき目標を達成した後や、学習過程で別の能力や才能を発揮したときに、どういう方向に導くかについての機構でしょう。このような機構が実現できたなら、さまざまな教育手法の是非に対し、心理学・社会科学的な統計データと相補的なものとして、理論的根拠をもたらすと予想されます。

このように考えると、ニューロ・コーチングが前項までで議論してきた「汝」や「愛」の問題と関係することが理解できると思います。コーチの頭の中では、生徒への理解は、モデルにより規定されています。ここにおけるコーチと生徒の関係は、マルティン・ブーバーの言うところの「我―それ」の関係と言えます。しかしながら、生徒の成長や予想外の振る舞いにより、モデルはしばしば捨て去られ、再構築される必要があります。でも、よいコーチならば、決して生徒を見捨てず、規定されたモデルを超越したところで、別の言い方をすれば、規定されない存在としての生徒とつながっている必要があります。この関係こそ、「我―汝」の関係と言えます。生徒とつながり続け、一層の高みを目指そうとすることこそ、関係から来る責任としての愛ではないでしょうか。そして、このような方向なら、「汝」や「愛」について科学的・理論的な研究が可能なのではないでしょうか。

【参考文献】

（1）A・アシモフ『ロボットの時代』（小尾訳）早川文庫（一九八四）
（2）M・ブーバー『孤独と愛——我と汝の問題』（野口訳）創文社（一九五八）
（3）粟本昭夫『結婚する二人へ』女子パウロ会（一九九三）

付録　複雑系生命システム論入門

付録A　複雑系における秩序の自律生成

生きている状態とは何か？　この大きな問いに対し、要素還元主義的でも霊魂論でもない、物理学と連続した形で科学的探究を行うきっかけとなったのは、量子力学で有名なエルヴィン・シュレーディンガーの著作『生命とは何か』だと言われています。その中で彼は、生命という系は一見、熱力学の第二法則、つまりエントロピー増大の法則に反した系であることを指摘しています。

エントロピーとは、乱雑さの度合いのことです。たいていの系は、時間と共に乱雑さを増す方向に進みます。これを熱力学では、エントロピー増大の法則と呼びます。こぼした水は勝手にお盆に戻ることはないのです。散らかった部屋も勝手に片付くことはありません。

一方で、生物は何かを食べ、何かを排泄し、生きています。このような流れが存在しているからこそ、生命では、乱雑さが減り、体構造や運動といった秩序立った状態やパタンが創り出されていると思われます。しかしながら、時間・空間パタンの自律生成は、生命システムだけに見られるわけではありません。自然界に少なからず見られます。ウロコ雲等はその一例です。

このような秩序立った現象や状態がどのように現れるかを扱うのが、自己組織論ないしは複雑系理論です。このような理論を、創造性の背後にある一つの大きな基盤としたいのです。以下、まだ極めて初歩的な内容ですが、本文より多少詳しく、その理論の概要を紹介します。

一　平衡からの乖離とパタン生成

時空間パタンが生成する自己組織現象

秋の空高くイワシ雲を見て、爽やかな気持ちと同時に、どうしてあんな模様ができるのだろうと思った方もいると思います。具のないみそ汁をすする人も多くないと思いますが、そういうちょっとさびしいみそ汁に何かパタンを見出した人もいるかもしれません。そのような空間構造は、複雑系の科学では、その発見者であるフランス人の物理学者アンリ・ベナールにちなんでベナール対流と呼ばれます。実験的に上手に作ると図1Aのような見事なパタンになるそうです。このようなパタンは、常に生じるわけではありません。熱が一方向から急速に逃げ、空気や液体にある閾値以上の大きな温度の流れ・勾配が生じた場合に発生します。イワシ雲なら宇宙空間に、みそ汁や図の場合は空気中に熱が放出されます。温度勾配が閾値以下ならば、液体や気体の中で均等に熱は伝搬しますが、ある閾値を超えると、図1Bのようなロール状の対流構造が生じるのです。

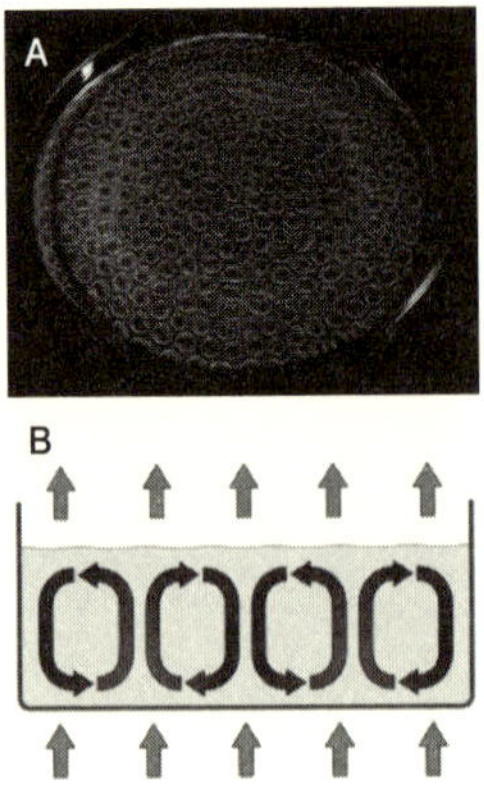

図1　ベナール対流．A：シリコン油で作った例（文献(2)より）．B：対流構造の模式図．矢印は熱の向き．

図2は、自然現象ではないのですが、ベルー

ゾフ－ジャボチンスキー反応（以下、ＢＺ反応）と呼ばれる化学反応の様子を示しています。ロシア人科学者、ボリス・ベルーゾフとアナトール・ジャボチンスキーにより発見されたため、こう呼ばれています。

試薬を調整し、攪拌機で攪拌すると溶液全体の色が周期的・振動的に変化します。つまり時間パタンが生じます。一方、攪拌しないと、溶液中の局所反応物は、周囲にゆっくり拡散します。これにより、反応の進行に空間構造、具体的には同心円やらせん状・渦状の色のついた波紋状のパタンが現れ、それらが時間とともに広がって行きます。このような系を、反応拡散系と呼びます。パタンが生じる起点は、塵やシャーレの底の傷、溶液の不純物等のようですが、どのようなパタンがどこを起点に出現するかは試行ごとに変わります。また、異なる起点から発現した波紋状パタンがぶつかると、水面の波と違って重なり合うことはなくむしろ野焼きの火のように共に消えますが、波の周期の短いほうが徐々に押して行き、最後は遅い周期の波を飲み込んでしまいます。筆者も経験したことがありますが、とても感動的でした。読者の皆さんも機会があればぜひご体験ください。

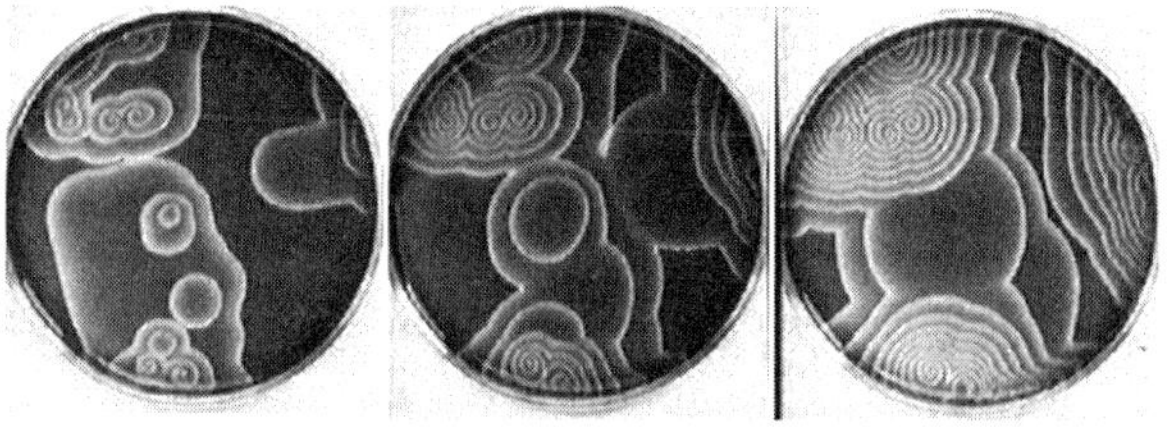

図 2　BZ 反応．左から右に反応が進む（参考(3)より）．

プリゴジンの散逸構造

前項でみたベナール対流と呼ばれるウロコ雲のような構造は、熱の勾配がある閾値より大きい場合に生じ、勾配が消失し熱が釣り合った（これを平衡状態と呼びます）ときに消失します。みそ汁のパタンは、みそ汁の温度が室温と釣り合ったときに消えます。ＢＺ反応と呼ばれる化学反応で、渦巻や環状の波が広がっていったり色が時間振動したりする現象が見られるのは、反応がすべて終了し平衡状態に落ち着くまでです。これらの平衡から離れた状態で生じる時間的・空間的構造は、散逸構造と呼ばれます。散逸構造は読者の皆さんにとって聞きなれない言葉だと思いますが、その反対語は、平衡構造、更には結晶構造と言っていいでしょう。散逸構造が、熱やエネルギー、化学反応等の流れが存在するときに生じる動的なものであるのに対し、結晶構造では、外とのやり取りが落ち着いている、つまり平衡に達しているのです。この散逸構造という概念を提唱したことで、イリヤ・プリゴジン（図3）は一九七七年、ノーベル化学賞を受けました。

ものごとの時間変化は、数学的には一般的に微分方程式と呼ばれる式により表されます。たとえば、ある量Xの変化の速度が、今現在のXの大きさや別の量Yの大きさに依存する式として表されます。量Xの微分方程式を考えることにより、Xの平衡状態が安定であるかどうかを判定することができます。簡単のためXの平衡状態の値がゼロで、その変化速度が$-X$と記述される場合を考えてみましょう。Xが正になると変化速度は負、つまりXは減って平衡点ゼロに向かい、逆にXが負ならば変化速度は正、つまりXは増えて平衡点ゼロに戻ろうとします。このようにXが平衡点ゼロからずれても元の値に戻ろうとするのは、変化速度がXの−1、つまり負の値に比例しているからで、これが正だとちょっとゼロから外れただけで元に戻れません。

次に、量Xの変化速度が、たとえば$X - X^3$に従う場合を考えてみましょう。再びXは値ゼロで平衡状態になっているとします。今、Xがゼロからわずかにずれた場合、たとえば、0.1の場合、変化の速度は−0.101です。この速度は、変化の式$-X - X^3$のX^3の項を無視して、単に$-X$と近似したときの値、−0.1とさして変わりがありません。今度は平衡からのずれが10の場合を考えましょう。このとき、変化の速度は−1010で、変化の式を$-X$と近似した場合の値−10と大きくかけ離れます。

一般に、変化の速度が量XやYの線形和（それぞれに定数を掛けて足したもの、たとえば$-X + 2Y$）で表せる、ないしは近似してよいものを線形系、それ以外すべてを非線形系と呼びます。平衡からのずれが大きくなると先ほど見たように線形近似ができなくなります。散逸構造とは、大きな熱やエネルギーの勾配、急速な化学反応等が起きる状況、つまり系（システム）が平衡から大きく外れた状況で、その変化をつかさどるルール（つまり微分方程式）の非線形性が無視できないような場合（このような系を非平衡非線形系と呼びます）に出現しうる時間・空間構造なのです。

図3　プリゴジン.

どのように構造できるか——分岐理論

上に述べたベナール対流やBZ反応に見られる空間パタンや拍動のような時間パタンがひとりでにできる現象は自己組織現象と呼ばれ、そのようなパタンを散逸構造と言います。散逸構造は、化学反応や構造の外との熱やエネルギーのやりとりが落ち着いた平衡状態から遠く離れ、その変化を記述する式が非線形性、つまり関係する量の足し算ではない項（たとえば、量XとYの積とかXの2乗とか）の影響が無視できない場合に現れる動的な構造です。この非平衡非線形系でどのように構造やパタンができるのかの基礎を与えるのが、非線形力学の中の分岐理論と呼ばれる理論です。

例として、前項の例を包含する、ある量Xの変化速度が$\mu X - X^3$に従う場合を考えます。μ（ミュー）は定数ですが、我々が自由に設定できるパラメータであるとします。

今、読者の皆さんに分岐についてのしっかりしたイメージを浮かべてもらうため、ポテンシャルというものを考えます。ポテンシャルはすべての変化速度の式、つまり、微分方程式について定義できるわけではないですが、幸い、$\mu X - X^3$については、そのXについての積分の符号を逆にしたもの、$-\mu X^2/2 + X^4/4$と定義できます。このポテンシャルなるものをイメージすることによって、Xのどの値が変化しない点か、また、それらが安定かどうかを直感的に捉えることができます。

まず、μが-1の場合を考えてみます。変化速度の式は$-X-X^3$、そのポテンシャルは$X^2/2 + X^4/4$と書けます。このときのポテンシャルの形を図4のAに曲線として示しました。曲線の上に乗っているボールは、システムの状態を表します。比喩的ですが、このボールは「重力」に駆動されるとします。変化速度がゼロ、つまり、$-X-X^3=0$となるX（このような点を特異点または定常点または特異点と言います）は、簡単な3次方程式ですので、$X=0$だけだとすぐおわかりでしょう。これは図4Aのポテンシャルの曲線では、中央の谷に相当します。ボールが谷にどう引き寄せられるかは、ボールが存在する位置の曲線の傾きに相当します。傾きが急であれば強く谷に引き寄

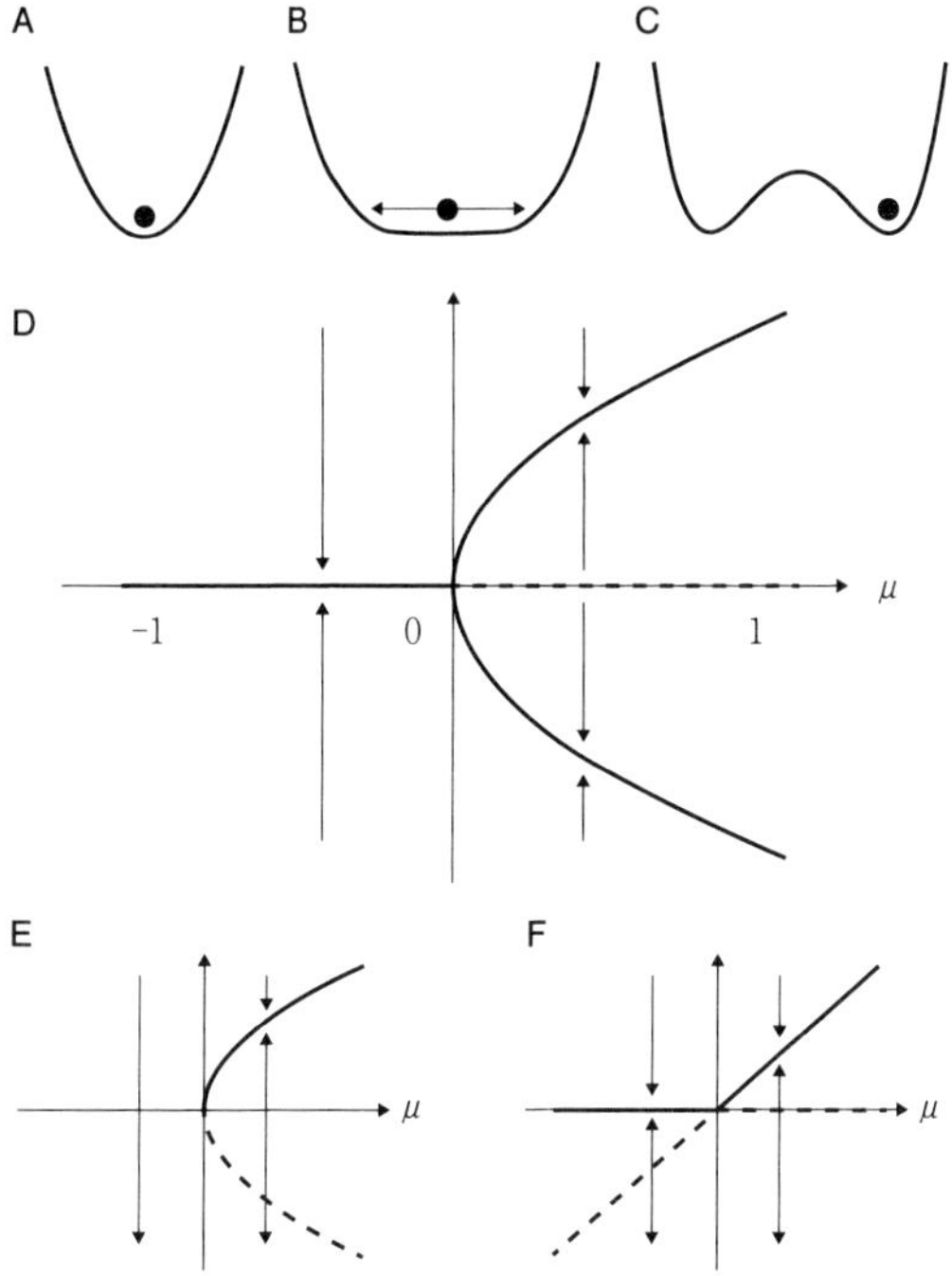

図4　分岐の模式図．分岐パラメータμの変化により，特異点の数とそれらの安定不安定が急速に変化する．A-D：ピッチ・フォーク分岐の例．A, B, C：それぞれ分岐パラメータが -1, 0, 1 のときのポテンシャルの形．ボールはシステムの現在の状態を示す．D：分岐パラメータの変化に伴う特異点（ポテンシャルの山と谷）の変化．E, F：それぞれサドル・ノード分岐，交代分岐の特異点の変化．サドル・ノード分岐における変数Xの変化を表す式の基本形は$\mu-X^2$，交代分岐については$\mu X-X^2$と表される．安定特異点は実線，不安定特異点は破線．矢印は特異点からずれたときの変化の方向．

せられます。ポテンシャルのある地点X_0における傾きの式は$-X_0-X_0^3$となります。お気づきの通り、ポテンシャルと変化の式とは、山谷と各地点での勾配という関係にあるのです。このポテンシャルの形を見ると、特異点$X=0$は安定であると直感できるでしょう。つまり、ボールが正側にずれると負の方向に戻ろうとし、負側に振れると正側に動こうとするからです。このような点は安定特異点と言ったり、ずれてもまた引き寄せられるという意味で、アトラクタと呼ばれたりします。

では、μが1の場合はどうでしょうか。この場合、特異点は変化速度がゼロ、つまり$X-X^3=0$の解ですので、$X=0$と±1の三つに増えます。このときのポテンシャルの形は、図4Cのようになります。つまり、$X=0$のところに山、$X=\pm1$のところに谷です。谷が安定なのはすぐおわかりでしょう。一方で、$X=0$のところの山は不安定です。確かに、Xが絶妙にぴったりゼロならばXは変化しませんが、Xがちょっとでもゼロからずれると、山から転げ落ちてしまいます。

このパラメータμを負から正に変化させたときの特異点の数とその安定・不安定を示したのが図4Dです。負のときは、特異点はゼロのみの一個で、しかも安定です。しかしながら、μが正になると特異点の数は急にゼロと$\pm\sqrt{\mu}$の三個になり、しかもゼロは不安定になります。

μを負から正に変化させたときのポテンシャルの形の変化についても振り返っておきましょう。μが負で、かつ絶対値が大きいとき、ポテンシャルは深い壺上の形をとります。このときは、安定特異点であるゼロからずれてもすぐ特異点に戻ってきます。

μが正に近づくとポテンシャルはだんだん浅い形に変わっていき、μがゼロになると、特異点ゼロのごく近傍では完全に平らになります（図４B）。このような場合、ゼロからずれても容易にゼロには戻りません。

μが正になるとついに特異点ゼロは不安定化し、その両サイドに安定特異点$\pm\sqrt{\mu}$が生じます。μの値が大きくなればなるほど、両サイドの安定特異点はゼロから離れていき、不安定特異点になってしまったゼロの山はより急峻に、安定特異点$\pm\sqrt{\mu}$の谷はどんどん深くなっていきます。

このような変化の式（微分方程式）のパラメータ（この場合μ）により、特異点の個数やそれらの安定性が突然変化することを分岐と呼び、分岐により説明される現象を分岐現象と呼びます。分岐のパタンには比較的限られた種類の基本形があります。ここで例に挙げた分岐は、図４Dがフォークや熊手の形をしているので、ピッチ・フォーク分岐とか熊手型分岐とか呼ばれます。μのようなパラメータを分岐パラメータと呼びます。

その他にも、分岐パラメータが一個の代表的なものには、サドル・ノード分岐（特異点のない状態から、一個の安定特異点、一個の不安定特異点が生じる分岐。図４E）や交代分岐またはトランス・クリティカル分岐（特異点の数は二個だが、その安定・不安定が交代する。図４F）、更には振動が生じるホップ分岐（後で詳述）等が知られています。

散逸構造とは、非平衡非線形系において分岐により生じたパタンなのです。

系を駆動し、予知を可能にする「ゆらぎ」

前項と同様に、ある量Xの変化速度が$X-X^3$に従う系を考えます。時間変化しない点、つまり$X-X^3=0$となる点は、ゼロと±1の三つでした。このうち、特異点ゼロは不安定、すなわちゼロから少しでもずれるとゼロから離れて行き、1と−1は安定、つまり多少ずれても元に戻りました。

では、Xが完全にゼロの場合はどうでしょう。ゼロは不安定とは言え、完全にゼロである限り、量Xは変化しませんのでXはゼロに居座り続けます。けれども我々の日常世界にそんなことはあるでしょうか？ どんな密室でも絶対零度でない限り気体分子は動き回っています。CDを再生していなくてもボリュームを大きくすればサーっとノイズが乗っています。我々の生きている世界には、何らかのノイズや乱れ、これをここではゆらぎと言いますが、常に付きまとうのです。

ですから右の例でも、Xが完全にゼロの状態は実際には存在できません。ちょっとしたノイズやゆらぎにより、左右どちらかの谷に転がって行ってしまいます。この意味で、系はゆらぎに駆動されると言えます。いったん、どちらかに転がると、山を逆戻りし反対側に行くことはまずありません。ちょっとしたゆらぎが、系のその後の運命を大きく変えるのです。

突然の大きな状態変化は、時として危機的です。地震、大恐慌、伝染病の蔓延、癌や癲癇等は、いずれもさまざまな要因が複雑に絡み合った結果生じることですから、非線形力学系における分岐現象と捉えることは極めて有用です。なぜなら、その前兆を捉える可能性を開くからです。

安定な点、つまり多少ずれても元に戻ろうとする点にも、強く安定な点とあまり強くない安定な点とがあります。ずれや外乱をすぐに打ち消す点と、外乱やノイズに影響されやすく、それらの影響を打ち消すのに時間のかかる点があるのです。特に着目すべきは分岐の前、つまり安定な点が不安定化する前には、一応安定ではありながら、あまり強くない安定状態を経るということです。そのときには外乱の影響を受けやすく、結果、観測している何らかの量に大きなゆらぎや変動が見られたり（臨界ゆらぎ）、安定状態に戻る速度が遅くなったり（臨界緩和）する現象が広く見られます。このような現象は古くから知られていますが、近年、改めて注目されています。このような数理が発展し（たとえば参考文献（4））、大きな災い等が事前に予知できればすばらしいですね。

以下、余談。「自分はなんて無力なんだ」と深刻な社会問題を見ると思うことがあります。一方、歴史を振り返ると、少数の英雄的な（じゃない場合もあるけど）人間の判断や行動が、その後の社会に決定的な影響を及ぼす例も、枚挙に暇がありません。このギャップはどこから来るのでしょう？　分岐理論は以下のように教えます。多くの英雄は、社会が不安定な時期に出現します。不安定な状態はわずかなゆらぎで別の状態に遷移します。逆さ起き上がりこぼしがわずかな力で転がるように。英雄はさまざまな経緯から、社会という逆さ起き上がりこぼしを押すことができる立場に巡り合うのでしょう。世の中、お鉢が回るということがあります。起き上がりこぼしを正しい方向に押せるよう自己研鑽は欠かせませんし、また、そうできる人を見る目も養わねばなりません。

大きな警鐘――ハーケンのシナジェティクス

プリゴジンの散逸構造の議論は、構造やパタンが自律生成することはどういうことかについて、大きな方向性を示しました。しかしながら実世界は、彼が具体的な研究対象とした化学反応よりはるかに複雑です。数多くの要素・要因から構成される複雑なシステムにおいて、それら要因の振る舞いがどのように統合されているのか、複雑なシステムのどの部分が大事なのかは、プリゴジンが扱わなかった問題です。

このような問題に対し、一つの見解を示したのがヘルマン・ハーケンです。ハーケンは、レーザーの基礎理論の研究を通じ、多くの要因から構成される系であっても系全体の状態をよく表す要因があることに気付きました。そのような要因を、オーダー・パラメータと呼びました。

分岐理論では、系の変数の時間変化の式、微分方程式を扱いました。時間的に変化しない点（特異点）を考え、そこからずれた場合どうなるか、特異点に戻るのか戻らないのか、戻るとすれば、素早く戻るのかゆっくり戻るのかを考えました。ハーケンは、そこに着目しました。つまり、系を記述する微分方程式の量 X、Y、Z……のうち、特異点に素早く戻るものと遅く戻るものに分けました。素早く戻る量は特異点にすぐ戻るので、その振る舞いはほぼ無視できるでしょう。したがって系全体の変化や振る舞いは、相対的にゆっくり変化する量の振る舞いに統合された形で理解することができる、これがハーケンのアイディアでした。このような自己組織的な統合の原理を、隷属（スレーヴィング）原理、相対的にゆっくり変化し系全体の振る舞いを代表するようなパラメータをオーダー・パラメータ、そして、これらを柱とするハーケンの自己組織論はシナジェティクスと呼ばれています。

シナジェティクスの考え方は、巨視的なシステムと分子・原子といった微視的なレベルを連続的に議論できる道を開きました。しかしながら、それと同時に、多くの科学者が未だに捕えられている要素還元主義的な世界観に強い警鐘を鳴らしています。この世界のシステムの状態は、必ずしも微視的要素の振る舞いで説明されるわけではないと言っているのです。つまり、システムの状態を代表するオーダー・パラメータは、必ずしも微視的なものでなく、巨視的なものでありうるのです。たとえば、干ばつにより大発生したバッタは通常のバッタと色や形が異なるそうですが、大発生はあくまで生態系における巨視的なバランスの問題なのです。決して、多くのバッタの脳内から形態変化を起こす物質が分泌されたことが、大発生の根本的原因ではないのです。

近年、鬱病患者が急増し、筆者の身の周りの例からは、抗うつ薬の処方が必ずしも問題の解決につながっていないと実感させられます。鬱とは、もちろん患者個人の生得的な気質の影響は否めませんが、その患者がどのような社会環境で生きているかが問題の主であり、脳内の神経物質等の異常はあくまで従ではないでしょうか。

シナジェティクスは、我々の行き過ぎた要素還元主義的考えに歯止めをかけてくれるのです。

二　非線形振動現象・振動子

前節で説明した分岐現象の中には、安定な特異点が不安定化し、振動状態が安定であるというものがあります。このような分岐をホップ分岐と呼びます。

自然界には、いろいろな振動現象があります。学生のころ使っていた洗濯機は、脱水が終了するとガタガタと近所迷惑な振動音を発生しました。昔、父が乗っていた古い中古車は、時速100キロメートルあたりで大きな揺れを生じましたが、それよりスピードを出すと不思議と揺れは消えました。これらは、いずれも非線形振動現象です。そもそもよほど条件が揃わないと線形振動にはならないので、我々の実生活で見られる振動現象は、たいてい非線形振動現象と考えてよいでしょう。

振動子とは、振動するものを指す言葉です。振動を記述する式が線形なら線形振動子、非線形なら非線形振動子です。以下、バネ振り子をイメージしつつ説明します（図5）。バネの自然長からの変化をxとし、正負をそれぞれバネが伸びた状態、縮んだ状態を表すとします。バネは自然長からのずれに比例して、ずれを打ち消す方向に力を発生するとします。その比例定数をcとし、バネについた玉の質量mを簡単のため1とすると、ニュートンの法則により質量×加速度＝力ですから、

$$\frac{d^2x}{dt^2}=-cx$$

という微分方程式でバネの振動運動は記述されます。右辺はxの1次関数ですので、これは線形振動子です。位置の時間変化が速度、速度の時間変化が加速度ですので、左辺はxの2階微分です。

この振動子は、摩擦のない場合の線形振動子です。玉の運動エネルギーとバネの位置エネルギー（ゼロからのずれ）は相互に交換されます。つまり、位置エネルギーゼロの（つまり、玉がゼロ点を通過する）とき、運動エネルギーは最大となり（玉の速度は最高になり）、運動が止まったところがバネの最大の振れ幅で、最も大きな力が玉にかかります。

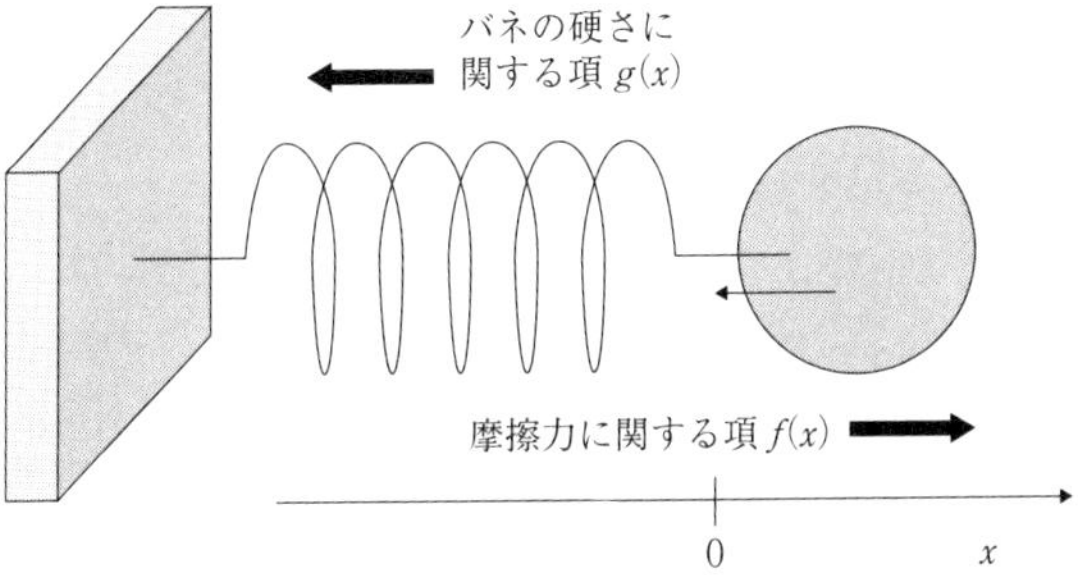

図5 バネ振り子のイメージ．バネの自然長を基準，つまりゼロとし，そこからのずれxについての式を立てる．

実際のバネには摩擦力がかかります。摩擦力は一般に速度に比例します。その意味でこれも線形です。この比例定数をc_1とすると（同時に、先ほどの定数を$c \to c_2$と置き直すと）、この式は、

$$\frac{d^2x}{dt^2} = -c_1\frac{dx}{dt} - c_2x$$

となります。この場合、振動は徐々に小さくなり、ついにゼロで止まってしまいます。位置エネルギーは摩擦により不可逆的に床の熱等へと散逸してしまいます。

摩擦のない線形振動と初期値保存

ここでは、床から摩擦を一切受けないバネ振り子に喩え、摩擦のない線形振動子の性質について、多少丁寧に見ていきます。

摩擦のない線形振動子の振幅は初期値、つまりどの位置から振動を開始したかに依存し、それが持続します。バネの自然長からのずれ x が5のところから振動を開始したなら（つまり、初期値が5なら）振幅5の振動を、初期値が2なら振幅2の振動を続けます（図6A）。また、同じ硬さのバネを二つ同時に振動させ始めたなら、初期値が異なる場合、それに起因する振幅差はずっと一定のままです。

ここで以降の議論をわかりやすくするため、相空間というものを考えます。図6Aでは、横軸に時間、縦軸に x をプロットしましたが、この相空間では横軸に x、縦軸に x の一階時間微分 dx/dt をとります。すると、図6Aの二つの振動はそれぞれ、図6Bのように異なる半径の円で表すことができます。縦軸のスケールはバネの硬さ、つまりバネ定数（前項の式の c_2、振動の速さ、すなわち周波数を決定する値）に依存しますが、適当でいいので、ここでは円になるように表しました。相空間を用いると、ある時刻の振動の位置を円上の点の角度で表すことができ便利です。この角度のことを位相と呼びます。また同じ振幅の振動でも、時間的にずれた振動というものが存在しますが（図6C）、相空間を用いると、そのようなずれを軌道上の角度差、つまり位相差で表すことができます（図6D）。同じ硬さのバネなら、位相差もなくなりません。走る速さが同じなら、陸上競技場のトラック上の異なる位置から走り始めた人の間が縮まらないのと同じです。

以上で見たように、摩擦のない線形振動子において、スタート時の振幅、振幅差や位相差がそのままであり続けることを、初期値を保存すると言います。後の準備のため、もう少し専門的なことを言いますと、相空間上のある振幅差と位相差からなる面積（これを3次元以上の相空間への拡張に備え、相面積ではなく、相体積と呼びます）は、ずっとその面積を保ちます（図6Eのアミ掛けの部分）。

このように、線形振動子は何もなければ同じ振動を続けますが、外乱には脆弱です。振幅が乱されればそのまま、位相が変調されればそのままです。この点も頭に留めておいて下さい。

摩擦のある線形振動子では、相体積はどんどん小さくなります。摩擦があると初期値が違っていても最終的には特異点に引き寄せられ、振動は止まってしまいますから。

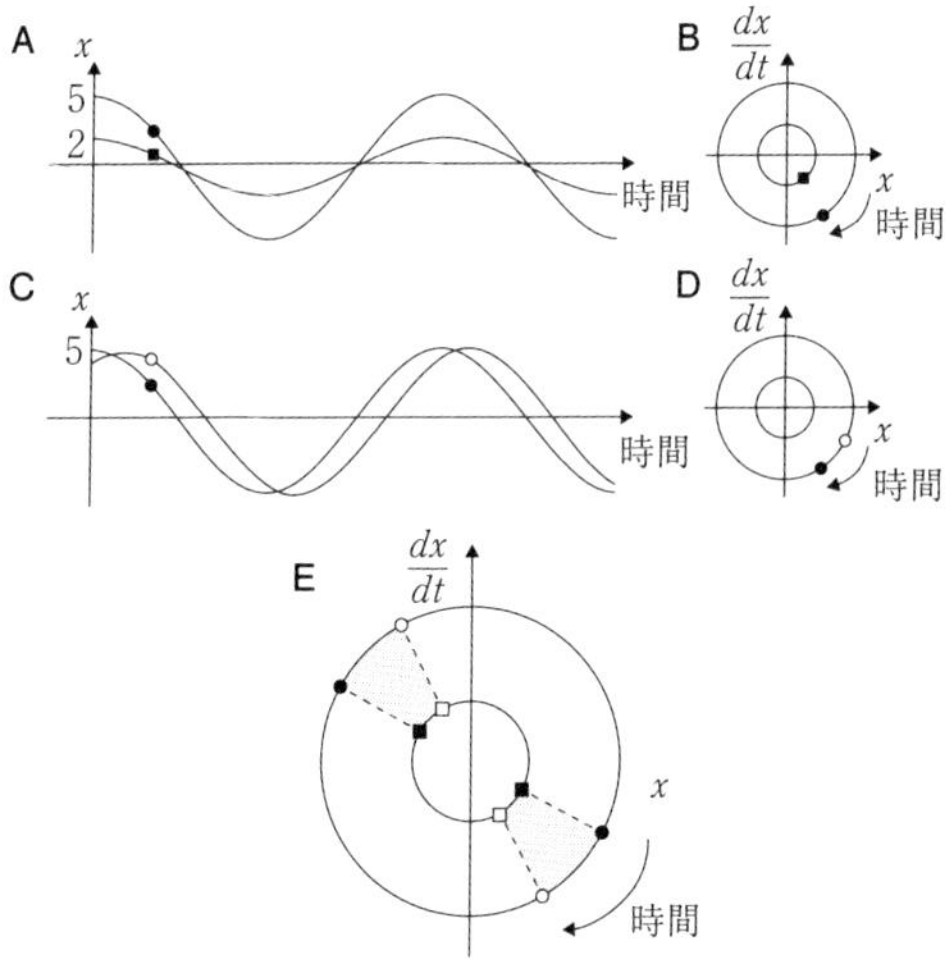

図6　線形振動子の性質．詳しくは本文．

多くの振動は非線形

非線形振動子とは、振動を記述する微分方程式が非線形、すなわちxの1次式以外の項を含んでいる振動子を言います。非線形振動子で最も知られ、その性質をよく備えているのが、一九二七年にオランダ人の電気工学者バルタザール・ファン・デル・ポールが電気回路で発見したファン・デル・ポール振動子（以下、VdP振動子）と呼ばれる振動子です。以下の式で表されます。

$$\frac{d^2x}{dt^2} = -(a_1x^2 + c_1)\frac{dx}{dt} - c_2x$$

摩擦のある線形振動子の摩擦係数$-c_1$の部分が、$-(a_1x^2 + c_1)$とxの2乗を含む、いわゆる非線形の式に置き換わっています。振動が生じるためには、a_1は正、c_1は負の値である必要があります。これにより、$-(a_1x^2 + c_1)$の値が、xの値によって正になったり負になったりします。

VdP振動子は、初期値を保存しません。つまり、どんな初期値で始めても、最終的には一定の形の振動に落ち着きます（このような振動は、一般にリミットサイクルと呼ばれます）。これが、初期値に応じた振幅で振動する線形振動子と大きく異なるところです。

図7には、a_1を1、c_1を−1、c_2を1とした場合の振動の様子を示しました。図7A、BにはそれぞれXの初期値2.5、1の場合の波形を示しました。初期値によらず、どちらも同じ振幅、同じ波形の振動に落ち着いていることが一目でわかるでしょう。

図7Cの相空間へのプロットで、より理解できると思います。初期値2.5は外側、1は内側です。

このような性質を持っているため、初期値の振幅や位相が異なる点の集まりからなる、ある範囲の面積（今、2次元を考えているので面積ですが、一般的にはこれを相体積と呼びます）もどんどん縮小します。図7C中、右側の●○□■で囲まれたアミ掛けの範囲の面積は、半周もするとほとんど面積がなくなっている（左側の●○□■で囲まれた部分）のがわかるでしょう。摩擦のある線形振動子とは異なり、相体積がゼロに近づいてもVdP振動子は振動を続けるのです。

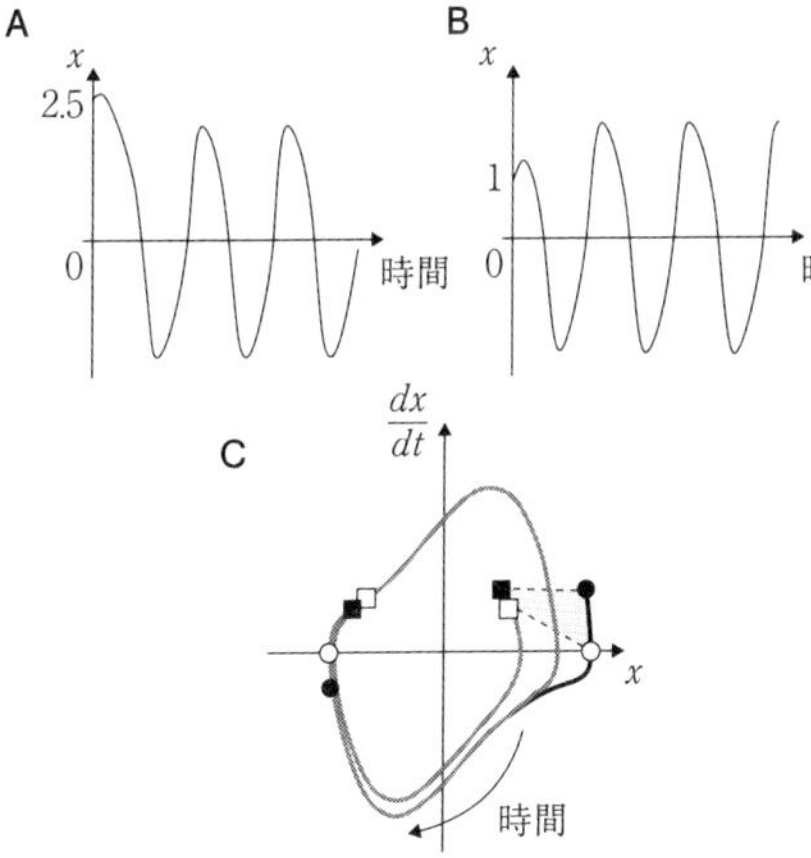

図7　ファン・デル・ポール振動子の性質.

VdP振動子は、このような性質を持っているため、外乱により振動が一過性に乱されても、また元の波形に戻ります。この点も摩擦のない線形振動子と違います。

生物には、歩行リズム、心拍、睡眠・覚醒リズム、月経周期等、振動するものがたくさん存在します。それらは当然非線形振動ですから、環境から外乱が加わっても、元の振動に戻ろうとする性質があります。この非線形振動子としての性質が、生物内の恒常性の自然な維持の重要な一翼を担うのです。

ファン・デル・ポール振動子はなぜ振動するか

前項で見た代表的な非線形振動子・ファン・デル・ポール（ＶｄＰ）振動子は、なぜ振動するのでしょうか？　ＶｄＰ振動子を表す微分方程式は、右のようでした。

$$\frac{d^2x}{dt^2} = -(a_1x^2 + c_1)\frac{dx}{dt} - c_2x$$

右辺の dx/dt に掛かっている $-(a_1x^2 + c_1)$ の符号を逆転したもの、つまり $(a_1x^2 + c_1)$ は摩擦（抵抗）の項です。ＶｄＰ振動子が振動するには、以下に説明するように、a_1 が正、c_1 が負の値である必要があります。ＶｄＰ振動子が振動する機構については他にも説明の仕方がありますが、ここでは、読者の皆さんに直感的に理解してもらえるよう、この摩擦の項に着目して、以前説明したバネ振り子の玉の動きに喩えて説明します。

今、a_1 を1、c_1 を−1としてみましょう。摩擦の項 $(a_1x^2 + c_1)$ の符号を見てみると、−1から1の範囲で負、それ以外で正の値をとります（図８）。

初期値が2の場合を考えてみます。この振動子の特異点、つまり時間変化をしない点は x がゼロの点です。また、正のバネ定数 c_2 がありますから、玉はゼロを目指して運動を開始します。x が1になるまでは摩擦の値は正、つまり玉は（正側の）正の抵抗領域に存在しますから、進行方向と逆に力がかかります。ただし、バネから力はかかり続けますから静止しません。

x が1より小さくなると、今度は、「負の摩擦」の領域に入ります。現実世界で負の摩擦を持つ

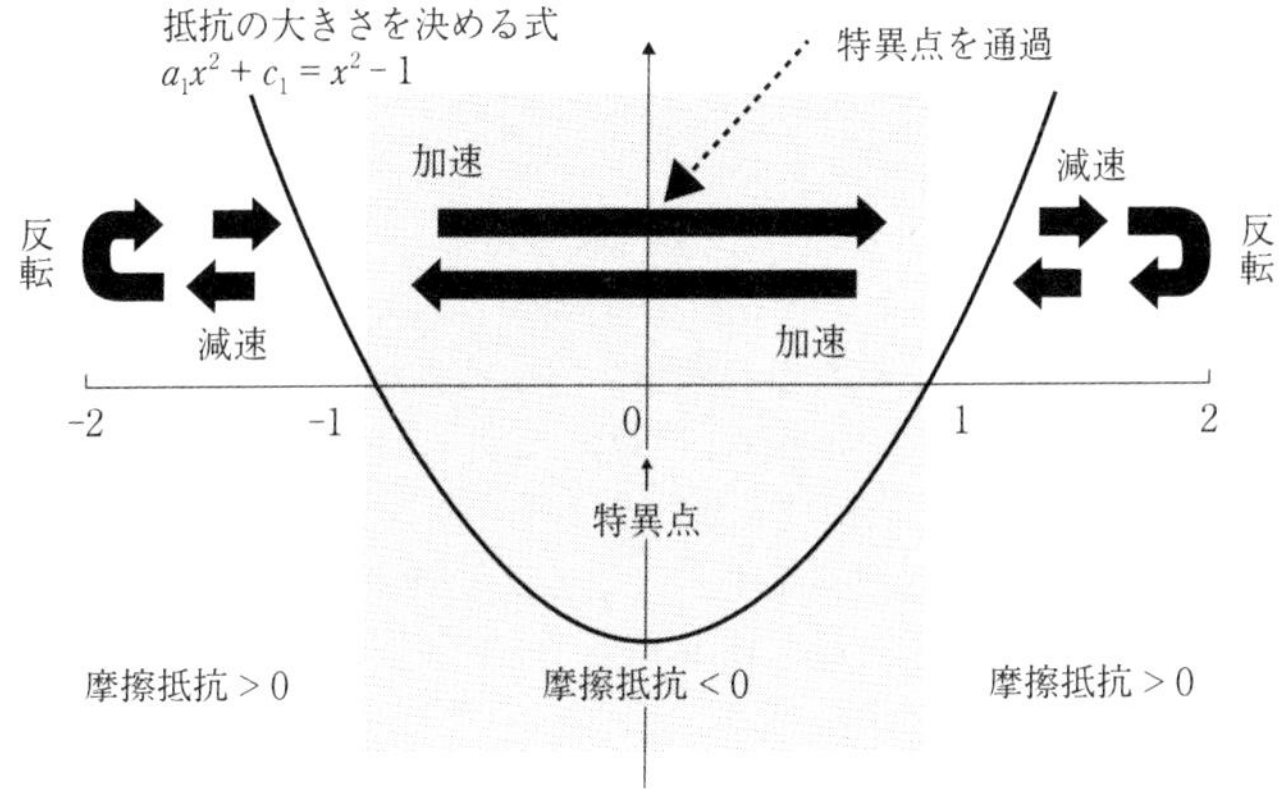

図8　ファン・デル・ポール振動子は特異点の近傍に“負”の摩擦抵抗領域を持つ．

地面や床面に出会うことはないのでイメージしにくいですが、この領域では進行方向と同じ方向に力を受けるため、どんどん加速するということになります。結果、特異点ゼロも通り過ぎ、−1の点も通り越し、−1より小さい負側の正の摩擦を受ける領域に突入します。

（頭がこんがらがりそうですが）負側の正の摩擦を受ける領域に入ってしまうと、玉の動きはどこかで止まってしまいます。ほんの一瞬止まっても、玉はバネから正側に戻る力を受けているので、それに従い、正方向に逆戻りをはじめます。そうすると、−1の線を越え、再び負の抵抗領域に突入し、特異点も通り過ぎ、xが1を超え再び（正側の）正の抵抗領域に突入し……、そのようなことが延々と続きます。

ＶｄＰ振動子はこのようにして振動を続けるのです。

BOX　ファン・デル・ポール振動子の振幅は安定

以下，数式がたくさん出てきますので，読み飛ばしていただいて結構ですが，ファン・デル・ポール（VdP）振動子の振幅が一定になることや，振動が続くことを以下のように示したものは見たことがないので，興味のある読者のために載せておくことにします．

私達が馴染んでいる縦軸・横軸からなる表現，よく xy 座標で表される座標は，デカルト座標と呼ばれます．しかしながら，原点からの距離 r と角度（位相）θ からなる極座標表現のほうが，周期的な量を理解するには便利です．ここでは VdP 振動子を極座標表現に書き直します．ここまで VdP 振動子を，

$$\frac{d^2x}{dt^2} = -(a_1x^2 + c_1)\frac{dx}{dt} - c_2x$$

のように記述しましたが，この後の話を単純化するため，$a_1 = 1$, $c_1 = -\mu$, $c_2 = 1$，つまり，パラメータを分岐パラメータ 1 個に絞ることにより，以下のように記述します．

$$\frac{d^2x}{dt^2} = -(x^2 - \mu)\frac{dx}{dt} - x$$

先ほどの負性抵抗の議論から，μ が負から正になると dx/dt に掛かっている値に負の領域（つまり負の摩擦抵抗領域）ができ，振動が始まる（ホップ分岐する）ことが理解できるでしょう．この 2 次の微分方程式を $dx/dt = y$ と置くことにより，2 階の微分方程式，

$$\frac{dx}{dt} = y$$

$$\frac{dy}{dt} = -(x^2 - \mu)\frac{dx}{dt} - x$$

とすることができます．今，デカルト座標から極座標への変換は $x = r\cos\theta$, $y = r\sin\theta$ であるので，

$$\frac{dx}{dt} = \frac{dr}{dt}\cos\theta - r\frac{d\theta}{dt}\sin\theta$$

$$\frac{dy}{dt} = \frac{dr}{dt}\sin\theta + r\frac{d\theta}{dt}\cos\theta$$

$d\theta / dt$ を消すと，

$$\frac{dr}{dt} = \frac{dx}{dt}\cos\theta + \frac{dy}{dt}\sin\theta = y\cos\theta - \left\{(x^2 - \mu)y + x\right\}\sin\theta$$
$$= -r\sin^2\theta\,(r^2\cos^2\theta - \mu)$$

となります．μ が正の値をとる場合，特異点，つまり，r が時間変化しない $dr / dt = 0$ となる点 r_0 は，$(0,\ \pm\sqrt{\mu} / \cos\theta)$ となります．特異点からのずれ $\varDelta r$ についての微分方程式は，

$$\frac{d\varDelta r}{dt} = \varDelta r\mu\sin^2\theta - 3r_0{}^2\varDelta r\sin^2\theta\cos^2\theta$$

となるので，それぞれの特異点近傍では，

$$\left.\frac{d\varDelta r}{dt}\right|_{r_0=0} = \mu\sin^2\theta\cdot\varDelta r$$

$$\left.\frac{d\varDelta r}{dt}\right|_{r_0=\pm\frac{\sqrt{\mu}}{\cos\theta}} = -2\mu\sin^2\theta\cdot\varDelta r$$

となります．$\sin^2\theta$ は常にゼロ以上ですから，μ が正のときは $\mu\sin^2\theta$ は正，つまり，特異点 $r_0 = 0$ からのわずかなずれ $\varDelta r$ は打ち消されない，すなわち，$r_0 = 0$ から少しでもずれるとそのずれは拡大する，要するに，特異点 $r_0 = 0$ は不安定であることがわかります．一方で，他方の特異点 $\pm\sqrt{\mu} / \cos\theta$ からのわずかなずれ $\varDelta r$ は，$-2\mu\sin^2\theta$ が負なので打ち消される，つまり，特異点 $\pm\sqrt{\mu} / \cos\theta$ からのずれは消失する，すなわち特異点 $\pm\sqrt{\mu} / \cos\theta$ は安定であることがわかります．つまり，ある位相 θ における振幅は安定であることがわかるのです．

BOX　ファン・デル・ポール振動子の位相変化は一定

では，ファン・デル・ポール（VdP）振動子の位相の時間変化はどうなるでしょうか．今度は，極座標表現の r を消去することで確かめます．

$$
\begin{aligned}
r\frac{d\theta}{dt} &= -\frac{dx}{dt}\sin\theta + \frac{dy}{dt}\cos\theta \\
&= -y\sin\theta - \left\{(x_2 - \mu)y + x\right\}\cos\theta \\
&= -r\sin^2\theta - \left\{(r^2\cos^2\theta - \mu)r\sin\theta + r\cos\theta\right\}\cos\theta \\
&= -r - r\sin\theta\cos\theta\,(r^2\cos^2\theta - \mu)
\end{aligned}
$$

両辺を r で割ると，

$$
\frac{d\theta}{dt} = -1 - \sin\theta\cos\theta\,(r^2\cos^2\theta - \mu)
$$

今，安定して振動している状態では，振幅はある位相 θ における特異点 $r_0 = \pm\sqrt{\mu}\,/\cos\theta$ になっているので，それを代入すると何と，

$$
\frac{d\theta}{dt} = -1
$$

と，位相の変化は一定値という非常に単純な形になります．

この事実は，非常に示唆深いことです．つまり，VdP 振動子は，振幅方向には外乱に強い，すなわち外乱が加わっても元の波形に戻ろうとしますが，位相方向にはそうではないことを示しているからです．つまり，位相方向の外乱を受けたら受けっぱなしなのです．ある意味，柔軟とも言えます．

VdP 振動子に限らず，非線形振動子は振動しているのですから，位相の変化がゼロになるということはありません．となると，柔軟性ともとれる位相方向の外乱への影響されやすさは，非線形振動子に広く共通する性質のように思われます．この性質が，次節以降繰り返し出現する非線形振動子の引き込み現象の基盤になっていると考えられます．

三　非線形振動子間の引き込み現象

前節で説明した非線形振動子の間に相互作用がある場合、ある条件が揃うと同期します。この現象を、非線形振動子の引き込み現象と呼びます。

この現象を最初に発見したのは、一七世紀のオランダ人科学者ホイヘンスという人だそうです。二つの振り子時計を一枚の支持板に取り付けると、不思議といつも振り子が同期する。これは、当時の時計の精度では考えられないことです。近年の再現では、支持板の振動を通じて二つの時計がわずかに相互作用する結果だそうですが、当時はまったく理解不能な現象だったようです。

引き込み現象は、多数の振動子間にも生じます。著名な例として、ホタルの集団発光が挙げられます。熱帯には大集団がいて、その同期発光は壮観だそうです。心臓の拍動も、心筋細胞間の集団同期です。細胞をばらばらにすると、それぞれが個々にピクピク拍動します。ところが、それらが寄り集まって「組織」を構成し始めると、個々の拍動が同期します。

非線形振動子の引き込みは、非常に複雑な現象です。ここでは、現象を単純化して扱うため考案された、位相振動子（蔵本振動子）を取り上げます。位相振動子は、振動の位相のみに着目します。それにより、非線形振動子の引き込み現象に対して、理論的な見通しを持つことができます。

蔵本振動子——引き込み現象の理解に向けて

非線形振動子には、外乱があっても振幅は元に戻るという性質がある。ならば振幅は無視して、位相（回転振動するもののある時刻の角度に相当）のみに着目して単純化しよう（これを位相縮約と呼ぼう）。もっと単純化するため位相速度も一定にしよう（BOXで見たように、代表的な非線形振動子、ファン・デル・ポール振動子でも位相速度は一定だったので、そういう仮定もいいだろう）。このような発想で得られたのが蔵本由紀先生による位相振動子（蔵本振動子）です。

二つの振動子の相互作用は、二つの振動子の位相差によるとしました。つまり、自分の位相が相手の位相より進んでいると位相速度を下げる、逆なら上げると考えました。この関係を最も単純に表現する式として正弦関数を用いると、一個の振動子jと相互作用する振動子iの位相の時間変化の式、つまり位相の微分方程式は以下のように記述できます。

$$\frac{d\theta_i}{dt} = \omega_i + K\sin(\theta_j - \theta_i)$$

θは位相。ωは位相速度。Kは振動子間の相互作用の強さ（結合定数）です。このとき、振動子i、jの位相差の時間変化を表す微分方程式は以下のようになります。

$$\frac{d(\theta_i - \theta_j)}{dt} = \frac{d\Delta\theta}{dt} = \omega_i + K\sin(\theta_j - \theta_i) - \omega_j - K\sin(\theta_i - \theta_j) = \Delta\omega - 2K\sin\Delta\theta$$

振動子間の位相差を$\Delta\theta$、位相速度の差$\Delta\omega$、相互作用の強さ（結合強度）をKとしました。

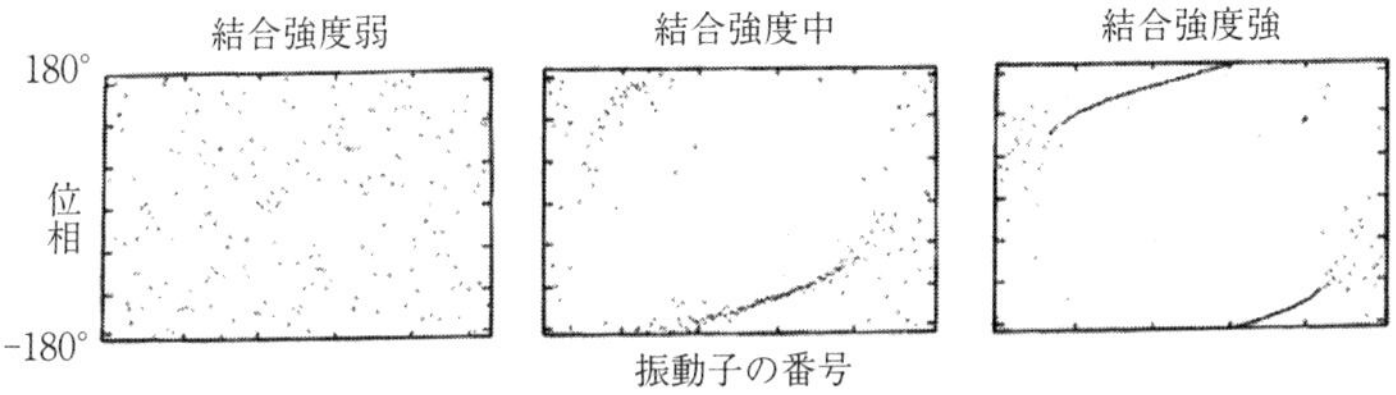

図 9　200 個の振動子の引き込みシミュレーション（文献(7)より改変）．点は各振動子のある瞬間の位相．結合強度が上がると同期し始める．

この式は、二つの振動子固有の位相速度、つまり振動数の差と結合強度とのトレードオフを示しています。二つの振動子が引き込む、位相同期するということは、二つの位相差$\varDelta\theta$が時間変化しない、つまり右式の左辺がゼロになるということです。ここでサイン関数が±1の範囲しかとらないことを考えると、位相差$\varDelta\theta$が時間変化しない状態が存在する条件は、

$$-1 \leq \sin \varDelta\theta = \frac{\varDelta\omega}{2K} \leq 1$$

となります。つまり、結合強度Kの絶対値が小さければ固有振動数があまり違わなくても引き込まず、大きければ固有振動数が多少違っていても引き込むというわけです。

蔵本振動子は、振動子がn個の場合にも容易に拡張できます。図9には、結合強度を徐々に上げていくと、ばらばらに振動していたものが、ある臨界値を境に相転移的に同期するようになるさまを示しました。

振動の引き込み同期はなぜ注目されるか

本書で繰り返し出てきたように、今、脳による情報処理や制御を担うものとして、非線形振動子の引き込み同期が注目されています。なぜ注目すべきかについては、注目している研究者はそういう現象があるからという理由に留まり、逆に、なぜ注目すべきかわからない研究者は、その理由が語られないことを理由に反発的な態度をとることが多いように見受けられます。筆者は、以下のような一般的な理由があると考えています。

一言で言うなら、引き込みが要素・要因間の全体的・大域的によい関係、整合的な関係を得るのに向いていると期待できるところだと思います。その背後には、振動が環状で何かに捕えられる量ではない点が挙げられるでしょう。

さまざまな要因・要素間に整合的な関係が付くことをイメージするため、個々の要因・要素を玉とし、それらがある面上を転がることを考えます。そして、玉が寄り集まった状態を、バラバラではないという消極的な意味しかないですが、ここでは整合的な関係が付いた状態としておきます。

玉がデカルト座標平面系のように無限大・無限小のある空間を転がる場合を考えます。「溝」があると、玉の間に相互作用がなくても、玉は集まることができます。しかしながら、たいてい「溝」はたくさんあります。それぞれの「溝」に玉は数個ずつ捕えられ、玉全体が一か所に集まることはなかなかありません（図10A）。

では、「溝」がなければどうでしょう？　玉は自由に転がって行きますが、転がる速度が違うと

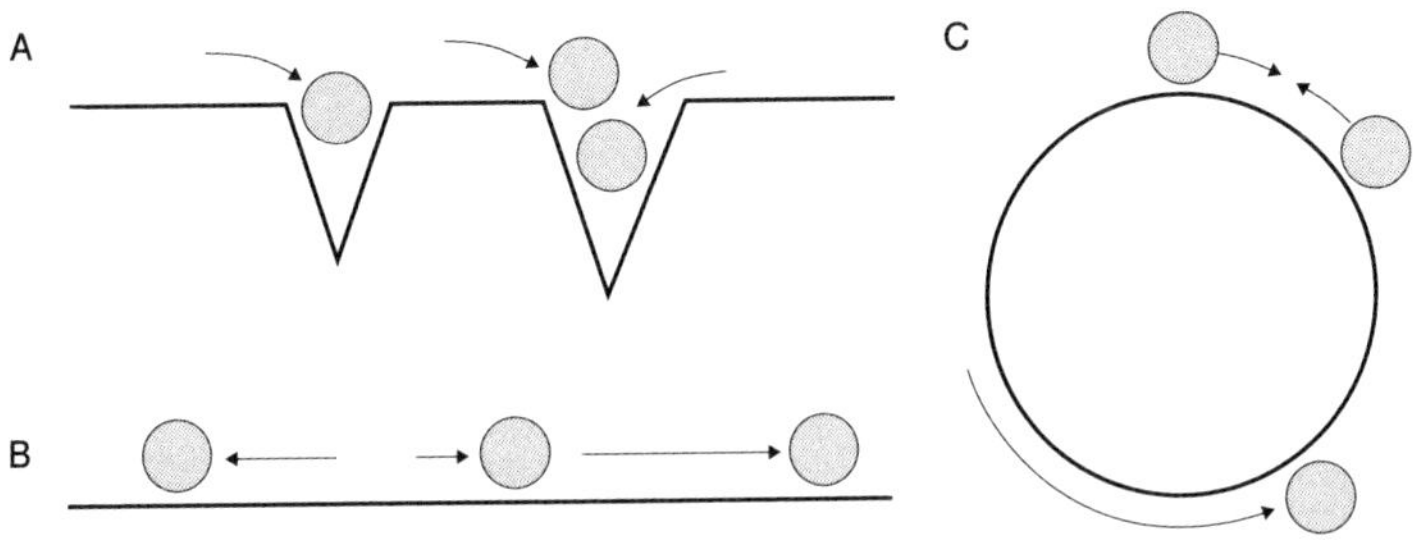

図 10　振動するものの相互作用とそうでない相互作用の比較イメージ.

玉の間隔はどんどん広がり、無限の彼方まで遠ざかってしまいます。玉の間に引力などがあっても、一度引き合うことに失敗するとノーチャンスです（図10B）。

一方、「溝」のない球体上を転がる玉はどうでしょう？　転がる速度が違い過ぎて、集まらない（引き込まない）ことだってあるでしょう。でも、球体上を転がっているので、遥か彼方に転がって行っても、また元に戻ってきます。相互作用するチャンスが再び得られ、条件や条件の変化によっては、全体が一つに集まることも可能なのです（図10C）。

どの玉とどの玉が集まるかが、状況によって柔軟に変わる可能性を秘めている点にも魅力を感じます。つまり、ある状況では、他の玉と引き込まず、ぐるぐる廻っているもの（振動子）があってもよいのです。そういう玉も球体上には留まっており、無限の彼方に去っていくわけではないので、条件や状況が変わると、他の玉と引き合うことになる可能性は残るのです。

BOX　とても短いカオス概論

本書では残念ながらカオスについてはほとんど出てきません．しかしながら，複雑系を語る上では，その概要は知っておく必要があります．

カオスの発見は，アメリカの気象学者のローレンツによるものが最初と言われています．式は以下の3次の微分方程式になりますが，

$$\frac{dx}{dt} = -Prx + Pry$$

$$\frac{dy}{dt} = rx - y - xz$$

$$\frac{dz}{dt} = xy - bz$$

たとえば，$Pr = 10$, $b = 8/3$, $r = 28$ で図1のような波形が出現します．

以下，数学的に厳密な議論ではないですが，カオスの特徴としては，以下の特徴が挙げられます．①なんとなく周期的だが乱雑でもある．したがって，カオスが出現するには，周期的な振る舞いに2次元，乱雑さに最低1次元，合計3次元以上必要ということになります．②初期値が少しでも違うと振る舞いが大きく異なる．しかしながら，③ある限られた領域に収束するように見える．このような性質をもつため，ストレンジ・アトラクタとも呼ばれます．

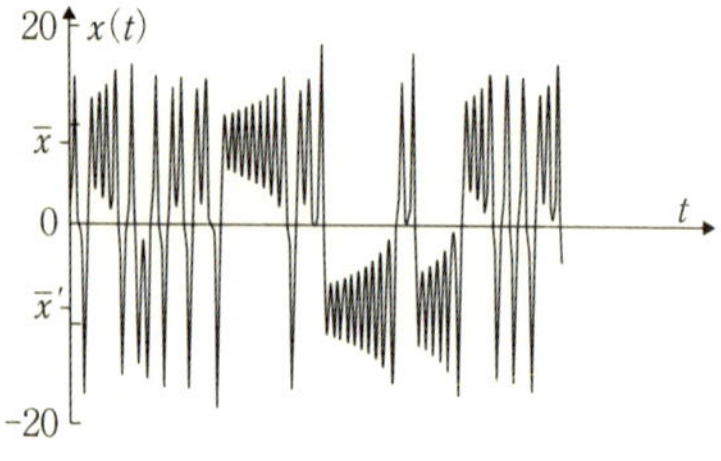

図1　ローレンツ・カオスの波形の例（文献(8)より）．式中のxの時間変化．横軸は時間．

このような挙動は，どのように理解すればよいでしょうか？
詳細は述べませんが，ローレンツ・カオスの式を検討すると，変数

x, y, zの3次元空間の一方向に発散していくことがわかります．一方で，相体積（初期値のバラつきの範囲）が縮小していくことも導けます．

これら一連のことを理解するには“つまみ食いしながらパイこね”をイメージするのがよいように思います（図2）．こねる前のパイを相体積としましょう．伸ばす方向が発散していく方向なので，これで，ちょっとした初期値の違いによって，その後の振る舞いが大きく異なることが理解できます．でも，つまみ食いするから，相体積自体はどんどん小さくなっていく，つまり，ある限られた領域に収束するように見えることも理解できます．また，折り畳むから発散せずになんとなく周期的になるのもイメージできなくはありません．

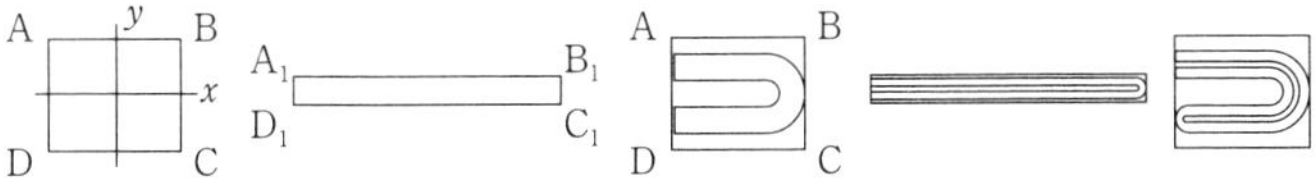

図2　左から右へと“つまみ食いしながらパイこね”が進む（文献(8)より改変）．

このようにカオスでは“パイこね”が行われますので，ストレンジ・アトラクタの相空間での軌道は，自己相似的な入れ子構造（つまり，フラクタル構造）をとります（図3）．

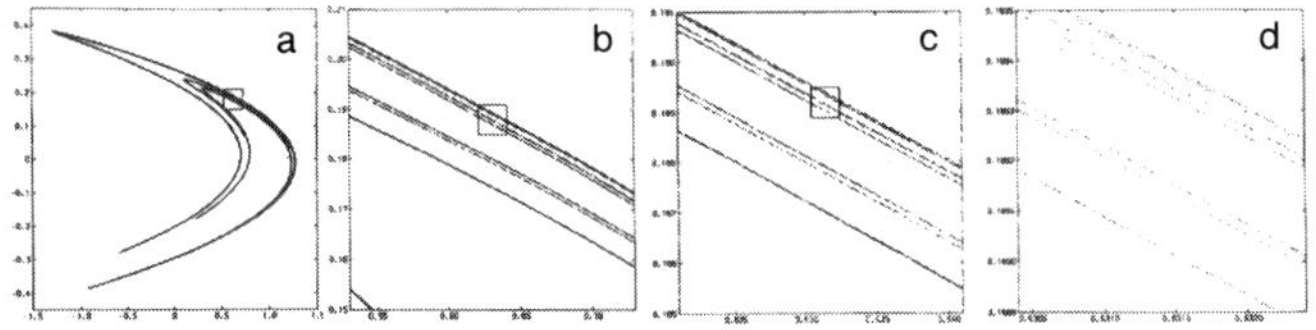

図3　ヘノン・カオスにおける軌道の自己相似構造（文献(8)より改変）．a, b, c中の四角を拡大したのがそれぞれb, c, d．類似の形が繰り返される．

カオスおよびカオスと脳の関係についての議論は，たとえば，津田一郎先生の著書（文献(9)等）をご覧ください．

BOX　決定論的世界観の終焉

世の中には“運命論者”がいます．この世のすべてが予め決まっていたことだと考える人です．このような世界観，決定論的世界観は，19 世紀末に頂点に達したと言われています．数学者ラプラスは，もしもある瞬間におけるすべての物質の力学的状態とその変化についての微分方程式を知ることができるような究極の知性が存在すれば，そのような知性は，未来（および過去も）を完全に予測できるだろうと考えたそうです．このような知性は，ラプラスの魔と呼ばれます．

20 世紀にはこのような世界観を根底から覆す 3 つの発見がありました．量子力学，ゲーデルの不完全性定理，そしてカオスです．

前 2 者については触れませんが，確かに前項で見たローレンツ・カオスは，完全に因果的な記述から生じています．ですから，カオスが出現しうるような実際の対象を微分方程式で記述できさえすれば，解析解を求めることができなくても，現在の高速・高精度なコンピュータを使ったシミュレーションによって，その対象の振る舞いを予測できるんじゃないの？とお思いの方もいらっしゃるかもしれません．残念ながら，その期待はかないません．なぜなら，どんな高精度の計算機でも，精度（有効桁）はあくまで有限だからです．前項で述べたように，カオスはわずかな誤差も拡大します．どんな高精度のコンピュータを用いても，カオスが出現する限り，シミュレーション結果と実際の対象の振る舞いは，必ずかけ離れるのです．

現在，大規模シミュレーションによってこれまで得られない情報を得ようという試みが世界中でなされています．脳研究においても，非常にリアルな神経細胞モデルを用いた巨大な神経回路として，脳の振る舞いをシミュレートしようという取り組みがなされています．しかしながら，カオスが物語ることをしっかり念頭におかなければ大きな過ちを起こしかねないことを我々は肝に銘じなければなりません．

BOX　人と人との同期現象

仲良さげなカップルが歩調をそろえて歩いている，そういうほほえましい光景をしばしば目にします．歩行というものもリズム的な現象ですから，こういったことも同期現象の観点で考えることができます．

この例だけでなく，非線形振動子の引き込み現象は，人間集団の在り方に対しさまざまな示唆を与えるように思えます．私自身は，単純な振動ではない，もっと複雑な振る舞いについても，いろいろと示唆を得てきたように感じます．

たとえば，蔵本振動子が語る固有振動数差と結合強度のトレードオフも示唆深いです．結合強度が強いと，少々の固有振動数差を押しつぶし，同期させるというのです．日本社会は，「右に倣え！」状態に陥りやすい社会だなあと何かにつけ感じますが，それは社会の同調圧・同化圧が強いからであって，個々人の（本音のところの）考えの多様性のなさの表れではないのかもしれません．逆に，ドイツのような個人主義が強そうな社会でも，状況によっては第二次世界大戦時のように極端とも思える集団行動をとりうることも，“引き込み”の観点で考えることができるのかもしれません．

親しい人と久しぶりに会って話すと，同じ本を読んでいたり，同じことを考えていたりして，驚くことがあります．この“気が合うということは関心事も近いから”では，片づけられないような偶然の一致も，広い意味で“引き込み”なのかもしれません．

こんなことを言うと「科学的じゃない」と思われる方もいることでしょう．それはそうなのですが，私個人ないしは人類が知っていること・知りうることは，この世のほんの限られた部分です．ほんのかすかな直接的ではない相互作用でも，条件がそろえば同期現象は起こりえます．偶然とは思えない一致・同期を“科学的じゃない”の一言でその場で切り捨てることもまた，早計のように思えます．

【参考文献】

(1) シュレーディンガー『生命とは何か　物理的に見た生細胞』岡小天・鎮目恭夫訳、岩波新書（一九五一）
(2) 岩波書店『理化学辞典』（第5版）（一九九八）
(3) http://www.ux.uis.no/~ruoff/BZ_Phenomenology.html
(4) ニコリス、プリゴジーヌ『散逸構造――自己秩序形成の物理学的基礎』（小畠、相沢訳）岩波書店（一九八〇）
(5) Chen L, Liu R, Liu ZP, Li M, Aihara K. Detecting early-warning signals for sudden deterioration of complex diseases by dynamical network biomarkers. *Sci. Reports* 2: 342 (2012)
(6) ハーケン『協同現象の数理――物理、生物、化学的系における自律形成』牧島・小森訳、東海大学出版会（一九八〇）
(7) 蔵本由紀「引き込み現象の数理」（蔵本他編著編著『パターン形成』一四九―一八六頁、朝倉書店（一九九二）
(8) ベルジェ・ポモウ・ビタル『カオスの中の秩序』産業図書（一九九二）
(9) 津田一郎『脳の中に数学を見る』共立出版（二〇一六）

付録B　部分と全体——生命システムの中心問題

付録Aでは、複雑系科学について概観しました。熱・統計力学的な意味での平衡から外れた系、つまりエネルギーや物質の流れが存在するような系では、ものごとは乱雑な方向に進むというエントロピー増大の法則に見かけ上、反するように、時間的・空間的パタンが自律的に生成されることがある、ということを述べました。

生命システムも、食べて排泄するというエネルギー、物質等の流れが存在し、精緻な空間構造や周期的な活動が存在するという点を見ても典型的な複雑系です。しかしながら、生命システムでは特に注意を払う必要がある問題があります。それは、部分と全体の問題です。

付録Bでは、複雑系としての生命システムにおいて、部分と全体の相互作用がいかに重要かを、主に、筆者が厳しく指導を受けた清水博・東京大学名誉教授、矢野雅文・東北大学名誉教授らの流動セルと呼ばれる筋肉モーターの研究と真正粘菌における情報処理の研究を中心にお話しします。

近年、複雑系の観点から生命システムや脳を研究する研究者は非常に増えたように思います。しかしながら、この部分と全体、ミクロとマクロの問題の深刻さについての意識が全体的に希薄であるように感じられます。本文でも繰り返されたこの議論を通じて、何とかその問題の重要性が読者の皆さんに伝えることができればと願います。

BOX　筋肉の構造と収縮メカニズム

筋肉とは，動物の運動を可能にする主要な器官で，収縮することで力を発生します．心筋（心臓の筋肉），平滑筋（内臓の筋肉），骨格筋に大別されます．骨格筋は腱を介して骨とつながり，筋線維（筋細胞）から構成されます（図A）．1個の筋細胞には数百個の核があります．筋線維の中には，筋原線維と呼ばれる円柱構造が多数存在します．筋原線維は，筋細胞表面の膜に広がる電気刺激（活動電位）を引き金として，筋小胞体と呼ばれる細胞内器官からカルシウムイオン（Ca^{2+}）が筋細胞内に放出されると収縮します．

筋原線維は，Z帯と呼ばれる円盤で区切られています．2つのZ帯に挟まれた部分は，筋節（サルコメア）と呼ばれます．Z帯には固定された線維状の構造があり，アクチンフィラメント（アクチン分子の束という意味）といいます．アクチンフィラメントとアクチンフィラメントの間には，ミオシンフィラメント（ミオシン分子の束という意味）と呼ばれる別の線維構造が存在します．アクチンフィラメントがミオシンフィラメントに沿って滑ることで，Z帯が互いに近づきます．分子メカニズムのより詳細は以下のとおりです．

筋肉が静止しているときには，トロポミオシンと呼ばれるタンパク質が，アクチン分子を覆っています．脳からの指令を引き金に放出されたカルシウムイオンがトロポニンというタンパク質に結合すると，トロポミオシンがずれ，アクチン分子のミオシンへの結合部位が露出します．露出すると，ミオシン分子の突起が，アクチン分子に結合できるようになります（図B）．この突起はATP（アデノシン三リン酸）のエネルギーを用いアクチン分子を繰り返し手繰り寄せます．具体的には①〜③がカルシウムイオンとATPが存在する限り繰り返されます（図C）．①アクチン分子に結合したミオシン分子の突起から無機リン酸やADP（アデノシン二リン酸）が遊離すると，ミオシン分子の突起の立体構造が大きく変化し，アクチン分子を10 nm（ナノメートル）ほどたぐりよせます（この変化は“首振り運動”説と呼ばれよく知られていますが，“ミオシン分子滑走”説等もあり，論争中のようです）．②別のATPがミオシン分子の突起に結合すると，突起とアクチン分子との結合が解かれます．③ ATPが無機リン酸とADPに加水分解されると，突起の構造が元に戻り，①とは別のアクチン分子の位置に突起は結合します．

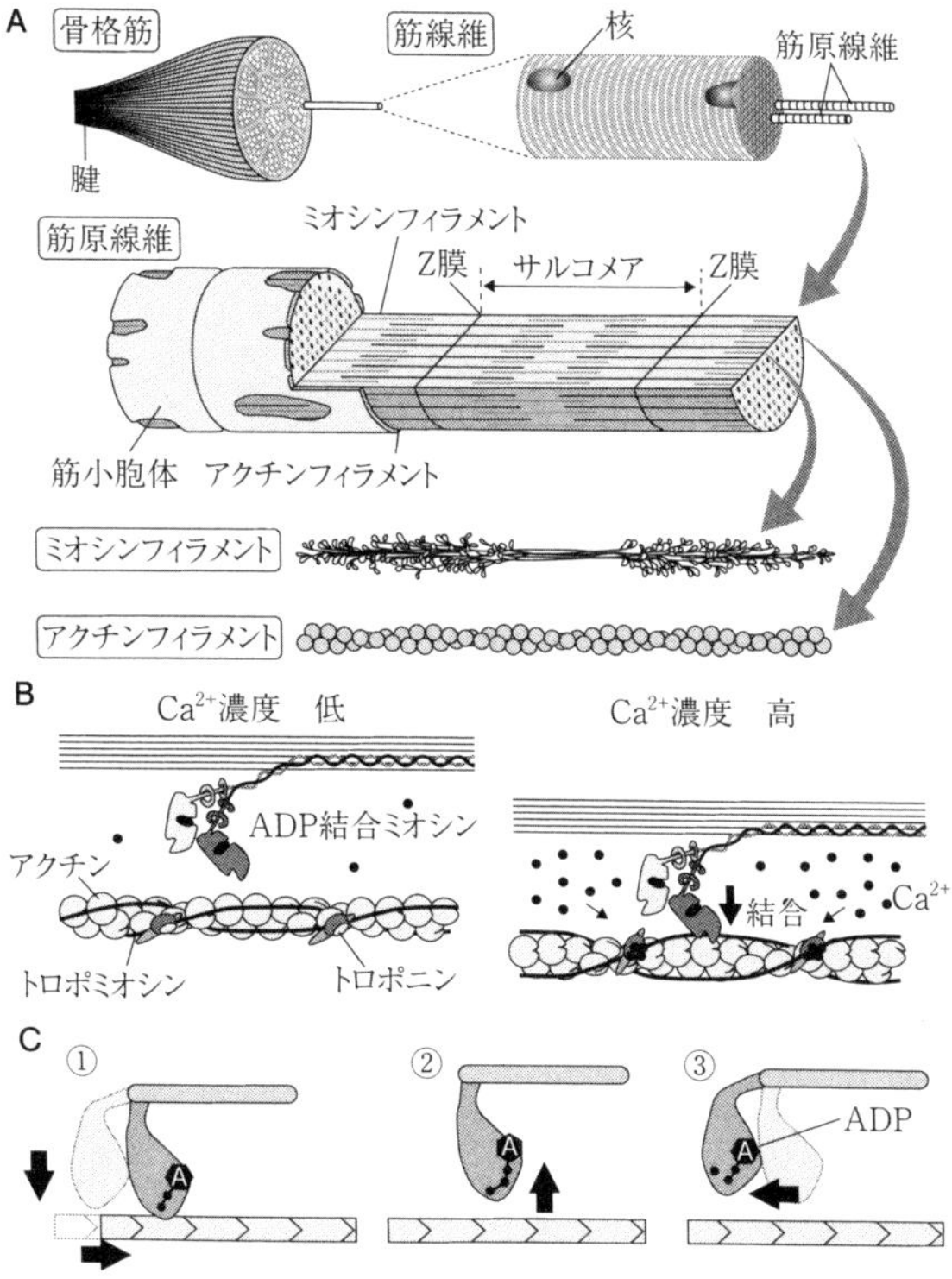

図　骨格筋の構造と筋収縮の分子機構の概要．A：骨格筋の階層的構造（文献(3)をもとに作成）．B：カルシウムによる筋収縮の制御．C：アクチン分子とミオシン分子の相互作用（文献(4)をもとに作成）．

一　部分と全体が相互作用する「筋肉」

筋肉の単純モデル「流動セル」

筆者が長年研究を共にした矢野雅文先生は、動物の筋肉をいったんアクチンとミオシン分子に分解し、それらを人工的な系として再構成することにより、流動セルという人工的な筋肉モーターを作製しました。流動セルを用いた一連の実験結果に基づき、矢野先生と清水博先生は、筋肉モーターの回転が一種の自己組織現象であるという理論を打ち立てます。人工筋肉の研究には現在さまざまなアプローチがありますが、流動セルは極めて先駆的なものでした。

筋肉は、蒸気機関等のように科学的エネルギーのかたまりである燃料を、いったんエントロピーの高い熱エネルギーに変換した後、ピストンの運動に変えるという〝無駄〟をしません。つまり、燃料に相当するＡＴＰ（アデノシン三リン酸）の化学的エネルギーを分子のランダムな方向の運動に変えるのではなく直接的にある方向に揃った力学的エネルギーに変換するため、非常にエネルギー効率の高いアクチュエータなのです。

しかしながら、筋肉の動作の根本原理を解明するには、微視的なアクチン、ミオシン分子を中心とする一連の生体反応と、巨視的な動きの発現との関係を明らかにする必要があります。生のままの筋肉は収縮はしますが、そのまま実験に用いようとすると、筋肉内のさまざまな分子や構造の関与を排除することが難しいため、基本原理の抽出には必ずしも好都合ではありません。一方、ビーカーの中でアクチンやミオシン等の生化学反応を研究するといったアプローチでは、それらの分子の向きがバラバラで、それぞれの分子運動は巨視的な溶液の運動には結びつきません。

流動セルは、それら相反する要求、なるべく少ない種類の分子反応しか扱わないながら巨視的な運動を起こすという要求を満たす画期的なものです。構造は、極めてシンプルなものです（図1）。内側のシリンダーと外側のシリンダーの間には、1ミリメートルの環状のスリットがあります。スリットの両側の壁には、特殊な処理を施されたミリポア・フィルターと呼ばれるシートが張り付けられています。そこに、ウサギの骨格筋を処理して得たアクチンフィラメント（以下、Fアクチン）を、向きを揃えて貼りつけます。向きを揃えるには、Fアクチンの入った溶液を一定方向に回し続けます。糸状のFアクチン分子には向きがあり、ミリポア・フィルターに付着するのは常に一方向です。しばらく溶液を回し続けると、スリットの両壁にはすっかり、Fアクチン分子が張り付きます。川の中の水草の葉が、同じ方向になびいているのをイメージしてもらえばよいでしょう。この向きを揃えて貼り付けるという異方性がカギです。

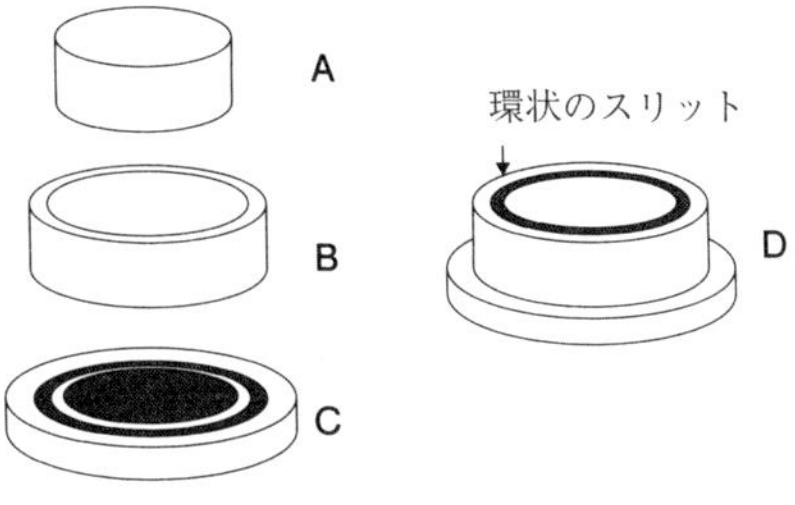

図1　流動セル（文献(5)より）．A：内側シリンダー．B：外側シリンダー．C：基盤．D：A-Cを組み合わせた全体．

流動と反応速度の相関

筋肉を構成する分子間の化学反応がどのように運動に変換されるか？　それを実験するために考案された装置・流動セルには、環状のスリットがあります。スリットの両壁にはＦアクチン分子が向きを揃えて張り付けてあります。もう一つの重要分子ミオシンは、タンパク質分解酵素で切断しヘビーメロミオシン（ＨＭＭ）というものにすると、水に溶けるようになります。スリットにこのＨＭＭとエネルギー源ＡＴＰを加えると、環状の溶液は流動を始めます。

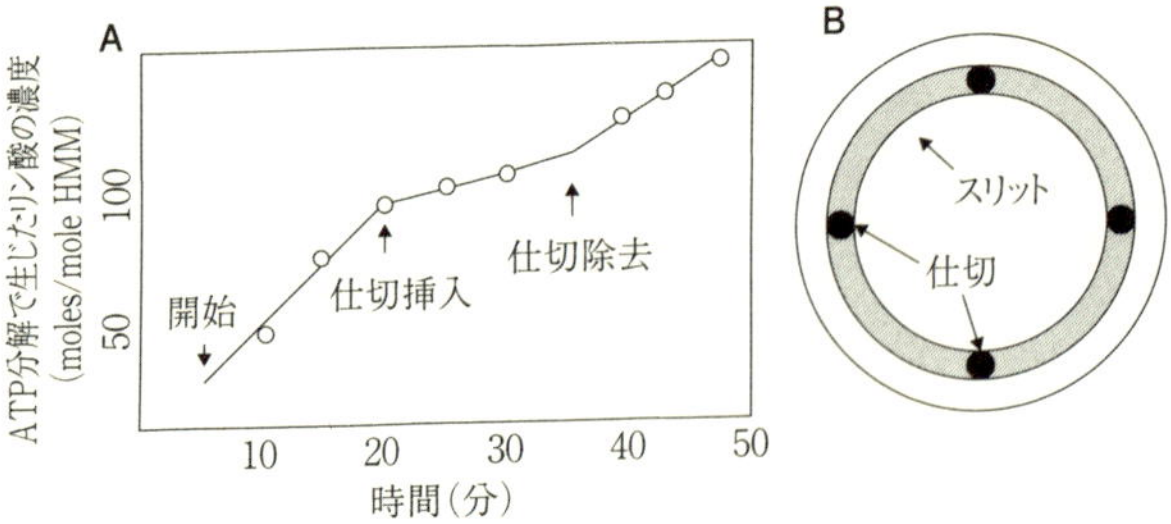

図２　流動セルにおける流動速度と反応速度の相互作用（文献(6)より）．Ａ：反応の時間経過．Ｂ：仕切の入れ方．

　流動の方向は、固定されたＦアクチンの向きに依存します。その方向と初期の流動方向が逆であっても10分以内に正しい方向で回転するようになります。カルシウムイオン濃度等、化学反応の条件を変えて、ＨＭＭとＦアクチンがＡＴＰを分解できないようにすると流動は止まります。条件を元に戻すと、流動は再び生じます。

　流動は約90分、持続します。その間、ＡＴＰのエネルギーを用いたアクチン、ミオシン分子間の化学反応速度と筋収縮の速さ（流動の速度）を計測し、両者の関係を詳細に調べることができます。反応速度は、ＡＴＰが分解されたときに生じるリン酸濃度の上昇として定量化できます。スリット内の溶液が毎秒20マイクロメートルで正常に流動している場合の反応速度は、図２Ａの開始↓仕切挿入の間のグラフの傾きとして見て取ることができます。

興味深いことに、溝に仕切を入れて流動を止める（図２Ｂ）と、化学反応の速度は低下します。そのことは、図２Ａの仕切挿入↓仕切除去の間の傾きは小さくなることで見て取れます。その後、仕切を取り除くと再び流動が始まり、ＡＴＰの分解速度も再び上昇します。つまり、流動速度が速ければ速いほど、反応速度も速くなるのです。

また、流動セルにおける溶液の流動はおよそ10℃を超えたあたりから突然、つまり相転移的に生じます（図３Ａ）。一方、反応速度も、そのあたりから上昇率が上がります（図３Ｂの実線）。Ｆアクチンの固定の仕方に方向性を持たせない場合、温度を上げても流動しないだけでなく、反応速度の上昇のしかたも直線的です（図３Ｂの破線）。

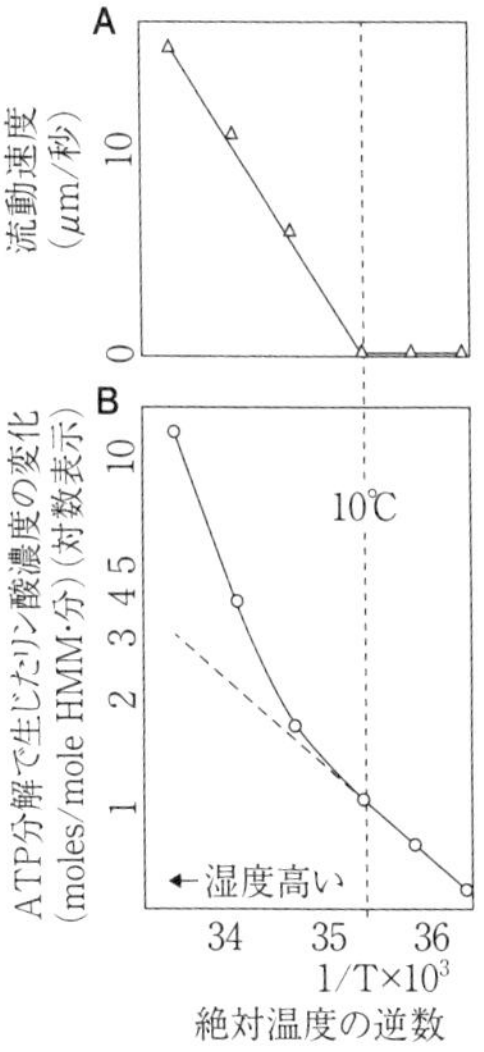

図3　流動速度と化学反応速度の温度依存性（文献(6)より）．グラフの右側に行くほど温度が高い．Ａ：流動は約10℃を超えたあたりから急に生じる．Ｂ：反応速度の指標としてのリン酸濃度の時間変化．

ミクロとマクロの相互作用

流動セルでは、臨界温度を超えると溶液が流動を始めます。すると、ＡＴＰを用いたアクチン―ミオシン反応も高まります。流動速度が速いほど、反応速度も速まります。この背後には以下のような機構が考えられます。一般に溶液では、温度が低ければ粘性は高く、温度が高ければ粘性は下がります。温度が低い場合でも、アクチン―ミオシン反応は生じています。その結果、反応が生じた分子の周りの溶液は局所的には動かされます。しかしながら溶液の粘性が高いので、溶液は短い距離しか動きません（図３Ａ）。一方、溶液の温度が上昇し粘度が下がると、ミオシン分子が動くことにより生じた溶液の動きが隣のミオシン分子まで到達し、反応を促進します（図３Ｂ）。Ｆアクチンは向きをそろえて固定されていますので、ある温度を超えると、この動きは溶液全体で雪崩を打つように促進されます。それ以降は、流れが速いほど反応は促進されます。

流動は、単なるアクチン―ミオシン溶液、つまりＦアクチンが向きを揃えて固定されていない状況では生じません。アクチン―ミオシン反応の向きがランダムな場合、引き起こされる溶液の局所の動きの向きもランダムで（つまり熱となり）、互いに打ち消されます。したがって、他のアクチン―ミオシン分子の反応が促進されることはありません。巨視的な流動という秩序は、向きが揃っているというミクロな秩序が存在することを大きな条件として生成するのです。実際の骨格筋でも個々のアクチン―ミオシンも向きをそろえていますし（だから熱もあまり出ない）、また、Ｚ膜等を介して個々の分子は周囲の分子に力学的な影響を与えると考えられます。よって、流動セルが物語る動的な秩序が生じる上での構造の重要性は、実際の生命システムにもあてはまると思われます。

流動セルは、生命システムの在り方について更に深い示唆を与えます。特に、微視的なレベルのアクチンとミオシンの異方的な反応が巨視的な溶液の流れを起こす一方、そのマクロな流動がミクロな反応を高める、つまり個々のアクチン—ミオシン反応の間の協調性・協力性・同期性を高める点が意義深く思われます（図4C）。生命システムにおいてはミクロとマクロの相互作用が重要である。これは本書で繰り返し出てくる大事なテーマでもあります。

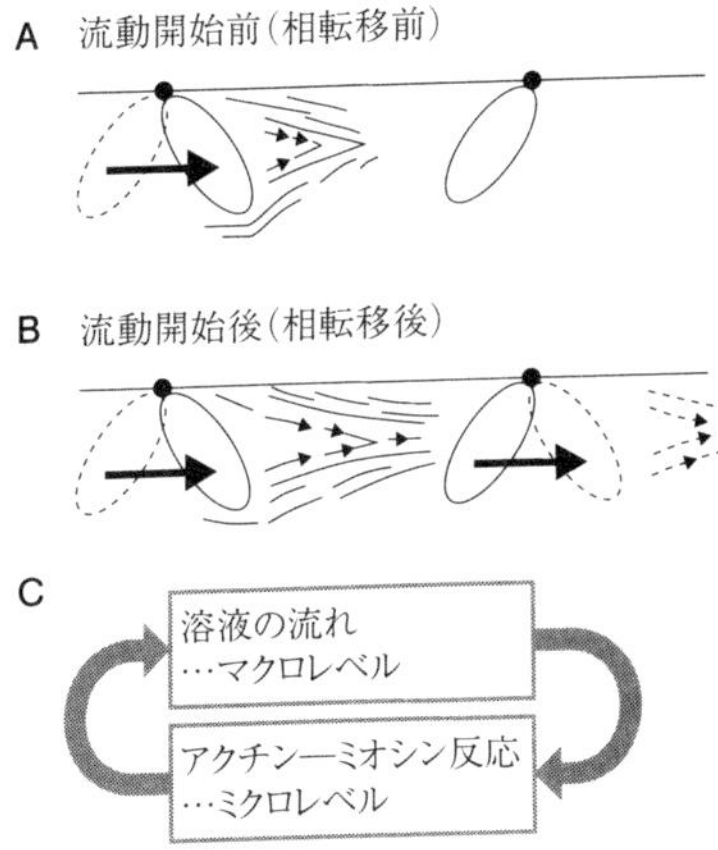

図4　流動セルのメカニズム（文献(7)より）．A：臨界温度以下では個々のアクチン—ミオシンが独立に反応．B：臨界温度以上は流動がアクチン—ミオシン反応のタイミングをそろえる．C：流動セルではマクロとミクロが相互作用．

また、ミクロとマクロが鶏と卵の議論のように循環的な相互作用を通じて生じているということは、流動という秩序立った状態は共時的に立ち現れる、すなわち同時・同期的に生成することを意味しています。この生命システムにおける共時性・同期性の意義については、本編でも繰り返し考察しました。

生命における部分と全体の整合性

筋肉モーター・流動セルでは、ミクロレベルのアクチン―ミオシン反応が溶液の流動を引き起こす一方、マクロな流動が個々のアクチン―ミオシン反応の協力性・同期性を促しました。流動セルが安定な流動を示す上で、ミクロとマクロ、部分と全体の相互作用が大事だったのです。

それ、そんなに強調すべきことかぁ？　そこいらに色々あるんじゃないのぉ？と思う読者もいると思います。確かに、たとえば若い女性のファッション等は、個々人の好みが世の中全体の傾向を形成するけど、その大きな傾向つまり流行に個々人は左右されます。似たような例は他にも色々あるでしょう。では、そういうミクロ―マクロ相互作用は、どのスケールから始まるのでしょうか？社会や群れレベルでしょうか？　個体レベルでしょうか？　もっとミクロな分子レベルでしょうか？

今現在、分子レベルの生命研究は盛んです。大半はそうだといっても過言ではありません。もちろん、それらは大変重要で、まだまだ多くの解明すべきことがあります。しかしながら、そういう研究を中心に行っている研究者とよくよく話してみると、その生命像は、極めて要素還元主義的であると心底感じます。つまり、さまざまな分子が、個々に独立かつ精緻に（反応したり等）働いているといった感じです。オーケストラで言うなら、個々の演奏者が、他の演奏者の演奏をまったく聞かずに演奏しているけど、演奏者固有のリズム感が正確無比かつ完全に同一なので、オーケストラ全体の演奏は奇跡的に曲として聴こえる、といったところでしょうか。しかしながら、そういうことは実際にありそうにもありません。流動セルに関連して述べるならば、試験管に入れたアクチン―ミオシン反応は、個々には反応するけれども、溶液が巨視的に動くことはないのです。

では、付録Aで述べたBZ反応という化学反応はどうでしょうか？　BZ反応では、マクロな振動やパタンが生じます。ということは、拡散等を通じて、個々の化学反応は近傍の反応と同期していることを意味します。まさにミクロレベルの非線形振動子の引き込み同期です。オーケストラに喩えるなら、周りの演奏者の演奏は聴いている、という状況でしょうか。でも、それでは、演奏者の少ない室内管弦楽ならよいのかもしれませんが、多数の演奏者が演奏する交響曲ではうまくいくか疑問です。指揮者が必要なのは、実際にうまくいかないからでしょう。生体システムは、交響曲に必要な演奏者よりはるかに多くのメンバーから構成されています。BZ反応は流動セルと違い、局所の反応が等方的なので、反応と流れが相互作用しない（これはキュリー－プリゴジンの原理と呼ばれます）、つまりミクロとマクロが相互作用することはないのです。

流動セルでは、ミクロな分子レベル反応にマクロな流れの影響が反映されるという点が重要です。つまり分子レベルでも、生物らしく全体としてマクロな動きが生じるならば、ミクロとマクロの相互作用が存在することをデモンストレートしたのです。BZ反応の巨視的なパタンは局所の相互作用の結果にしか過ぎませんが、全体として生き延びなくてはならない生命システムでは、部分と全体が積極的に整合性を保つことが重要です。次節の粘菌の話では、その点を掘り下げます。

二　部分が全体を「内部観測」する粘菌

単純な生物モデル「粘菌」

真正粘菌（以下、粘菌）とは、変形菌とも呼ばれます。森の中、日陰で涼しく湿った枯葉や朽木の上等に住んでいます。粘菌は動物と植物のどちらの性質も持っています。栄養体と呼ばれるアメーバ状の形態をとっているときは、森の中を移動し、微生物等を食べます。その意味で、「動物」です。しかしながら、まったく動かないキノコのような子実体という状態では、胞子を形成し繁殖する「植物」的な側面も持ちます。

図5　真正粘菌モジホコリ．

飼育・培養が容易なため、数学者、物理学者、数理生物学者に好んで研究に用いられるのは、モジホコリ（*Physarum polycephalum*）という種類です（図5）。黄色い巨大な多核単細胞生物です。適当な大きさにカットしても平然と（？）生きています。実験目的に応じてさまざまな形に切り出せる点も、実験をする側にとっては好都合です。

初めて粘菌に接したとき、何て違う生き物なんだろうとしみじみ感じたものでした。我々ヒトの体の中は、機能分化しています。

循環器系、脳・神経系、消化器系等々。粘菌では、それらが渾然一体としているのです。でも、各器官の特殊性やそれゆえの各論になりにくい点も、物理系・数理系の研究者にモデル生物として好まれる一因です。

粘菌は網目状の構造をしていて、網目の糸の部分は、変形糸と呼ばれます。変形糸の部分を拡大した模式図を図6に示しました。変形糸の外側の部分を外質ないしはゲル、内側を内質またはゾルと呼びます。

実験では、一本の変形糸の下から光を照らし、その透過光の強度として局所の厚みを観察します。変形糸の観察したい部位をセルロース膜で覆い、室温・飽和水蒸気中にしばらく放置すると、外質と内質のそれぞれの厚みを独立に観察することができます（図7）。

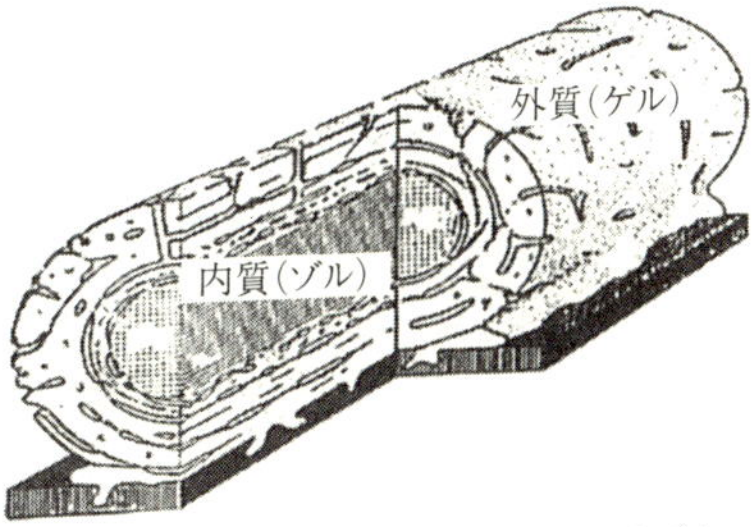

図6　粘菌の変形糸の拡大・断面図（文献(10)より）.

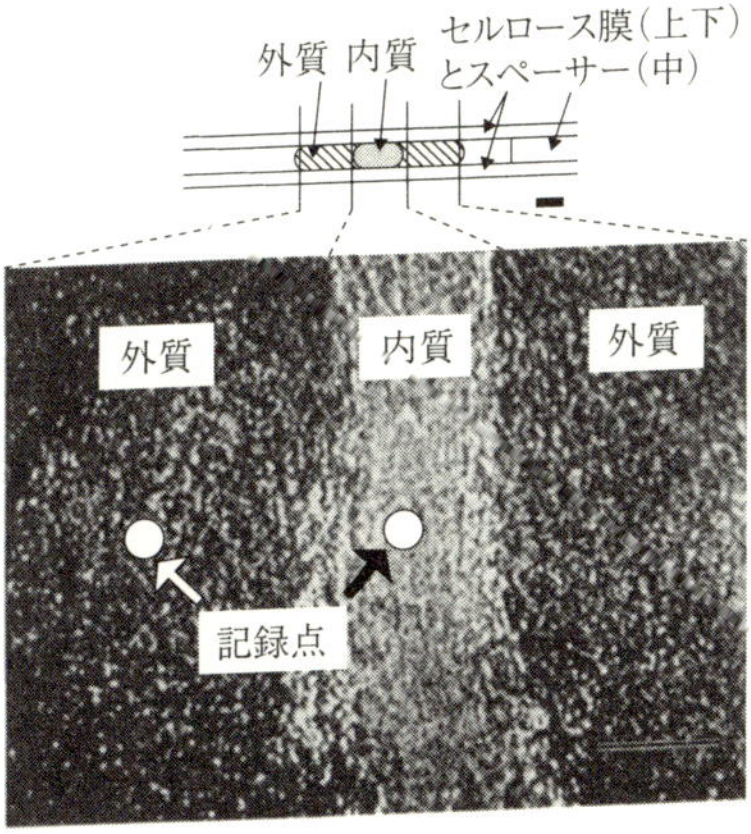

図7　記録点の処置（文献(11)より）.

振動による個体全体の統合

アメーバ状の多核単細胞生物である真正粘菌は、小さくカットしてもそれぞれそのままずっと生き続け普通に動き回ります。よって、大きなアメーバ状の個体は、自律的に生きることができる要素（といっても境界を区別することはできませんが）の集合体と捉えることができます。しかも、それらは単なる寄せ集めではなく、何らかの様式で統合されているからこそ、変形しつつも個体全体として森の中を移動できるのです。要素や部分がどのように全体として統合されているか？　これが、粘菌研究最大の眼目です。そして、そのカギを握っているのが振動なのです。

粘菌の体内では、あらゆるものが振動（当然、非線形振動）しています。ATP濃度やカルシウム濃度等がよく調べられていますが、局所の厚み等も振動します。前項で述べたように、一本の変形系の下から光を照らし、その透過光の強度として局所の厚みを観察すると、外質と内質のそれぞれの振動を観察することができます。

内質と外質はほぼ同じ周期で振動していますが、その位相関係は必ずしも一定ではなく、図の通り、時折、位相が逆転することもあります。つまり、外質と内質は別個の振動子系を形作っていると考えられます。また、200マイクロメートル離れた二点間の外質どうし、内質同士の位相差を見ると、内質では位相差がほとんどなく、外質では比較的ばらついています。つまり、内質では外質に比べ、振動子間が強く結合していると捉えることができます。

筆者が体験した学生実習では、粘菌の厚みの振動を測定し、その情報処理的な意義を考察するという課題が与えられましたが、当時はずいぶん抵抗感を覚えました。神経系がないとは言え、何か情報処理を担うものを測定しないと意味がないと思ったからです。でも、そうではない。粘菌における情報処理は、特定の物質や特定の組織ではなく、振動という現象自身に担われているのです。

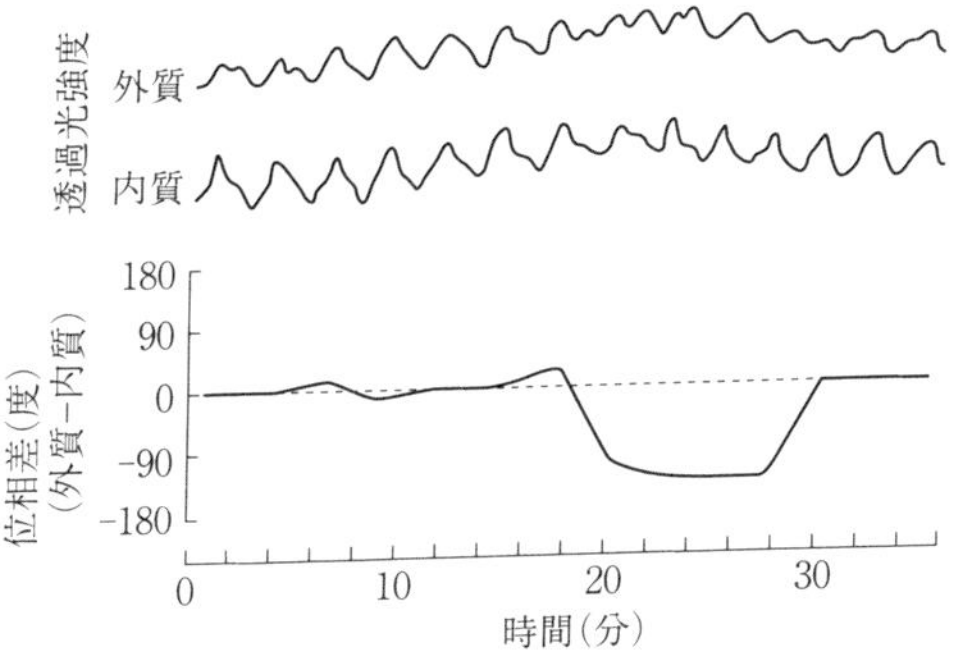

図 8　安静時の粘菌変形糸の振動例（文献(12)より）.

機能分化の曖昧な粘菌という原始的な生き物において、振動が情報処理や運動制御に用いられているという事実は、主に哺乳類の神経生理研究に従事してきた筆者に、今でも大きな示唆を与えます。こっちが先なんだと。系統発生的に、情報処理や運動制御に特化した脳・神経系というものを動物は発達させてきたが、振動のほうがより根源的なんだと。近年、哺乳類の大脳では、頭蓋表面から記録できる脳波やその脳内対応物である局所場電位（local field potential：LFP）等といった脳の振動現象が再び脚光を浴びていますが、この粘菌からのメッセージは、しっかり受け止める必要があると思います。つまり、神経細胞の発火による情報伝達・情報処理はLFP振動の上に乗ったものであり、情報伝達や情報処理の大筋はLFP振動やそれらの間の同期が先に付けているかもしれないのです。

好物による振動数の増加

粘菌の変形系を切り出し1次元的に観察すると、基本的な振る舞いを単純化でき、モデル化しやすくなります（図9A）。一端ないしは両端に、さまざまな粘菌が生得的に好きな物（誘引刺激）や嫌いな物（忌避刺激）を与え観察します。以下、誘引刺激についての応答をまとめます（図9B C）。

粘菌の一端に誘引刺激を与えると（図9B）、刺激部位の振動数が上昇しますが、それは反対側の非刺激部位にも伝搬し、そちらの振動数も同程度まで上昇します。ただし、非刺激部位外質の振動数上昇は内質よりも遅れます。また、変形系の中間部位の内質に空気を注入し、内質の相互作用を遮断すると、誘因刺激を与えても非刺激部位の振動数は上昇しません。これらは、振動数上昇の伝搬には内質が重要であることを示唆します。

両端の振動数が同程度になる代わり、位相勾配が生じます。刺激部位のほうが、位相が進んでいます。陸上競技場で同じラップタイムで回っているけれど、刺激部位が先頭にいるといった感じです。更に位相勾配にしたがって、カルシウム濃度の勾配も生じます。カルシウム濃度勾配は重要です。粘菌の動きの方向の制御に直接的に関わると予想されるからです。粘菌のようなアメーバ状の生き物でも、動くからにはアクチン―ミオシンのようなモータータンパク分子が関わり、これらの反応の調節にカルシウムイオンが関わっていると考えるのは自然だからです。実際に、粘菌は、カルシウム濃度が高い方向つまり誘引刺激がある方向に移動します。

驚くべきことに、両端に誘引刺激が提示された場合（図9C）でも、より強い誘引刺激のほうに全体として動きます。弱い誘引刺激を提示された側は、すぐ手前に誘引刺激があるにもかかわらず、あたかも全体としては反対側により強い刺激が存在していることを「知っている」かのように、撤退するのです。このときも、体全体の振動数は強い誘因刺激側の高い振動数に引き込まれ、そちら側を先頭とする位相勾配が生じるのです。

部分が全体の中での相対位置に応じて、つまり全体の中での位置を「知っている」かのように振る舞うために必要な情報を「位置情報」と呼びます。位相勾配は、この位置情報に関わっていそうです。粘菌の理論モデルを紹介する前に、位置情報の問題について少々論じます。

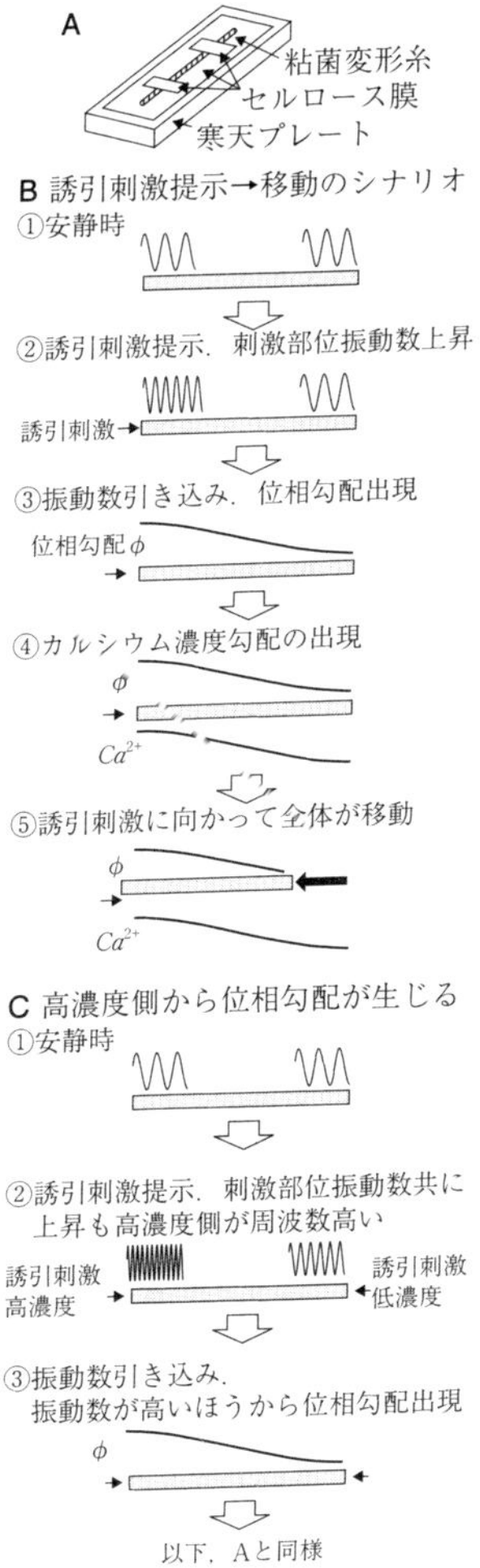

図9　誘引刺激への粘菌の応答．A：実験概要．B：一端に刺激を与えた場合．C：両端の場合．

どこにいるかを「知る」

神経系や筋・骨格系等が機能分化していないアメーバ状の多核単細胞生物・真正粘菌は、部分を切り取っても、その部分は問題なく生きていけますが、そのような「部分」が寄り集まって大きな個体を形成した場合、個体「全体」として統合された振る舞いをします。しかも、単に部分と全体が整合的になっているだけでなく、部分の状態が全体の中での位置に応じて変化します。このあたかも部分が全体の中の位置を知っているかのように振る舞うために必要な情報を位置情報と呼びます。位置情報は粘菌に限らず、生物のさまざまな場面で問題になります。

卵から個体が発生していく過程では、特に位置情報の問題がクローズアップされます。図10は、ニワトリが卵の中で体が形成されていく、ある段階で行われた実験の概要を示しています。卵の中ではほぼ同じ時期に、脚と翼がそれぞれ突き出た構造として形成され始めます。この二つの構造の細胞はよく似ていて、この段階では、その後どのようなパタンの骨格になりそうか、つまり太腿になりそうだとか指先になりそうだといった兆候は、一見認められません。この段階で、将来、脚になる領域の中の太腿になる部分から細胞の塊を切り出し、将来、翼の先端になる位置に移植します。その後の発達を観察すると不思議なことに、細胞を移植した箇所は翼にも太腿にもなりません。足指が形成されるのです。

この結果は、移植された細胞が移植された位置に応じて変化することを示しています。移植された細胞は既に脚になる準備をしていたと思われます。だから、翼になることはできませんでした。

しかしながら、移植された先は将来、太腿のように「付け根」ではなく、「先端」にならねばならないところでした。移植された細胞たちは、自分たちが移植された位置がどういう場所なのかについての何らかの情報を受け取り、それに基づいて変化したからこそ、足指という「先端」へと分化していったと考えられるのです。

今、発生生物学は再生医療の研究と絡み、非常に盛んなように見えます。さまざまな発生現象に関わる遺伝子が次々と明らかになっていっています。しかしながら、そのような研究だけで、どうしてその時期にその遺伝子が発現するのか？　どうしてその位置でその遺伝子が発現するのか？　なぜそういう形になるのか？については語れないと思います。当然、何らかの数理的な研究も並行して進められるべきでしょうし、また、さすがに出てきているように見受けられます。そのとき、

数理的にはいろいろ難問があるでしょうが、この位置情報の問題こそ、問題群の中心に鎮座する重要かつ困難な問題であることは確かでしょう。

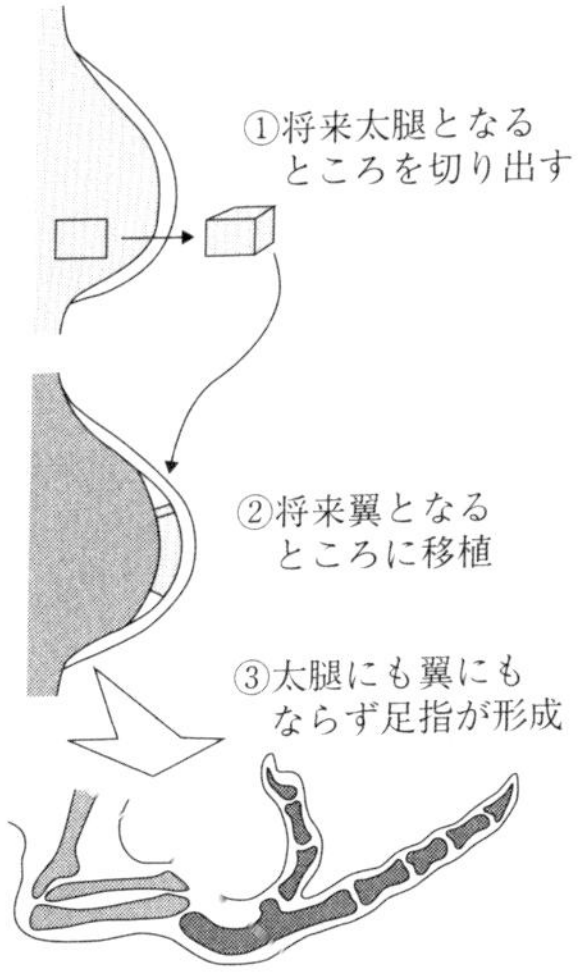

①将来太腿となるところを切り出す
②将来翼となるところに移植
③太腿にも翼にもならず足指が形成

図 10　ニワトリの胚の一部を別の位置に移植すると，その場所の影響を受ける（文献(14)より）．

位相勾配の「内部観測」

アメーバ状の生物・粘菌は、独立して生きていける部分が集まって、全体として統一した振る舞いをします。そのためには、部分が全体の中での位置に基づき振る舞う必要があります。この振る舞いをもたらす情報を位置情報といいます。アメーバのサイズはさまざまですから、位置情報は、サイズ全体に対して相対的なものである必要があります。

もう一度、紐状に切り出して単純化した粘菌の振る舞いをおさらいしておきましょう。粘菌の両端に誘引刺激を与えると両端共に振動数が上昇しますが、誘引刺激の濃度の高いほうの振動数が高く、個体全体で高い振動数が引き込んだ際、濃度の高いほうから低いほうに位相勾配が生じます。それにより、全体としてどちらに動くかという極性が決まります。具体的には、運動系を制御するカルシウム濃度勾配が生成します。

問題の中心は位相勾配です。カルシウム濃度勾配は、運動を直接的に駆動します。カルシウム濃度勾配がちょこまか変化すると、あっちに行ったりこっちに行ったりすることになり、全体としての振る舞いが非効率になると考えられます。カルシウム濃度は、全体としての意思決定を反映して、どしっとあまり変化しないのが望ましいでしょう。一方、局所の振動の相互作用なら、比較的素早く全体的に整合的な状態を達成できると思われます。粘菌の示す振動は当然、非線形振動と見なすことができますし、また実験で見られた移動方向を反映する振動の位相勾配は、部分部分の非線形振動の相互作用の結果生じたものだと思われます。

実際、局所の振動数変化が位相勾配になる機構については、複数の非線形振動子を結合した系(結合振動子系)において知られています。高い振動数を持つ振動子は、周囲の振動子を自らの振動数に引き込ませ、それと同時にこの振動子を先頭とする(つまり、位相の湧き出しとする)位相勾配を形成します。しかも、この結合振動子系には、引き込み競合という性質もあります。つまり、複数の異なる振動子が振動数を上昇させても、最終的には最も高い振動数のものが全体を自分の振動数に引き込ませ、位相勾配を生じるのです。これらの性質は、粘菌の示す振動の性質に何ともそっくりではありませんか。この位相勾配ができる過程は、ある意味、粘菌にとっての意思決定過程と言ってもいいかもしれません。

しかしながら問題は、位相勾配というものが、あくまで粘菌全体を見たときにわかるものである、ということです。実験者は、粘菌を外から観察することができ、振動の位相に勾配があるかどうかといったことを知ることができます。しかしながら粘菌は、神経系などの、体の離れたところの状態についての情報を直接的に伝える手段を持っていません。したがって、粘菌の各部分には、自分の位相勾配中の位置を内から「知る」ためのメカニズムが必要です。粘菌をモデル化する上では、そのような内部観測の機構を考えることが、最も肝要なのです。

位相勾配が振幅差に反映する

紐状に切り出した粘菌の各位置は、厚みやＡＴＰ濃度等あらゆるものが振動しています。好みの餌が粘菌の一端に与えられたとき、その振動に位相勾配、つまり好みの餌側の振動が進んだ状態が生じます。この後、この位相勾配に従って、カルシウム濃度勾配が生成し、粘菌は実際に餌の方向に移動します。この一連の過程を理解するには、振動の位相勾配をカルシウム濃度勾配に変換する機構が必要です。しかしながら、位相勾配とはあくまで粘菌全体を眺めることができる実験者にのみ観察可能なもので、粘菌の各部分にとって自らが位相の進んだ位置にいるのか遅れた位置にいるのかを、つまり自らの位置の情報を内的に観測する機構は謎なのです。

これについて、一連の実験結果を基に興味深い理論モデルを提唱したのが、筆者の元同僚・三浦治己博士と矢野雅文先生です。モデルの最終版はよりシンプルなものになったのですが、粘菌についての上述の知見との対応がとれ、直感的に理解しやすい初期モデルを用いて以下説明します。

三浦博士は、粘菌の内質と外質にそれぞれ非線形振動子を配置し、同じ位置の内質、外質の振動子は常に同期するようにしました。また、実験結果を単純化して、内質の振動子のみが隣り合う位置間で拡散的に結合しているとしました（図11Ａ）。この結合振動子系の計算機実験をしていた三浦博士は、興味深いことに気づきました。位相勾配の先頭位置の外質の振動の振幅は同じ位置の内質の振動の振幅より大きく、位相勾配の後端では逆のことが起きていたのです（図11Ｂ）。三浦博士は、この現象を位相の位置情報の内部観測に利用できないかと考え、実際に、振動の位相の湧き出し／吸い込み（位相勾配の空間変化。位相勾配の先頭が湧き出し、後端が吸い込み）。内質と外質の振動の振幅差に対応する量が、単調な関係であることを示しました（図11C）。これを受け、部分にとって直接観測できない位相勾配の代わりに、内質と外質の振動の振幅差に対応する量からカルシウム濃度勾配を生成する機構を定式化し、上述の粘菌の一連の行動を定性的に再現したのです（図11D）。

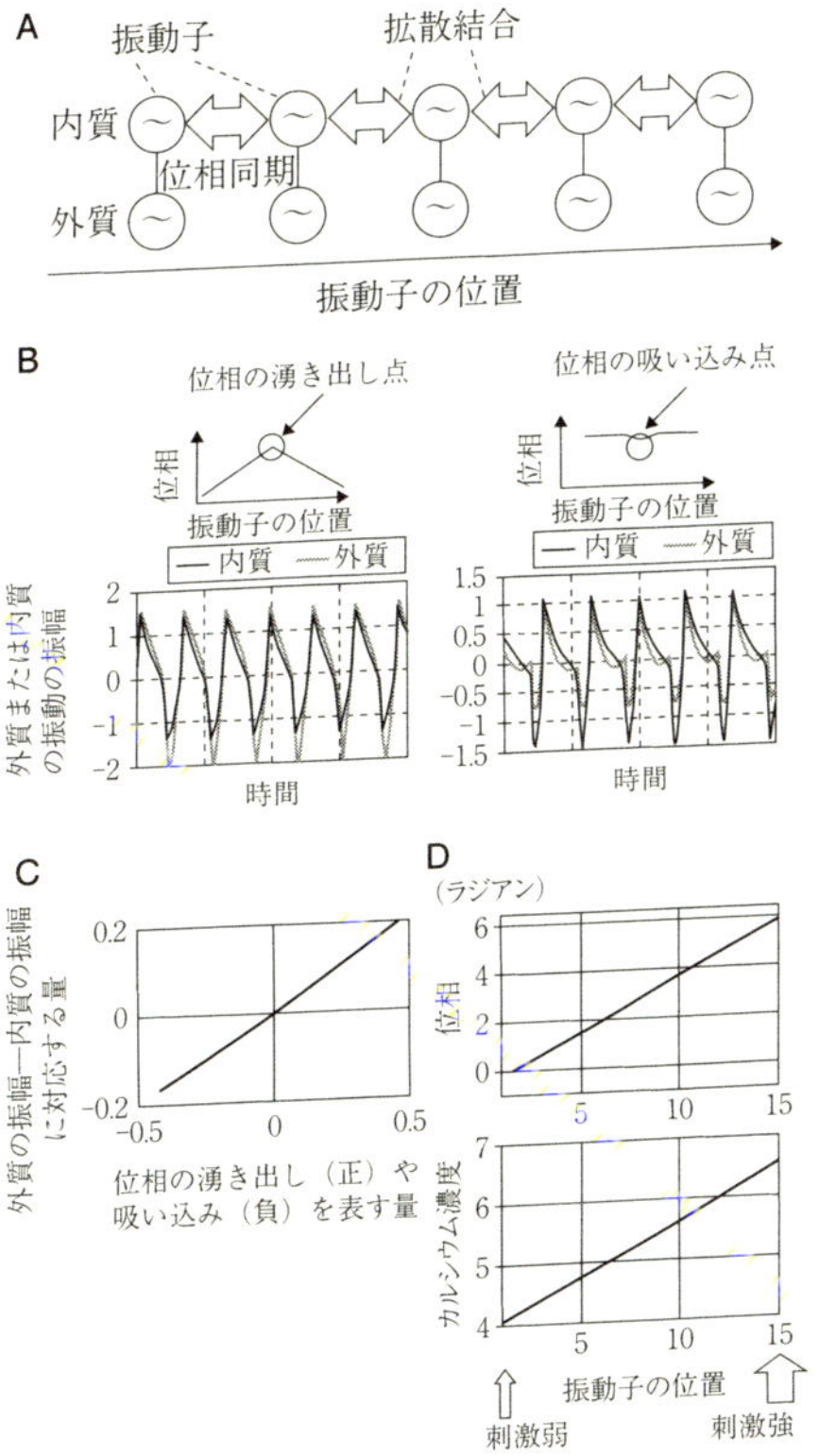

図 11　三浦-矢野粘菌モデル（文献(15)より改変）．A：各位置の内質・外質にはそれぞれ非線形振動子を配置．隣り合う内質振動子は拡散結合．B：位相の湧き出し（位相勾配の開始点）（左）と吸い込み（終点）（右）での内質・外質の振動例．C：位相の湧き出し／吸い込みと振幅差の対応．振幅差に対応する量は内質・外質の振幅の共分散と内質振幅の分散の差．D：位相差→カルシウム濃度勾配の再現例．

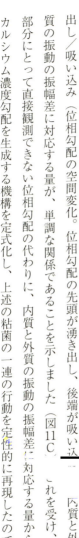

振動子の結合と振幅の変化

神経系のような情報処理器官をもたない粘菌は、体各部位の振動の間の相互作用、特に振動の位相勾配の生成を通じて、個体全体で統一した行動をとっています。しかしながら位相勾配は、あくまで個体を外から眺めたときにわかるものです。粘菌の各部分は、内的に位相勾配に相当するものを観測し、自らの個体全体での位置に基づく振る舞いをする必要があります。この位置情報を内部観測で得る理論モデルを構築する上で、三浦治己博士と矢野雅文先生は、位相勾配の始まりと終わりが局所の内質と外質の振幅差に対応することを利用しました。

ある位置に誘因刺激が来るとその部位の外質は振動数を上昇させ、かつ振幅も大きくします。同じ位置の内質は、最初は外質と同じ振動をします。しかしながら内質は、近隣の内質と拡散的に相互作用としています。振動数の面では、周囲を引き込み同期させます。ただし、位相勾配が生じる、つまり誘因刺激のあった部位が振動の先頭になります。一方、振幅の面では、振幅の大きさが周囲に拡散し、結局は周囲と均等な振幅になります。そうなったときに、外質と内質の振幅を比較すると、外質の方が大きくなっているのです。

近年、振動子の研究ではその単純さから、振幅の変化を無視した位相振動子（蔵本振動子）が多く用いられます。けれども、それ一辺倒では、三浦-矢野モデルのようなものは生まれなかったことは、頭の片隅にとどめる価値のあることだと思います。

サイズ不変位置情報の重要性

ここまで紹介してきた三浦‐矢野粘菌モデルは、サイズ不変的に位置情報が取れる機構も備えています。サイズ不変的に位置情報が取れるとは、部分が全体中の相対位置を反映した振る舞いをする、たとえば部分が体全体の3分の1の位置にあるのか、3分の2の位置にあるのかで状態や振る舞いが変わる、といったことです。

三浦‐矢野モデルでは、振動の位相勾配は最終的にカルシウム濃度勾配に変換されます。モデルは、カルシウム濃度が頭打ち・底打ちになるような機構、それらの間の区間では滑らかな濃度勾配になるような機構を備えています。部分は、自分の位置のカルシウム濃度により、自らが全体の中のどういう相対位置にあるのかを「知る」ことが可能になったのです。

位置情報の問題は、残念ながら本書の本編には明示的には出てきません。けれども、その問題の重要性は、iPS細胞の発見を契機とした再生医療研究等が加速する現在だからこそ、きちんと認識されるべきだと思います。形態形成の過程である遺伝子がいつ、どこで発現するか、どんなパタンが形成されるか等は、理論の助力なくしては理解できないと思います。その理論は、個体のサイズによらないものであるのが望ましいでしょう。たとえば、マウスとラットは似ていますが、大きさはかなり違います。けれども、どの位置に耳ができ、尾ができるかが、まったく異なる機構であるとは思えません。きっとサイズによらず相対位置が決まる機構があるはずです。

[参考文献]

（1） 清水博『生命を捉えなおす——生きている状態とは何か　増補版』中公新書（一九九〇）

（2） 矢野雅文「非分離の科学Ⅳ」季刊 iichiko、一一一：一〇四—一一四頁（二〇一一）

（3） 赤坂甲治監修『よくわかる生物基礎＋生物【新課程】（MY BEST）』（二〇一四）

（4） 東京大学生命科学教科書編集委員会『理系総合のための生命科学　第三版』羊土社（二〇一三）

（5） Yano M, Yamada T, Shimizu H. Studies of the chemo-mechanical conversion in arti- ficially produced streamings I. Reconstruction of a chemo-Mechanical system from acto-HMM of rabbit skeletal muscle. *J. Biochem.*, 84: 277–283（1978）

（6） Yano Y, Shimizu H. Studies of the chemo-mechanical conversion in artificially produced streamings II. An order-disorder phase transition in the chemo-mechanical conversion., *J. Biochem.*, 84: 1087–1092（1978）

（7） Shimizu H, Yano M. Studies of the chemo-mechanical conversion in artificially produced streamings III. Dynamic cooperativity. A new cooperativity in actomyosin systems with a polarized arrangement of F-actin., *J. Biochem.*, 84: 1093–1102（1978）

（8） 上田哲男・中垣俊之「粘菌行動の自己組織化」（都甲・松本編著『自己組織化——生物にみる複雑多様性と情報処理』）朝倉書店（一九九六）

（9） 矢野雅文「真性粘菌における情報統合と運動の自己組織」計測と制御、二九：八八七—八九二頁（一九九〇）

（10） Fleishcer M, Wohlfarth-Bottermann KE. Correlations between tension force generation, fibrillogenesis and ultrastructure of cytoplasmic actomyosin during isometric and isotonic contractions of protoplasmic strands. *Cytobiologie* 10: 339–365（1975）

（11） Tanaka H, Yoshimura H, Miyake Y, Imaizumi J, Nagayama K, Shimizu H. Processing for the organization of chemotactic behavior of Physarum *polycephalum* studied by microthermography. *Protoplasma*, 183: 98–104

（1987）
（12）Miyake Y, Yano M, Shimizu H. Relationship between endoplasmic and ectoplasmic oscillations during chemotaxis of *Physarum* polycephalum. *Protoplasma*, 162: 175–181（1991）
（13）Natsume K, Miyake Y, Yano M, Shimizu H. Development of spatio-temporal pattern of Ca^{2+} on the chemotactic behaviour of *Physarum* plasmodium. *Protoplasma*, 166: 55–60（1992）
（14）Saunders et al. The differentiation of prospective thigh mesoderm grafted beneath the apical ectodermal ridge of the wing bud in the chick embryo. *Dev. Biol.*, 1: 281-301,（1959）
（15）矢野雅文・三浦治己「結合振動子による真性粘菌の情報処理」数理科学、四〇八：一五—二二頁（一九九七）
（16）Miura H, Yano M. A model of organization of size invariant positional information in taxis of Physarum plasmodium. *Prog. Theor. Phys.*, 100: 235-251（1998）

読んでいただき、執筆の大きな励みとなりました。特に、町田氏には、毎週、鋭くも丁寧なコメントをいただきました。本書に一般読者にわかりやすい側面があるとすれば、それは町田氏に負うところが大です。また、まえがき、第Ⅱ部第五章二節、付録Bについてはそれぞれ、清水博先生、矢野雅文先生、佐藤直行博士に草稿の一部を読んでいただき、一段深い理解に至る貴重なコメントをいただきました。科研費・新学術領域研究「ヘテロ複雑システムによるコミュニケーション理解のための神経機構の解明」、「予測と意思決定の脳内計算機構の解明による人間理解と応用」、「非線形発振現象を基盤としたヒューマンネイチャーの理解」の諸先生との議論も本書を書き進める上で大きな力となりました。当然ながら、本書で言及した筆者の研究は、虫明元先生をはじめとする共同研究者や同僚の方々のご指導、ご協力、ご理解あってのことです。NPO法人ニューロクリアティブ研究会、公益財団法人中山隼雄科学技術文化財団にもご支援をいただきました。出版に際しては、津田一郎先生にご相談に乗っていただきました。東京大学出版会の岸純青氏には、本書の企画をご評価いただき、読み易くする上で具体的なアドバイスをいただきました。これらの方々には、この場を借りまして、厚く御礼申し上げます。しかしながら、本書の内容の是非はすべて筆者が負うべきものであります。

最後までお読みいただき、ありがとうございました。

二〇一九年一月　坂本一寛

事項索引

[さ行]

[た行]

[な行]

［は行］

［ま行］

[ら・わ行]

[欧文]

人名索引

［ま行］

［や行］

［ら・わ行］

著者紹介

坂本一寛
東北医科薬科大学医学部准教授，東北大学医学部非常勤講師，博士（医学）
1968 年福岡県飯塚市生まれ
1991 年　東京大学薬学部卒業
1993 年　東京大学大学院薬学系研究科修士課程修了
1993 年　東北大学電気通信研究所助手
2007 年　東北大学電気通信研究所助教
2016 年より現職
受賞：日本神経回路学会　2008（平成 20）年度「研究賞」，NPO 法人ニューロクリアティブ研究会 2007（平成 19）年度「創造性研究奨励賞」

創造性の脳科学
複雑系生命システム論を超えて

2019 年 2 月 13 日　初　版

［検印廃止］

著　者　坂本一寛《さかもとかずひろ》

発行所　一般財団法人　東京大学出版会
代表者　吉見俊哉
153-0041 東京都目黒区駒場4-5-29
http://www.utp.or.jp/
電話　03-6407-1069　Fax 03-6407-1991
振替　00160-6-59964

組　版　有限会社プログレス
印刷所　株式会社ヒライ
製本所　牧製本印刷株式会社

ISBN 978-4-13-063372-7　Printed in Japan